高等职业教育机电类专业系列教材

C51单片机应用技术项目化教程

主　编　李庭贵　龙舰涵

副主编　宁思华　龚勤慧　肖　燕

参　编　黄　睿　李　刚　周丽娜

机械工业出版社

本教材按项目化、任务驱动体例编写，总共包含10个项目：设计信号灯控制系统，设计数码管显示系统，设计按键识别系统，设计报警器系统，设计秒表控制系统，设计LCD显示系统，设计串行通信系统，设计数字电压表系统，设计信号发生器系统，设计步进电动机控制系统。每个项目均包括教学目标、工作任务、相关知识、项目总体设计、系统硬件设计、系统软件设计、系统仿真调试、能力拓展、项目考核等部分，在项目化教学中包含了“高职高专单片机教学大纲”规定应掌握的所有知识点：MCS-51系列单片机的结构、单片机开发软件Keil μVision2、C51程序设计等。

本书可作为高等职业院校、高等专科院校、成人高校、民办高校及本科院校举办的二级职业技术学院机电类、电子类相关专业的教学用书，并可作为社会从业人士的业务参考书及培训用书。

为方便教学，本书配有免费电子课件、模拟试卷及答案等，凡选用本书作为授课教材的学校，均可来电免费索取。咨询电话：010-88379375；Email：cmpgaozhi@sina.com。

图书在版编目（CIP）数据

C51单片机应用技术项目化教程/李庭贵，龙舰涵主编．—北京：机械工业出版社，2014.7（2026.2重印）
高等职业教育机电类专业系列教材
ISBN 978-7-111-46668-0

Ⅰ.①C… Ⅱ.①李…②龙… Ⅲ.①单片微型计算机—高等职业教育—教材 Ⅳ.①TP368.1

中国版本图书馆CIP数据核字（2014）第094187号

机械工业出版社（北京市百万庄大街22号 邮政编码100037）
策划编辑：于 宁 责任编辑：于 宁 冯睿娟
版式设计：霍永明 责任校对：肖 琳
封面设计：陈 沛 责任印制：张 博
北京机工印刷厂有限公司印刷
2026年2月第1版第6次印刷
184mm×260mm · 20印张 · 488千字
标准书号：ISBN 978-7-111-46668-0
定价：49.00元

电话服务
客服电话：010-88361066
010-88379833
010-68326294

网络服务
机 工 官 网：www.cmpbook.com
机 工 官 博：weibo.com/cmp1952
金 书 网：www.golden-book.com
机工教育服务网：www.cmpedu.com

前　　言

单片机技术是当前社会较为流行和热门的技术之一。“单片机应用技术”是机械类、电气类、电子类专业的专业必修课。通过单片机典型产品的制作与调试，可培养学生单片机应用系统的设计、制作、调试与维护等能力。该课程在机械类、电气类、电子类专业整个课程体系中处于承上启下的核心地位。

高职教育强调“以能力为本位，以职业实践为主线，努力做到把理论知识嵌入实践教学中”。基于这一指导思想，我们在教学方法上进行改革，打破传统的单一教学模式，引入项目教学法、任务驱动教学法、案例讨论教学法、开放式教学法、实物演示法等教学方法，激发学生的学习兴趣，以期收到良好的教学效果。基于此，我们编写了本教材。

书中充分体现了项目化教学、基于工作过程的工学结合课程开发、任务引领与实践导向课程设计的思想，编者着眼于“快速入门”、“通俗易懂”、“学以致用”的教学理念，以理论与实践相结合为主线，使读者学习之后能够轻松地掌握单片机的基础知识，并具有初步开发、设计单片机产品的能力。

本教材总共包含10个项目：设计信号灯控制系统、设计数码管显示系统、设计按键识别系统、设计报警器系统、设计秒表控制系统、设计LCD显示系统、设计串行通信系统、设计数字电压表系统、设计信号发生器系统和设计步进电动机控制系统。每个项目均包括教学目标、工作任务、相关知识、系统总体设计、系统硬件设计、系统软件设计、系统仿真调试、能力拓展、项目考核等部分，在项目化教学中包含了“高职高专单片机教学大纲”规定应掌握的所有知识点：MCS-51系列单片机的结构、单片机开发软件Keil μVision2、C51程序设计、单片机与LED的接口及程序设计、单片机与数码管的接口及程序设计、单片机与按键的接口及程序设计、单片机的中断控制与程序设计、单片机的定时器/计数器控制与程序设计、单片机与LCD的接口及程序设计、单片机串行通信口及程序设计、单片机与A-D转换器的接口及程序设计、单片机与D-A转换器的接口及程序设计、单片机与步进电动机的接口及程序设计。

本教程由泸州职业技术学院李庭贵、龙舰涵担任主编，四川化工职业技术学院宁思华、泸州职业技术学院龚勤慧、肖燕担任副主编，黑龙江工业学院黄睿、泸州职业技术学院李刚、周丽娜担任参编。其中项目1、项目5、项目7由李庭贵编写，项目8由龙舰涵编写，项目4由宁思华编写，项目9由龚勤慧编写，项目6由肖燕编写，项目2由黄睿编写，项目10由李刚编写，项目3由周丽娜编写。全书由泸州职业技术学院李庭贵统稿。

成都庆丰电子工作室的李国庆工程师为本书的编写提供了大力的帮助，谨此表示衷心感谢。在本书编写过程中，编者参考了许多文献资料，在此向各文献资料的作者表示感谢。

由于编者水平有限，书中难免会有错误与不妥之处，恳请广大读者批评指正。

编　　者

目　录

项目1 设计信号灯控制系统

教学目标

1. 终极目标

制作一个单片机控制的信号灯控制系统。

2. 促成目标

1）了解单片机的基本概念及MCS系列单片机的结构特点；了解典型系列单片机的基本情况；了解MCS系列单片机的发展及应用领域。

2）了解MCS-51单片机的内部结构和功能。

3）掌握MCS-51单片机的引脚功能以及工作方式和内部存储器的结构特点、性能。

4）掌握单片机C51程序的设计方法。

5）理解单片机应用系统开发的基本方法和设计流程；掌握MCS系列单片机的开发工具的使用方法；掌握编程软件、编程器、虚拟设备和仿真器的基本操作方法；了解单片机开发过程中的操作技巧和注意事项。

6）掌握利用KEIL μVision2软件进行单片机系统仿真调试的方法。

7）掌握延时函数等典型程序的设计方法。

8）初步掌握单片机应用系统分析和软硬件设计的基本方法，建立单片机系统设计的基本概念。

工作任务单

在日常生活中，我们经常看到有些电器上带有有节奏地闪动的LED指示灯，通过这个LED指示灯可以了解系统的工作状态。

设计一个基于单片机的信号灯控制系统，要求：

在单片机的P0.0口上接一个发光二极管，使发光二极管不停地一亮一灭，一亮一灭的时间间隔为0.2s（秒），循环往复。

任务1 相关知识

1.1.1 单片机的基本知识

单片机全称单片微型计算机（Single-Chip Microcomputer），是把中央处理器（CPU）、存储器（RAM、ROM）、定时器/计数器（Timer/Counter）和各种输入/输出（I/O）口

（如并行 I/O 口、串行 I/O 口和 A-D 转换器）等都集成在一块集成电路芯片上的微型计算机。由于单片机通常是为实时控制应用而设计制造的，因此它又称为微控制器（MCU，Microcontroller）。

根据总线或数据暂存器的宽度，单片机又分为 4 位、8 位、16 位和 32 位单片机。4 位单片机多用于冰箱、洗衣机、微波炉等家电控制中；8 位、16 位单片机主要用于一般的控制领域，一般不使用操作系统；32 位单片机用于网络操作、多媒体处理等复杂处理的场合，一般要使用嵌入式操作系统。

1. 单片机的发展概况

单片机自问世以来，性能不断提高和完善，它不仅能满足很多应用场合的需要，而且具有集成度高、功能强、速度快、体积小、功耗低、使用方便、性能可靠、价格低廉等特点，因此，在工业控制、智能仪器仪表、数据采集和处理、通信系统、网络系统、汽车工业、国防工业、高级计算器具、家用电器等领域的应用日益广泛。单片机的潜力越来越被人们所重视。特别是当前用 CMOS 工艺制成的各种单片机，由于其功耗低、使用温度范围大、抗干扰能力强，能满足一些特殊要求的应用场合，使得其应用范围进一步扩大，同时也促进了单片机技术的发展。

自 1976 年 9 月 Intel 公司推出 MCS-48 单片机以来，单片机就受到了广大用户的欢迎。因此，有关公司都争相推出各自的单片机。例如，GI 公司推出了 PIC1650 系列单片机，Rockwell 公司推出了与 6502 微处理器兼容的 R6500 系列单片机。它们都是 8 位机，片内有 8 位中央处理器（CPU）和并行 I/O 口、8 位定时器/计数器以及容量有限的存储器（RAM、ROM），具有简单的中断功能。

1978 年，Motorola 公司推出了 M6800 系列单片机，Zilog 公司也相继推出了 Z8 单片机系列。1980 年，Intel 公司在 MCS-48 系列的基础上又推出了高性能的 MCS-51 系列单片机。这类单片机均带有串行 I/O 口，定时器/计数器为 16 位，片内存储容量（RAM，ROM）都相应增大，并有优先级中断处理功能，单片机的功能、寻址范围都比早期的扩大了，它们是当时单片机应用的主流产品。

1982 年，Mostek 公司和 Intel 公司又先后推出了性能更高的 16 位单片机 MK68200 和 MCS-96 系列，NS 公司和 NEC 公司也分别在原有 8 位单片机的基础上推出了 16 位单片机 HPC16040 和 μPD783××系列。1987 年，Intel 公司宣布推出了性能是 8096 两倍的 CMOS 型 80C196，1988 年又推出了带 EPROM 的 87C196 单片机。由于 16 位单片机推出的时间较迟、价格昂贵、开发设备有限等多种原因，至今还未得到广泛应用。而 8 位单片机已能满足大部分应用的需要，因此，在推出 16 位单片机的同时，高性能的新型 8 位单片机也不断问世。例如，Motorola 公司推出了带 A-D（模-数）和多功能 I/O 的 68MC11 系列，Zilog 公司推出了带有 DMA 功能的 Suqer8，Intel 公司在 1987 年也推出了带有 DMA 和 FIFO 的 UPI-452 等。读者若想更详细地了解单片机的发展状况，请登录相关的单片机网站查询。

目前，国际市场上 8 位、16 位单片机已有很多系列，但目前在我国使用较多的系列是 Intel 公司的产品，其中又以 MCS-51 系列单片机应用尤为广泛，二十几年经久不衰，而且还在进一步地发展完善，价格也越来越低，性能越来越好。

2. 单片机的应用

下面介绍单片机的主要应用领域。

（1）智能仪表　单片机应用于各种仪器仪表的更新改造，实现仪表的数字化、智能化、多功能化、综合化及柔性化，并使长期以来关于测量仪表中的误差修正和线性化处理等难题迎刃而解。由单片机构成的智能仪表，集测量、处理、控制功能于一体，测量速度和测量准确度得到提高，控制功能得到增强，简化了仪器仪表的结构，利于使用、维修和改进。

（2）工业实时控制　单片机应用于各种工业实时控制系统中，如炉温控制系统、火灾报警系统、化学成分的测量和控制等。单片机技术与测量技术、自动控制技术相结合，利用单片机作为控制器，发挥其数据处理和实时控制功能，可提高系统的生产效率和产品的自动化程度。采用单片机作为机床数控系统的控制器，可以提高机床数控系统的可靠性，增强功能，降低控制机成本，并有可能改变控制器的结构模式。

（3）机电一体化　单片机促进了机电一体化的发展，利用单片机改造传统的机电产品，能够使产品体积减小、功能增强、结构简化，与传统的机械产品相结合，构成了自动化、智能化的机电一体化新产品。例如，在电传打字机的设计中，由于采用单片机，从而节省了近千个机械部件。

（4）通信接口　在数据采集系统中，用单片机对模-数转换接口进行控制，不仅可以提高采样速度，而且还可以对数据进行预处理，如数字滤波、线性化处理及误差修正等，在通信接口中，采用单片机可以对数据进行编码、解码、分配管理以及接收/发送等工作。在一般计算机测控系统中，除打印机、键盘、磁盘驱动器、CRT 等通用外部设备接口外，还有许多外部通信、采集、多路分配管理以及驱动控制等接口，如果完全由主机进行管理，势必造成主机负担过重，会降低系统的运行速度，降低接口的管理水平。利用单片机进行通信接口的控制与管理，能够提高系统的运行速度，降低接口的通信密度，提高接口的管理水平。单片机在计算机网络和数字通信中具有非常广阔的应用前景。

（5）家用电器　目前，国内外各种家用电器已普遍采用 MCU 代替传统的控制电路，使用的 MCU 大多是小型廉价的单片机。在这些单片机中集成了许多外设的接口，如键盘、显示器接口及 A-D 转换等功能单元，而不用并行扩展总线，故常利用这类单片机制作成单片机应用系统，例如洗衣机、电冰箱、微波炉、电饭锅、电视机及其他视频音像设备的控制器。目前单片机应用系统的主要发展趋势是模糊控制化，已形成了众多的模糊控制家电产品。

此外，单片机也成功地应用于玩具、游戏机、充电器、IC 卡、电子锁、电子秤、步进电动机、电子词典、照相机、电风扇和防盗报警器等日常生活用品中；在汽车的点火控制、变速控制、排气控制、节能控制、冷气控制以及防滑刹车控制中，也有很多应用。总之，单片机技术集计算机技术、电子技术、电气技术、微电子技术于一身，作为一种智能化的现代开发工具，从根本上改变了传统的控制系统设计思想和设计方法，随着现代电子技术的普及与发展，其应用领域无所不至，无论是工业部门、民用部门乃至军事部门，都有其广泛应用。

3. 单片机执行指令过程

单片机执行程序的过程，实际上就是执行所编制程序的过程，即逐条执行指令的过程。计算机每执行一条指令，都可分为三个阶段进行，即取指令→分析指令→执行指令。

1）取指令的任务是：根据程序计数器（PC）中的值从程序存储器读出现行指令，送到指令寄存器。

2）分析指令的任务是：将指令寄存器中的指令操作码取出后进行译码，分析其指令性质。

3）执行指令的任务是：单片机执行指令，直至遇到停机指令或可循环等待指令。

一般计算机进行工作时，首先要通过外部设备把程序和数据通过输入接口电路和数据总线送入存储器，然后逐条取出执行。单片机中的程序一般都事先通过写入器固化在片内或片外程序存储器中，因而一开机即可执行指令。

下面举例说明指令的执行过程。

开机时，程序计数器（PC）中的值变为 0x0000，单片机在时序电路的作用下自动进入执行程序过程。执行过程实际上就是取出指令（取出存储器中事先存放的指令阶段）、分析指令和执行指令的循环过程。

例如，执行指令“A = 0xE0”，其机器码为“0x74 0xE0”，该指令的功能是把操作数 0xE0 送入累加器 A，0x0000 单元中已存放 0x74，0x0001 单元中已存放 0xE0。当单片机开始运行时，首先是进入取指令阶段，其过程是

1）程序计数器的内容（这时是 0x0000）送到地址寄存器。

2）程序计数器的内容自动加 1（变为 0x0001）。

3）地址寄存器的内容（0x0000）通过内部地址总线送到存储器，所以存储器中的地址译码电路使地址为 0x0000 的单元被选中。

4）CPU 使读控制线有效。

5）在读命令控制下，被选中存储器单元的内容（此时应为 0x74）送到内部数据总线上，因为是取指令阶段，所以该内容通过数据总线被送到指令寄存器。

至此，取指令阶段完成，进入译码分析和执行指令阶段。

由于本次进入指令寄存器中的内容是 0x74（操作码），所以译码器译码后单片机就会知道该指令是要将一个数送到累加器 A，而该数是在这个代码的下一个存储单元。所以，执行该指令还必须把数据（0xE0）从存储器中取出送到 CPU，即还要在存储器中取第二字节，其过程与取指令阶段很相似，只是此时 PC 中的值已为 0x0001。指令译码器结合时序部件，产生 0x74 操作码的一系列微操作，使数字 0xE0 从 0x0001 单元取出。因为指令是要求把取得的数送到累加器 A，所以取出的数字经内部数据总线进入累加器 A，而不是进入指令寄存器。至此，一条指令的执行完毕，单片机中的 PC = 0x0002，PC 在 CPU 每次向存储器取指令或取数时自动加 1，单片机又进入下一个取指令阶段。

这一过程一直重复下去，直至收到暂停指令或循环等待指令为止。CPU 就是这样一条一条地执行指令，完成所有规定的功能。

4. 单片机产品的开发流程

（1）确定任务

1）确定待开发产品的功能，所实现的指标、成本，进行可行性分析。

2）确定完成时间。

（2）总体设计

1）机型选择：8 位、16 位还是 32 位。

2）外形设计，功耗、使用环境等的确定。

3）软、硬件任务划分，方案确定。

（3）硬件设计

1）根据功能确定显示（液晶还是数码管）、存储（空间大小）、定时器、中断、通信

（RS-232C、RS-485、USB）、打印、A-D、D-A 及其他 I/O 操作。

2）绘制原理图及布线图。

3）选购元器件、焊接电路板、组装、调试。

（4）软件设计

1）建立数学模型，确定算法及数据结构。

2）进行资源分配及结构设计。

3）绘制流程图。

4）设计、编制各子程序模块。

5）仿真、调试、固化。

（5）样机联调

1）软硬件结合起来调试。

2）找错，修改软硬件。

3）进行软硬件测试，进行老化实验、高低温试验以及振动试验。

（6）产品定型

1）编制使用说明书和技术文件。

2）制定生产工艺流程，形成工艺，进入小批量生产。

5. 单片机与网络

随着互联网的普及和发展，为我们学习、使用、开发单片机提供了极大的方便。在网上我们可以了解单片机的最新动态，可以查找、借鉴他人的优秀设计方案，进入网络论坛还可商讨技术问题，可以买到最低价位的芯片，等等。目前，有关单片机的网站主要有以下几类：

1）芯片生产厂家网站。全世界各大芯片厂家都有自己的网站，从这些网站上可以了解到该厂生产的芯片以及各种芯片的技术资料、使用方法、开发实例等，一般都有下载专区，可下载所需的技术资料和开发实例，为使用该芯片提供了极大的方便。

2）单片机销售网站。由于大的生产厂家一般不对外直接销售，而是使用分销商或代理商，代理商又分为一级代理商和二级代理商，代理级别越高，销量要越大，厂家给的价格越低。代理商为了推销产品建立了自己的网站，这些网站只出售芯片，如 www. danpianjibbs. com、www. zlgmcu. com 等。

3）专业网站。这类网站以某专业为对象开设网站，如专门卖开发仿真器的网站，专门卖实验设备的网站 www. 51hei. com，等等。

4）综合网站。这类网站既进行芯片销售又进行技术开发，还卖各种设备，如开发器、编程器，等等。例如 WWW. pic16. CN 网站，在上面可讨论一些技术问题，对遇到的技术问题，网站还能提供一些帮助。

5）教学网站。这类网站大多是大专院校为了教学专门建立的网站，它主要为学习者提供教学服务，网站内有教材、教学课件、专题讨论、习题解答、开发实例、疑难问题解答等。例如 www. jiaoshi8. com 网站。

1.1.2 单片机的内部结构

MCS-51 系列单片机内部集成了 CPU、RAM、ROM、定时器/计数器和多种功能的 I/O

线等，各功能部件由内部总线连接在一起。MCS-51 系列单片机的基本结构如图 1-1 所示。

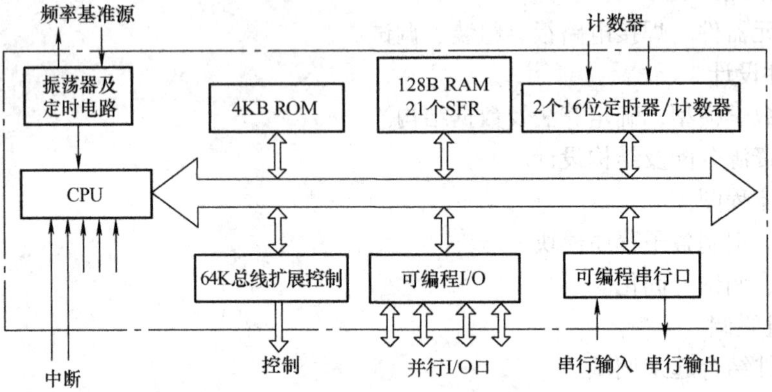

图 1-1　MCS-51 系列单片机的基本结构框图

由图 1-1 可见，MCS-51 系列单片机主要由以下几部分组成：CPU 系统、存储器系统、并行 I/O 口系统和其他功能单元。

MCS-51 系列单片机的内部逻辑结构如图 1-2 所示。

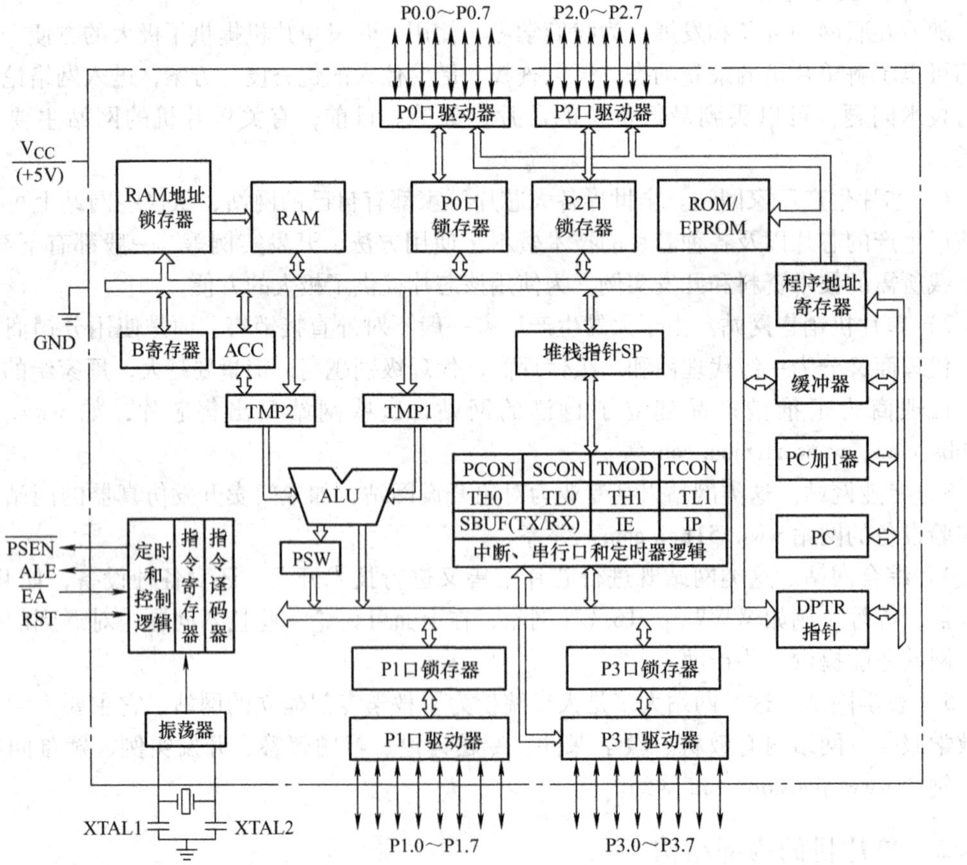

图 1-2　MCS-51 系列单片机的内部逻辑结构图

下面分别详细介绍MCS-51系列单片机的CPU系统、存储器系统、并行I/O口系统及其他功能单元。

1.1.3　单片机的CPU系统

CPU系统主要包含以下部件：①8位CPU，含布尔处理器；②一个片内振荡器及时钟电路；③总线逻辑控制。

1. 中央处理器（CPU）

中央处理器（CPU）是单片机的核心部件，此外在CPU的运算器中还有一个专门进行位操作的位处理器。

8位的MCS-51单片机的CPU内部有算术逻辑单元（ALU，Arithmetic Logic Unit）、累加器A（ACC，8位）、寄存器B（8位）、程序状态寄存器（PSW，8位）、程序计数器（PC，有时也称为指令指针，即IP，16位）、指令寄存器（IR，8位）、指令译码器（ID）、地址寄存器（AR，16位）、数据寄存器（DR，8位）、控制器等部件。单片机的运算器功能主要是进行算术和逻辑运算，由算术逻辑单元（ALU）、累加器A、B寄存器、PSW和两个暂存器、位处理器（图中未画出）等组成。其内部结构如图1-3所示。

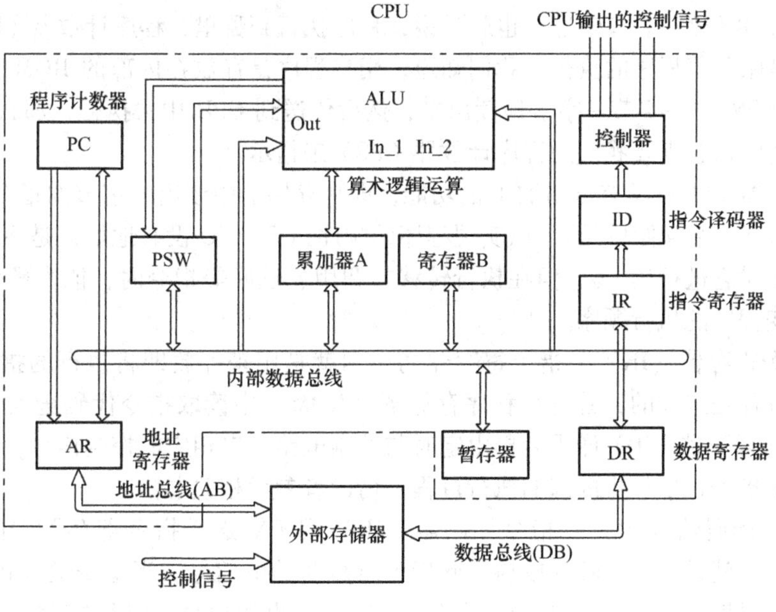

图1-3　MCS-51单片机的CPU的内部结构

（1）算术逻辑单元（ALU）　ALU是运算器的核心部件，基本的算术逻辑运算都在其中进行，包括：加、减、乘、除、增量、十进制调整和比较等算术运算；"与"、"或"、"异或"等逻辑运算；左移位、右移位和半字节交换等操作；操作数暂存于累加器A和相应寄存器，操作结果存于累加器A，操作结果的状态保存于状态寄存器（PSW）中。

由于ALU内部没有寄存器，所以参加运算的操作数必须放在累加器A中。累加器A也用于存放运算结果。

例如：执行指令 A = A + B

执行这条指令时，累加器 A 中的内容通过输入口 In_1 输入 ALU，寄存器 B 通过内部数据总线经输入口 In_2 输入 ALU，A + B 的结果通过 ALU 的输出口 Out 的内部数据总线送回到累加器 A。

（2）位处理器　它是运算器的重要组成部分（图中未画出），又称布尔处理器，专门用来处理位操作，给单片机实现控制功能提供了极大的方便。在硬件上，位处理器以程序状态寄存器中的进位标志位 CY 为累加器，有以位为单位的 RAM 和 I/O 空间，具有相应的指令系统，可提供 17 条位操作指令以实现置位、复位、取反，等于 0 跳转、等于 1 跳转及位与位之间的传送，逻辑“与”、“或”等操作，操作结果送回进位标志位 CY。

（3）控制器　控制器的功能是控制单片机各部件协调动作。控制器的工作过程就是执行程序的过程，而程序的执行是在控制器的控制下进行的。首先，从内部、外部程序存储器 ROM 中取出指令，送入指令寄存器，然后通过指令寄存器再送入指令译码器，将指令代码译成一种或几种电平信号，该电平信号与系统时钟一起送入时序逻辑电路进行综合后，产生各种按一定时间节拍变化的电平或脉冲控制信号，用以控制系统各部件进行相应的操作，完成指令的执行。执行程序就是重复这一过程。

（4）程序计数器（PC，Program Counter）　程序计数器（PC）用来存放即将要执行指令的地址，共 16 位，可对 64KB 的程序存储器直接寻址。执行指令时，PC 内容的低 8 位经 P0 口输出，高 8 位经 P2 口输出。也就是说，程序执行到哪里，程序计数器（PC）就指到哪里，它始终是跟随着程序的执行。我们知道，用户程序是存放在内部的 ROM 中的，要执行程序就要从 ROM 中一字节一字节地读出来，然后传送到 CPU 中去执行，那么 ROM 具体执行到哪一条呢？这就需要我们的程序计数器（PC）来指示。

程序计数器（PC）具有自动加 1 的功能，即从存储器中读出一字节的指令码后，PC 自动加 1（指向下一个存储单元），以实现程序的顺序执行。PC 没有地址，是不可寻址的，因此，用户无法对它进行读/写，但在执行转移、调用、返回等指令时，能由硬件自动改变其内容，以改变程序的执行顺序。

（5）指令寄存器（IR）　指令寄存器的作用就是用来存放即将执行的指令代码。CPU 执行指令的过程是这样的：首先从程序存储器（ROM）中读取指令代码送入到指令寄存器（IR），经指令译码器（ID）译码后再由定时与控制电路发出相应的控制信号，从而完成指令的功能。关于指令在单片机内部的执行过程，请读者参考相关书籍。

（6）指令译码器（ID）　指令译码器（ID）用于对送入指令寄存器中的指令进行译码。所谓译码，就是把指令转变成执行此指令所需要的电信号。当指令送入指令译码器后，由指令译码器对该指令进行译码，根据指令译码器输出的信号，CPU 控制电路定时地产生执行该指令所需的各种控制信号，使单片机正确地执行程序所需要的各种操作。

（7）地址寄存器（AR）　地址寄存器（AR）的作用是用来存放将要寻址的外部存储器单元的地址信息，指令码所在存储单元的地址编码由程序计数器（PC）产生，而指令中操作数所在的存储单元地址码则由指令的操作数给定。从图 1-3 中我们可以看到，地址寄存器（AR）通过地址总线（AB）与外部存储器相连。

（8）数据寄存器（DR）　数据寄存器（DR）用于存放写入外部存储器或 I/O 口的数据信息。数据寄存器对输出数据具有锁存功能。数据寄存器与外部数据总线（DB）直接相连。

（9）程序状态寄存器（PSW）　程序状态寄存器（PSW）用于记录运算过程中的状态，如是否溢出、进位等。

例如，累加器 A 的内容为0x83，执行指令：

```
A = A + 0x8A;    //累加器 A 与立即数 0x8A 相加，并把结果存放在 A 中
```

指令执行后，得到相加的结果为0x10D，而累加器 A 只有 8 位，只能存放低 8 位，即 0x0D，无法存放结果中的最高位 1。为此，在 CPU 内设置了一个进位标志位 C，当执行加法运算出现进位时，进位标志位 C 置为 1。

2. 时钟电路和 CPU 时序

时钟电路用于产生单片机工作所需要的时钟信号；而 CPU 的时序是指控制器在统一的时钟信号下，按照指令功能发出在时间上有一定次序的信号，控制和启动相关逻辑电路完成指令操作。

（1）时钟电路　MCS-51 单片机芯片内有时钟电路，但石英晶体和微调电容需要外接。时钟电路为单片机产生时钟脉冲序列，作为单片机工作的时间基准，典型的晶体振荡频率为 12MHz。MCS-51 单片机的时钟信号可以由两种方式产生：一种是内部方式，利用芯片内部的振荡电路；另一种方式为外部方式。由于 MCS-51 单片机有 HMOS 型与 CHMOS 型，它们的时钟电路有一定的区别，这里仅介绍通常所用的 HMOS 型时钟电路。

1）内部时钟方式。MCS-51 单片机内部有一个用于构成振荡器的高增益反相放大器，引脚 XTAL1 和 XTAL2 分别是此放大器的输入端和输出端。这个放大器与作为反馈元件的片外晶体或陶瓷谐振器一起构成一个自激振荡器。虽然有内部振荡电路，但要形成时钟，必须外接元件，图 1-4a 是单片机内部时钟方式的电路。外接晶体以及电容 C_1 和 C_2 构成并联谐振电路，接在放大器的反馈回路中，外接电容的大小会影响振荡器频率的高低、振荡器的稳定性、起振的快速性和温度的稳定性，晶体可在 1.2～12MHz 之间任选，电容 C_1 和 C_2 一般在 20～100pF 之间选择。若频率稳定性要求不高，可选用较为廉价的陶瓷谐振器，C_1 和 C_2 的典型值约为 47pF。在设计印制电路板时，应采用温度稳定性能好的高频电容，晶体或陶瓷振荡器和电容应尽可能与单片机芯片靠近安装，以减少寄生电容，提高系统稳定性和可靠性。

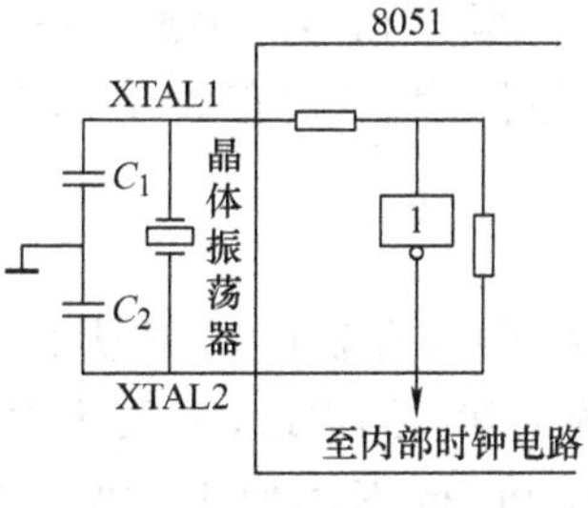

a) 内部时钟方式

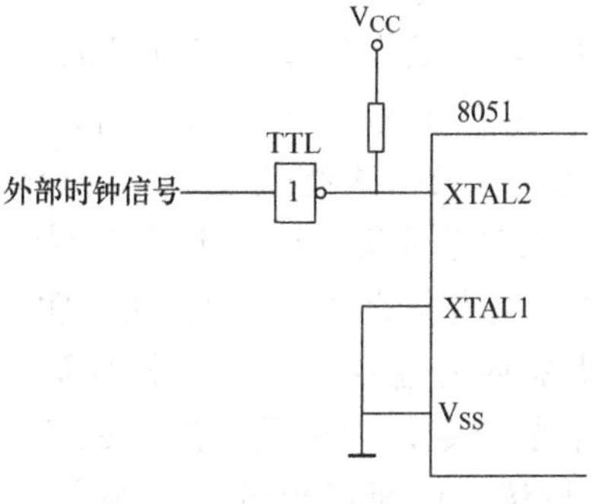

b) 外部时钟方式

图 1-4　MCS-51 单片机的时钟电路

2）外部时钟方式。外部时钟方式是利用外部振荡器信号源即时钟源直接接入 XTAL1 或 XTAL2。通常 XTAL1 接地，XTAL2 接外部时钟，电路如图 1-4b 所示。由于 XTAL2 的逻辑

电平不是 TTL 的，故建议外接一个 4.7k ~ 10kΩ 的上拉电阻。

（2）CPU 时序 单片机的时序是指 CPU 在执行指令时所需控制信号的时间顺序。时序信号是以时钟脉冲为基准产生的，分为两大类：一类用于芯片内部各功能部件的控制，用户无须了解，这里不做详细介绍；另一类用于通过单片机的引脚进行外部存储器或扩展的 I/O 口的控制，该部分时序信号对于分析、设计硬件电路至关重要。

1）时序单位。MCS-51 单片机时序的有关单位从小到大依次为时钟周期、状态周期、机器周期和指令周期。

①时钟周期 P。它是 MCS-51 单片机中最小的时序单位，是单片机内部的时钟振荡器（OSC）的振荡频率 f_{OSC} 的倒数，又称振荡周期或拍。它随振荡电路的时钟脉冲频率 f_{OSC} 的高低而改变。例如，若某单片机的时钟频率 $f_{OSC}=12\text{MHz}$，则时钟周期 $P=1/f_{OSC}=0.0833\mu\text{s}$。但是，一旦时钟电路确定，时钟周期就固定不变了。时钟脉冲是系统的基本工作脉冲，它控制着单片机的工作节奏，使单片机的每一步工作都统一到它的步调上来。

②状态周期 S。它是由连续的两个振荡脉冲组成的，即 1 个状态周期 = 2 个时钟周期。若某单片机的时钟频率 $f_{OSC}=12\text{MHz}$，则状态周期 $S=2/f_{OSC}=0.167\mu\text{s}$。通常把一个状态的前后两个振荡脉冲用 P_1、P_2 来表示。

③机器周期。它是单片机完成某种基本操作所需要的时间。指令的执行速度与机器周期有关，机器周期越短的指令执行速度越快。一个机器周期由 6 个状态周期即 12 个振荡脉冲组成，分别用 $S_1 \sim S_6$ 来表示。这样，一个机器周期中的 12 个振荡周期就可以表示为 S_1P_1、S_1P_2、S_2P_1、S_2P_2、…、S_6P_2。当单片机系统的时钟频率 $f_{OSC}=12\text{MHz}$ 时，它的一个机器周期就等于 $12/f_{OSC}$，也就是 $1\mu\text{s}$。

④指令周期。它是执行一条指令所需要的时间，是时序中最大的时间单位。由于执行不同的指令所需要的时间长短不同，因此按照指令消耗的机器周期的多少来区别，MCS-51 单片机的指令可分为单机器周期指令、双机器周期指令和四机器周期指令三种。而四机器周期指令只有乘法和除法共两条指令，由此不难看出，当系统时钟频率为 12MHz 时，MCS-51 单片机的多数指令只需要消耗 $1\mu\text{s}$ 或 $2\mu\text{s}$ 就可以执行完毕。

2）典型指令时序。MCS-51 单片机的指令可分为单字节、双字节和三字节指令，它们的机器周期是不同的，可以分为以下几种情况：单字节单机器周期指令、单字节双机器周期指令、双字节单机器周期指令和双字节双机器周期指令。几种典型的指令时序如图 1-5 所示，图中，地址锁存器信号 ALE 是振荡脉冲的 1/6 频率信号，因此在一个机器周期中，ALE 信号有效两次：第一次有效在 S_1P_2 和 S_2P_1 期间；第二次有效在 S_4P_2 和 S_5P_1 期间。ALE 信号每次有效对单片机进行一次读指令操作。

下面对几种典型指令的时序加以分析说明。

①对于单机器周期指令，当指令操作码读入指令寄存器时，便从 S_1P_2 开始执行指令。如果是双字节指令，则在同一周期的 S_4 上读入第二字节；如果为单字节指令，则在 S_4 期间仍进行读，但所读出的字节被忽略，且 PC 也不再加 1，在 S_6P_2 结束时完成指令操作。

②对于双机器周期指令，两个机器周期共进行四次读指令操作，但后三次读操作全无效。

③对于访问外部存储器的单字节双机器周期类指令情况有所不同，此类指令在执行指令期间，外部 RAM 被访问，且选通时跳过两次取操作。

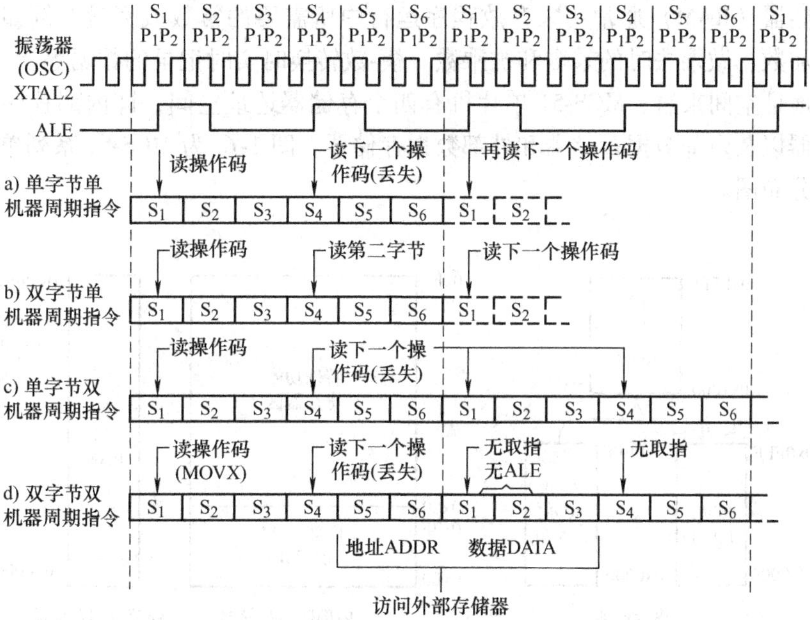

图 1-5　MCS-51 单片机的指令时序

3. 总线逻辑控制

MCS-51 单片机属于总线型结构，通过地址/数据总线可以与存储器（RAM、EPROM）、并行 I/O 口芯片相连接。

在访问外部存储器时，P2 口输出高 8 位地址，P0 口输出低 8 位地址，由 ALE（地址锁存允许）信号将 P0 口（地址/数据总线）上的低 8 位锁存到外部地址锁存器中，从而为 P0 口接收数据做准备。

在访问外部程序存储器指令时，PSEN（外部程序存储器选通）信号有效，在访问外部数据存储器时，由 P3 口自动产生读/写（$\overline{RD}/\overline{WR}$）信号，通过 P0 口对外部数据存储器单元进行读/写操作。

MCS-51 单片机所产生的地址、数据和控制信号与外部存储器、并行 I/O 口芯片连接简单、方便。有关这部分内容请读者参考单片机的系统扩展知识的相关书籍。

1.1.4　单片机的存储器系统

MCS-51 单片机的存储器系统主要包含以下部件：

1）4KB 程序存储器（ROM/EPROM/FLASH，可外扩至 64KB）。

2）128KB 数据存储器（RAM，可外扩至 64KB）。

3）特殊功能寄存器（SFR）。

存储器是用来存放程序和数据的部件，MCS-51 单片机的存储器结构与常见的微型计算机的配置方式不同，它把程序存储器和数据存储器分开，各有各的寻址系统、控制信号和功能。

程序存储器（ROM）用来存放程序和始终要保留的常数，例如，所编程序经汇编后的机器码。

数据存储器（RAM）通常用来存放程序运行中所需要的常数或变量。例如，做加法时的加数和被加数、做乘法时的乘数和被乘数、模-数转换时实时记录的数据等。

从物理地址空间来看，MCS-51 单片机有四个存储器地址空间，即内部程序存储器和外部程序存储器以及内部数据存储器和外部数据存储器。图 1-6 为 MCS-51 系列单片机的存储器地址空间分布图。

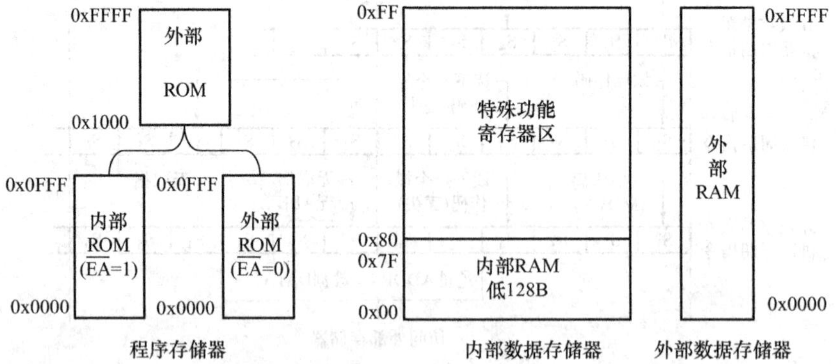

图 1-6 MCS-51 系列单片机的存储器地址空间分布图

1. 程序存储器

程序存储器主要用于存放程序代码以及表格常数，分为内部 ROM、外部 ROM 两大部分，两者统一编址。由于单片机工作时程序是不可修改的，其存储单元只能读不能写，故程序存储器是只读存储器。程序存储器以程序计数器（PC）作为地址指针，通过 16 位地址总线，可寻址的地址空间为 64KB。

MCS-51 单片机的程序存储器有 16 位地址，可寻址的范围为 64KB，因此，外部程序存储器最大容量为 64KB，而内部程序存储器容量为 4KB。程序存储器在物理结构上分为内部程序存储器和外部程序存储器两个部分，在逻辑结构上（即用户使用角度）为一个部分，采用同一指令进行数据读取，用外部引脚 $\overline{EA}$进行区分低 4KB 空间使用的是内部程序存储器还是外部程序存储器。

对于 8031 单片机来说，它的内部没有 ROM，因此，在实际使用时，必须对它扩展外部程序存储器，最大可扩展空间地址为 64KB，此时 8031 单片机的 $\overline{EA}$ 端必须接地，强制 CPU 从外部程序存储器读取程序。对于内部有 ROM 的 8051、8751、89C51 和 89S51 等单片机，正常运行时，$\overline{EA}$ 则需接高电平，使 CPU 先读内部程序存储器中的程序，当 PC 值超过内部 ROM 的容量时，才会转而读外部程序存储器中的程序。

单片机复位后 PC 的内容为 0x0000，0x0000 单元为复位入口地址，故单片机从 0x0000 单元开始取指令执行程序。通常在 0x0000 ~ 0x0002 单元中存放一条无条件转移指令，以便转移去执行指定的主程序。内部 ROM 的 0x0003 ~ 0x002A 共有 40 个单元，固定用于 5 个中断源的中断地址区，具体内容见表 1-1 所示的 MCS-51 系列单片机的中断入口地址表。

表 1-1　MCS-51 系列单片机的中断入口地址表

中　断　源	入口地址	功能说明
外部中断 0	0x0003	外部中断 0 的中断服务程序入口地址
定时器 0（T0）中断	0x000B	定时器/计数器 0 溢出的中断服务程序入口地址
外部中断 1	0x0013	外部中断 1 的中断服务程序入口地址
定时器 0（T1）中断	0x001B	定时器/计数器 1 溢出的中断服务程序入口地址
串行口中断	0x0023	串行口的中断服务程序入口地址

2. 数据存储器

数据存储器用来存放运算的中间结果、标志位，以及数据的暂存和缓冲等。可以分为内部 RAM 与外部 RAM 两大部分，外部数据存储器 RAM 的地址空间为 64KB。

（1）内部数据存储器　MCS-51 系列单片机内部共有 256 个数据存储器单元，地址为 0x00～0xFF，按其功能划分为两部分，即低 128 单元（地址 0x00～0x7F）和高 128 单元（地址 0x80～0xFF），如图 1-7 所示。其中低 128 单元是供用户使用的数据存储单元，高 128 单元是为特殊功能寄存器提供的特殊功能寄存器区。

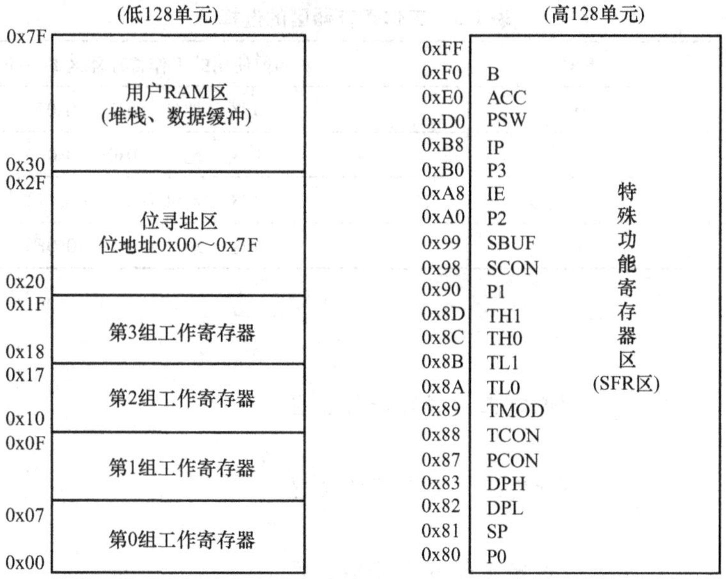

图 1-7　MCS-51 单片机的内部数据存储器分布

1）供用户使用的数据存储单元（低 128 单元）。内部数据存储器的低 128 单元按照功能不同，可分为工作寄存器区、位寻址区和用户 RAM 区三个区域。

①工作寄存器区（0x00～0x1F）。它占内部 RAM 的前 32 个单元，地址为 0x00～0x1F，共分 4 组，每组有 8 个寄存器，组号依次为 0、1、2、3。每个寄存器都是 8 位，在组内按 R0～R7 编号，用于存放操作数及中间结果等。由于它们的功能及作用预先不做规定，故称之为工作寄存器。工作寄存器与 RAM 地址的对应关系见表 1-2。

表 1-2 工作寄存器与 RAM 地址的对照表

0 区		1 区		2 区		3 区	
地 址	寄存器	地 址	寄存器	地 址	寄存器	地 址	寄存器
0x00	R0	0x08	R0	0x10	R0	0x18	R0
0x01	R1	0x09	R1	0x11	R1	0x19	R1
0x02	R2	0x0A	R2	0x12	R2	0x1A	R2
0x03	R3	0x0B	R3	0x13	R3	0x1B	R3
0x04	R4	0x0C	R4	0x14	R4	0x1C	R4
0x05	R5	0x0D	R5	0x15	R5	0x1D	R5
0x06	R6	0x0E	R6	0x16	R6	0x1E	R6
0x07	R7	0x0F	R7	0x17	R7	0x1F	R7

在任一时刻，CPU 只使用 4 组工作寄存器中的一组，正在使用的这些寄存器称为当前寄存器，当前程序使用的工作寄存器区由程序状态寄存器（PSW）中的 RS0 和 RS1 两位组合来确定，RS0（PSW.3）和 RS1（PSW.4）的状态与工作寄存器区的对应关系见表 1-3，CPU 通过对 PSW 中的 RS0、RS1 内容的修改，就能任选一个工作寄存器区。

表 1-3 工作寄存器区的选择

RS1	RS0	当前使用的工作寄存器区 R0 ~ R7
0	0	0 区（地址为 0x00 ~ 0x07）
0	1	1 区（地址为 0x08 ~ 0x0F）
1	0	2 区（地址为 0x10 ~ 0x17）
1	1	3 区（地址为 0x18 ~ 0x0F）

例如：

```
PSW.4 =0;
PSW.3 =1;          //选定工作寄存器第 1 区
PSW.4 =1;
PSW.3 =0;          //选定工作寄存器第 2 区
PSW.4 =1;
PSW.3 =1;          //选定工作寄存器第 3 区
```

如果不加设定，则选定第 0 区，也叫默认值，这个特点使 MCS-51 单片机具有快速现场保护功能。应特别注意的是：如果不加设定，则在同一段程序中，R0 ~ R7 只能用一次，若用两次程序会出错。

如果用户程序不需要 4 个工作寄存器区，则不用的工作寄存器单元可以作一般的 RAM 使用。

工作寄存器区主要用来存放操作数和运算的中间结果，利用工作寄存器为 CPU 提供数据，能够提高程序的运行速度。MCS-51 系列单片机为内部 RAM 提供了丰富的操作指令，执行速度快。工作寄存器单元，除以寄存器的形式（即以寄存器符号 R0 ~ R7 表示）使用外，还可以存储单元的形式（以单元地址 0x00～0x1F）表示。

②位寻址区（0x20～0x2F）。内部 RAM 的 0x20～0x2F 单元为位寻址区，有 16 个单元，共有 128 位，该区的每一位都有一个位地址，依次编址为 0x00～0x7F。位寻址区的 16 个单元可以进行字节操作，也可以对单元中的某一位单独进行位操作，其中所有位均可以直接寻址，如表 1-4 所示。

表 1-4 内部 RAM 位寻址区的位地址映象

单元地址	位地址							
0x2F	0x7F	0x7E	0x7D	0x7C	0x7B	0x7A	0x79	0x78
0x2E	0x77	0x76	0x75	0x74	0x73	0x72	0x71	0x70
0x2D	0x6F	0x6E	0x6D	0x6C	0x6B	0x6A	0x69	0x68
0x2C	0x67	0x66	0x65	0x64	0x63	0x62	0x61	0x60
0x2B	0x5F	0x5E	0x5D	0x5C	0x5B	0x5A	0x59	0x58
0x2A	0x57	0x56	0x55	0x54	0x53	0x52	0x51	0x50
0x29	0x4F	0x4E	0x4D	0x4C	0x4B	0x4A	0x49	0x48
0x28	0x47	0x46	0x45	0x44	0x43	0x42	0x41	0x40
0x27	0x3F	0x3E	0x3D	0x3C	0x3B	0x3A	0x39	0x38
0x26	0x37	0x36	0x35	0x34	0x33	0x32	0x31	0x30
0x25	0x2F	0x2E	0x2D	0x2C	0x2B	0x2A	0x29	0x28
0x24	0x27	0x26	0x25	0x24	0x23	0x22	0x21	0x20
0x23	0x1F	0x1E	0x1D	0x1C	0x1B	0x1A	0x19	0x18
0x22	0x17	0x16	0x15	0x14	0x13	0x12	0x11	0x10
0x21	0x0F	0x0E	0x0D	0x0C	0x0B	0x0A	0x09	0x08
0x20	0x07	0x06	0x05	0x04	0x03	0x02	0x01	0x00

位寻址区每位的地址有两种表示形式：

一种是以位地址的形式表示的，例如，位寻址区最开始的地址是 0x00，第 2 位、第 3 位的地址分别是 0x01、0x02，最后两位的地址分别是 0x7E 和 0x7F。

另一种是以存储单元地址加位的地址的形式表示，例如，开始的第 2 位表示为 0x20.1，倒数第 2 位表示为 0x2F.6。

位寻址区的每一位都可以视作软件触发器，由程序直接进行位处理。通常把各种程序状态标志、位控制变量设在位寻址区内。同样，位寻址区的 RAM 单元也可以作一般的数据缓冲器使用。

③用户 RAM 区（0x30～0x7F）。内部 RAM 中地址为 0x30～0x7F 的 80 个单元是用户 RAM 区，也是数据缓冲区，它们只能以存储单元的形式来使用，没有任何规定或限制，但通常用作堆栈区以及存放用户数据。

2）特殊功能寄存器（SFR）区（高 128 单元）。内部数据存储器的高 128 单元是特殊功能寄存器区。特殊功能寄存器一般用于存放相应功能部件的控制命令、状态和数据。因为对这些寄存器的功能已做了专门的规定，故称之为特殊功能寄存器（Special Function Register，SFR）。它们离散地分布在0x80～0xFF的RAM空间中。MCS-51单片机的特殊功能寄存器除了程序计数器PC，共有21个，可以进行位寻址的特殊功能寄存器见表1-5。

表1-5　MCS-51单片机的特殊功能寄存器一览表

序　号	标识符	寄存器名称	地　址	是否可位寻址
1	B	寄存器B	0xF0	√
2	A	累加器	0xE0	√
3	PSW	程序状态寄存器	0xD0	√
4	IP	中断优先级控制	0xB8	√
5	P3	P3口	0xB0	√
6	IE	允许中断控制	0xA8	√
7	P2	P2口	0xA0	√
8	SBUF	串行数据缓冲器	0x99	
9	SCON	串行口控制	0x98	√
10	PCON	电源控制	0x97	
11	P1	P1口	0x90	√
12	TH1	定时器/计数器1（高位字节）	0x8D	
13	TH0	定时器/计数器0（高位字节）	0x8C	
14	TL1	定时器/计数器1（低位字节）	0x8B	
15	TL0	定时器/计数器0（低位字节）	0x8A	
16	TMOD	定时器/计数器方式控制	0x89	
17	TCON	定时器/计数器控制	0x88	√
18	DPH	数据地址指针（高位字节）	0x83	
19	DPL	数据地址指针（低位字节）	0x82	
20	SP	堆栈指针	0x81	
21	P0	P0口	0x80	√

可位寻址特殊功能寄存器的位地址映象见表1-6。

表1-6　MCS-51单片机的特殊功能寄存器的位地址映象

序　号	SFR名称	字节地址	位　地　址							
1	B	0xF0	0xF7	0xF6	0xF5	0xF4	0xF3	0xF2	0xF1	0xF0
2	A	0xE0	0xE7	0xE6	0xE5	0xE4	0xE3	0xE2	0xE1	0xE0
3	PSW	0xD0	0xD7	0xD6	0xD5	0xD4	0xD3	0xD2	0xD1	0xD0
4	IP	0xB8				0xBC	0xBB	0xBA	0xB9	0xB8
5	P3	0xB0	0xB7	0xB6	0xB5	0xB4	0xB3	0xB2	0xB1	0xB0
6	IE	0xA8	0xAF			0xAC	0xAB	0xAA	0xA9	0xA8
7	P2	0xA0	0xA7	0xA6	0xA5	0xA4	0xA3	0xA2	0xA1	0xA0
8	SCON	0x98	0x9F	0x9E	0x9D	0x9C	0x9B	0x9A	0x99	0x98
9	P1	0x90	0x97	0x96	0x95	0x94	0x93	0x92	0x91	0x90
10	TCON	0x88	0x8F	0x8E	0x8D	0x8C	0x8B	0x8A	0x89	0x88
11	P0	0x80	0x87	0x86	0x85	0x84	0x83	0x82	0x81	0x80

下面介绍常用的几个特殊功能寄存器。

①累加器 A（Accumulator，又简写为 ACC）。它是一个 8 位寄存器，是程序中最常用的特殊功能寄存器，其主要功能是存放操作数以及存放运算的中间结果。单片机中大部分单操作数指令的操作数取自累加器，多操作数指令中的一个操作数也取自累加器。加、减、乘、除算术运算指令的运算结果都存放于累加器 A 或寄存器 B 中。指令系统中用 A 作为累加器的助记符。

②寄存器 B。它是一个 8 位寄存器，主要用于乘、除法的运算。乘法指令中，B 为乘数，乘积的高位亦存于 B 中。除法指令中，B 为除数，并将余数存于 B 中。在其他指令中，寄存器 B 也可以作为一般数据寄存器来使用。

③程序状态字寄存器 PSW（Program Status Word），又称为程序状态寄存器，它是一个 8 位寄存器，用于存放指令执行时的状态信息。其中有些位的状态是根据指令的执行结果，由硬件自动设置的。PSW 的状态可用专门的指令进行测试，也可以用指令读出。一些条件转移指令将根据 PSW 中有关位的状态来进行条件转移，其各位定义如表 1-7 所示。

表 1-7 程序状态寄存器

位 序	PSW.7	PSW.6	PSW.5	PSW.4	PSW.3	PSW.2	PSW.1	PSW.0
位标志	CY	AC	F0	RS1	RS0	OV	—	P

CY(PSW·7)——进位标志。在执行某些算术和逻辑指令时，可以被硬件或软件置位或清零。在布尔处理机中它被认为是位累加器，其重要性相当于一般中央处理机中的累加器 A。

AC(PSW·6)——辅助进位标志。当进行加法或减法操作，而产生由低 4 位数（BCD 码一位）向高 4 位数进位或借位时，AC 将被硬件置位；否则就被清零。AC 还常用于 BCD 码调整。

F0(PSW·5)——用户标志位。F0 是用户定义的一个状态标记，用软件来使它置位或清零。该标志位状态一经设定，可由软件测试 F0，以控制程序的流向。

RS1，RS0(PSW·4，PSW·3)——寄存器区选择控制位。可以用软件来置位或清零，以确定工作寄存器区。RS1、RS0 与寄存器区的对应关系见表 1-3。

OV(PSW·2)——溢出标志。当执行算术指令时，由硬件置位或清零，以指示溢出状态。当执行加法指令时，位 6 向位 7 有进位而位 7 不向 CY 进位时，或位 6 不向位 7 进位而位 7 向 CY 进位时，溢出标志 OV 置位；否则清零。

溢出标志常用于对带符号数作加减运算，OV = 1 表示加减运算的结果超出了目的寄存器 A 所能表示的带符号数的范围（ − 128 ~ + 127）。

在 MCS-51 单片机中，无符号数乘法指令的执行结果也会影响溢出标志。若置于累加器 A 和寄存器 B 的两个数的乘积超过 255，则 OV = 1；否则 OV = 0。此积的高 8 位放在 B 内，低 8 位放在 A 内。因此，OV = 0 意味着只要从 A 中取得乘积即可；否则要从 B 与 A 中取得乘积。

除法指令也会影响溢出标志。当除数为 0 时，OV = 1；否则 OV = 0。

PSW.1 位——未定义。

P(PSW.0)——奇偶标志。每个指令周期都由硬件来置位或清零，以表示累加器 A 中 1 的位数的奇、偶数。若 1 的位数为奇数，P 置位；否则 P 清零。

标志位P对串行通信中的数据传输有重要的意义，在串行通信中常用奇偶校验的办法来检验数据传输的可靠性。在发送端可根据P的值对数据的奇偶置位或清零。若通信协议中规定采用奇校验的办法，则P=0时，应对数据（假定由A取得）的奇偶位置位，否则就清零。

④数据指针（DPTR，Data Pointer)。它是一个16位特殊功能寄存器，但它既可以按16位寄存器使用，也可以作为两个8位寄存器使用，其高位字节寄存器用DPH表示，低位字节寄存器用DPL来表示。

DPTR主要用来存放16位地址，当对64KB外部存储器寻址时，可作为间接寻址寄存器用。在访问程序存储器时，DPTR可用作基址寄存器，常用于读取存放在程序存储器内的表格常数。

⑤堆栈指针（SP，Stack Pointer)。它是一个8位的特殊功能寄存器，主要用来存放堆栈的栈顶地址。下面就详细介绍MCS-51单片机的堆栈。

堆栈是一种数据结构，是一片按照“先进后出”原则工作的连续存储区域。这片存储区域的一端固定，称为栈底；另一端激活，称为栈顶，并用堆栈指针寄存器SP存放栈顶地址，SP亦称为堆栈指针，总是指向栈顶。堆栈位于内部RAM中地址为0x30～0x7F的区域内。

数据写入堆栈称为入栈或压栈；数据从堆栈中读出称为出栈或弹出。堆栈的操作只能从栈顶进行，在堆栈为空时，SP指向栈底，即栈顶与栈底重合。当把数据存入堆栈时，SP往上跳；从堆栈取出数据时，SP往下跳。堆栈操作遵循“先进后出”的原则，即最先压入堆栈的数据最后才能弹出。

进栈操作：先SP加1，后写入数据。

出栈操作：先读出数据，后SP减1。

系统复位后，SP的初始化值为0x07，使堆栈实际上从0x08开始，而堆栈一般是在内部RAM的0x30～0x7F单元中开辟，所以，程序设计时应注意把SP的初始值置为0x30以后。SP的内容一确定，堆栈的位置就确定下来。由于SP可以初始化不同值，因此，堆栈的位置是浮动的。

堆栈类型可以分为向上生长型和向下生长型两种。向上生长型是指随着数据的不断入栈，栈顶地址不断增大；反之，随着数据的不断出栈，栈顶地址不断减小。所谓向下生长型是指随着数据的不断入栈，栈顶地址不断减小；反之，随着数据的不断出栈，栈顶地址不断增大，如图1-8所示。

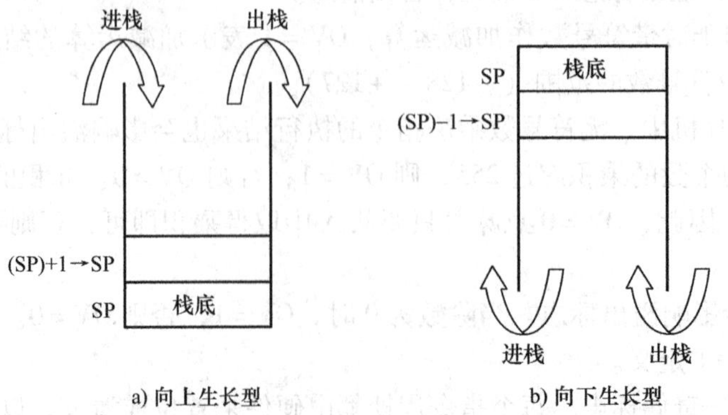

图1-8 堆栈类型示意图

堆栈主要用于存放调用子程序或中断时的返回地址或断点地址，另外在中断服务时用于保护 CPU 现场。

⑥I/O 口寄存器 P0 ~ P3。特殊功能寄存器 P0、P1、P2 和 P3 分别是 I/O 口 P0 ~ P3 的锁存器。P0 ~ P3 作为特殊功能寄存器还可用直接寻址方式参与其他操作指令。

⑦串行数据缓冲器（SBUF）。它用于存放欲发送或已接收的数据，它实际上由两个独立的寄存器组成：一个是发送缓冲器；另一个是接收缓冲器。当要发送的数据传送到 SBUF 时，进入的是发送缓冲器；当要从 SBUF 读数据时，则取自接收缓冲器，取走的是刚接收到的数据。

⑧定时器/计数器。MCS-51 系列单片机中有两个 16 位定时器/计数器 T0 和 T1。它们各由两个独立的 8 位寄存器组成，共有 4 个独立的寄存器：TH0、TL0、TH1 和 TL1。可以对这 4 个寄存器寻址，但不能把 T0、T1 当做一个 16 位寄存器来寻址。

⑨其他控制寄存器。IP、IE、TMOD、TCON、SCON 和 PCON 寄存器分别包含有中断系统、定时器/计数器、串行口和供电方式的控制和状态位，这些寄存器将在以后有关项目中详细叙述。

（2）外部数据存储器　MCS-51 单片机具有扩展 64KB 的外部数据存储器和 I/O 口的能力，对于很多领域已经足够使用，外部数据存储器 RAM 一般由静态 RAM 芯片组成，地址范围为 0x0000 ~ 0xFFFF，共 64KB 空间。由图 1-6 可知，内部 RAM 和外部 RAM 的低 256B 的地址相同，但它们却是两个不同的地址空间。区分这两个地址空间的方法是 CPU 通过不同的指令来区分。

1.1.5 单片机的并行 I/O 口系统

MCS-51 单片机设有 4 个 8 位双向 I/O 口（P0、P1、P2、P3），共 32 条可编程的 I/O 线，每一条 I/O 线都能独立地用作输入或输出。P0 口为三态双向口，能带 8 个 LSTTL 电路。P1、P2、P3 口为准双向口（在用作输入线时，对应的锁存器必须先写入“1”，故称为准双向口），能带 4 个 LSTTL 电路。

1. P0 口结构

P0 口的位结构图如图 1-9 所示，包括：1 个锁存器，2 个三态缓冲器，1 个输出驱动电

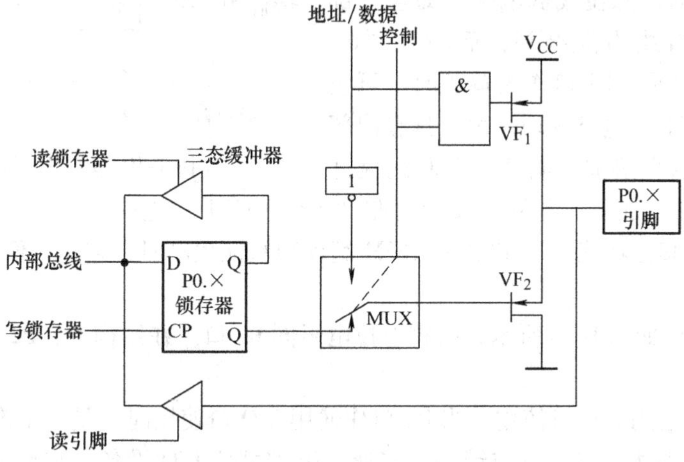

图 1-9　P0 口的位结构图

路和1个输出控制端。输出驱动电路由一对场效应晶体管组成，其工作状态受输出端的控制，输出控制端由1个与门、1个反相器和1个转换开关MUX组成。对8051/8751单片机来说，P0口既可作为输入/输出口，又可作为地址/数据总线使用。

（1）P0口作地址/数据复用总线使用　若从P0口输出地址或数据信息，此时控制端应为高电平，转换开关MUX将反相器输出端与输出级场效应晶体管VF_2接通，同时与门开锁，内部总线上的地址或数据信号通过与门去驱动VF_1，又通过反相器去驱动VF_2，这时内部总线上的地址或数据信号就传送到P0口的引脚上。工作时，低8位地址与数据线分时使用P0口。低8位地址由ALE信号的负跳变使它锁存到外部地址锁存器中，而高8位地址由P2口输出。

（2）P0口作通用I/O口使用　对于有内部ROM的单片机，P0口也可以作通用I/O口使用，此时控制端为低电平，转换开关把输出级与锁存器的Q端接通，同时因与门输出为低电平，输出级VF_1处于截止状态，输出级为漏极开路电路，在驱动NMOS电路时应外接上拉电阻；作输入口使用时，应先将锁存器写“1”，这时输出级两个场效应晶体管均截止，可作高阻抗输入，通过三态输入缓冲器读取引脚信号，从而完成输入操作。

（3）P0口线上的“读—修改—写”功能　图1-9中的一个三态缓冲器是为了读取锁存器Q端的数据。Q端与引脚的数据是一致的。结构上这样安排是为了满足“读—修改—写”指令的需要。这类指令的特点是：先读锁存器，随之可能对读入的数据进行修改，再写入到端口上。

这类指令同样适合于P1~P3口，其操作是：先将对应口字节的全部8位数读入，再通过指令修改某些位，然后将新的数据写回到锁存器中。

2. P1口结构

（1）P1口作通用I/O口使用　P1口是一个有内部上拉电阻的准双向口，其位结构如图1-10所示，P1口的每一位口线能独立用作输入线或输出线。作为输出时，如将“0”写入锁存器，场效应晶体管导通，输出线为低电平，即输出为“0”。因此，当作为输入线时，必须先将“1”写入锁存器，使场效应晶体管截止。该口线由内部上拉电阻提拉成高电平，同时也能被外部输入源拉成低电平，即当外部输入“1”时该口线为高电平，而输入“0”时，该口线为低电平。P1口作为输入时，可被任何TTL电路和MOS电路驱动，由于具有内部上拉电阻，也可以直接被集电极开路和漏极开路电路驱动，不必外加上拉电阻。P1口可驱动4个LSTTL门电路。

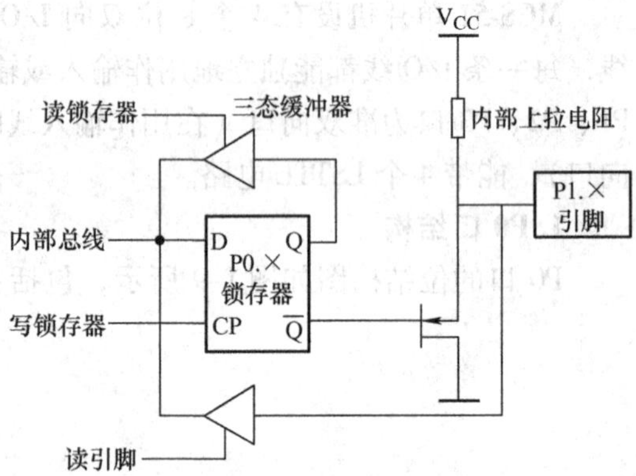

图1-10　P1口的位结构图

（2）P1口的其他功能　P1口在EPROM编程和验证程序时，它输入低8位地址。

3. P2口结构

P2口的位结构如图1-11所示，引脚上拉电阻同P1口。在结构上，P2口比P1口多一个输出控制部分。

（1）P2口作通用I/O口使用　当P2口作通用I/O口使用时，是一个准双向口，此时转换开关MUX倒向左边，输出级与锁存器接通，引脚可接I/O设备，其输入/输出操作与P1口完全相同。

(2) P2口作地址总线口使用 当系统中接有外部存储器时，P2口用于输出高8位地址A15～A8。这时在CPU的控制下，转换开关MUX倒向右边，接通内部地址总线。P2口的口线状态取决于片内输出的地址信息，这些地址信息来源于PCH、DPH等。在外接程序存储器的系统中，由于访问外部存储器的操作连续不断，P2口不断送出地址高8位。例如，在8031单片机构成的系统中，P2口一般只作地址总线使用，不再作为I/O口直接连接外部设备。

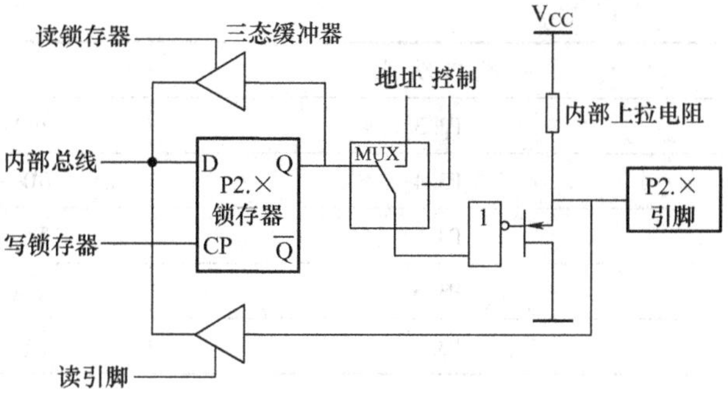

图1-11 P2口的位结构图

在不接外部程序存储器而接有外部数据存储器的系统中，情况有所不同。若外接数据存储器容量为256B，则可由P0口送出8位地址，P2口引脚上的信号在整个访问外部数据存储器期间也不会改变，故P2口仍可作为通用I/O口使用。若外接存储器容量较大，则由P0口和P2口送出16位地址。在读/写周期内，P2口引脚上将保持地址信息，但从其结构可知，输出地址时，并不要求P2口锁存器锁存“1”，锁存器内容也不会在送地址信息时改变，故访问外部数据存储器周期结束后，P2口锁存器的内容又会重新出现在引脚上。这样，根据访问外部数据存储器的频繁程度，P2口仍可在一定限度内作一般I/O口使用。P2口可驱动4个LSTTL门电路。

4. P3口结构

P3口是一个多用途口，也是一个准双向口，当作为第一功能（即通用I/O口）使用时，其功能同P1口。P3口的位结构如图1-12所示。

当作为第二功能使用时，每一位功能定义如表1-8所示。P3口的第二功能实际上就是系统具有控制功能的控制线。此时相应的口线锁存器必须为“1”状态，与非门的输出由第二功能输出线的状态确定，因此P3口线的状态取决于第二功能输出线的电平。在P3口的引脚信号输入通道中有两个三态缓冲器，第二功能的输入信号取自第一个缓冲器的输出端，第二个缓冲器仍是第一功能的读引脚信号缓冲器。P3口可驱动4个LSTTL门电路。

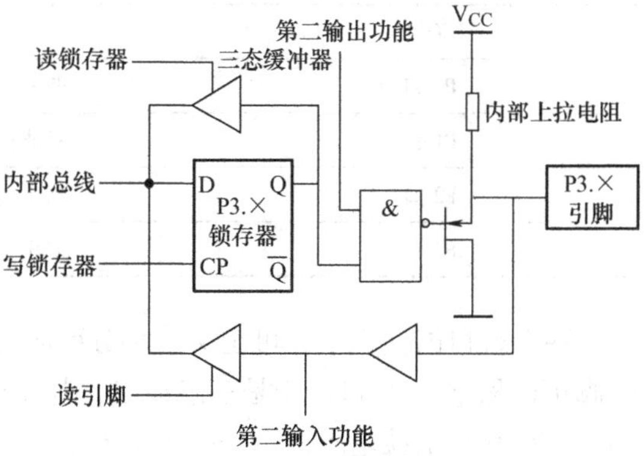

图1-12 P3口的位结构图

表1-8 P3口的第二功能

端口功能	第二功能
P3.0	RXD——串行输入（数据接收）口
P3.1	TXD——串行输出（数据发送）口
P3.2	$\overline{\text{INT0}}$——外部中断0输入线

（续）

端口功能	第二功能
P3.3	$\overline{INT1}$——外部中断 1 输入线
P3.4	T0——定时器 0 外部输入
P3.5	T1——定时器 1 外部输入
P3.6	$\overline{WR}$——外部数据存储器写选通信号输出
P3.7	$\overline{RD}$——外部数据存储器读选通信号输入

每个 I/O 口内部都有 1 个 8 位数据输出锁存器和 1 个 8 位数据输入缓冲器，4 个数据输出锁存器与 I/O 口 P0、P1、P2 和 P3 同名，皆为特殊功能寄存器。因此，CPU 数据从并行 I/O 口输出时可以得到锁存，数据输入时可以得到缓冲。

4 个并行 I/O 口作为通用 I/O 口使用时，共有写端口、读端口和读引脚三种操作方式。写端口实际上就是输出数据，是将累加器 A 或其他寄存器中数据传送到端口锁存器中，然后由端口自动从端口引脚线上输出。读端口不是真正的从外部输入数据，而是将端口锁存器中输出的数据读到 CPU 的累加器。读引脚才是真正的输入外部数据的操作，是从端口引脚线上读入外部的输入数据。端口的上述三种操作实际上是通过指令或程序来实现的，这些将在以后章节中详细介绍。

总之，通常 P0 和 P2 口构成 MCS-51 单片机的 16 位地址总线，并且 P0 口还是 8 位的数据总线，P3 口多用于第二功能，通常只有 P1 口用于一般输入/输出。引脚的复用情况见表 1-9。

表 1-9　MCS-51 型单片机的并行 I/O 口引脚的复用情况

I/O 口	复用情况
P0 口	低 8 位地址总线/数据总线分时复用口
P1 口	只能作一般 I/O 口
P2 口	高 8 位地址总线
P3 口	多用于第二功能（参见表 1-8）

在并行口的使用中，可定义一部分引脚为输入脚，另一部分引脚为输出脚，没有使用的引脚可以悬空。P0 口由于是三态输出，其每个引脚均可驱动 8 个 LSTTL 输出，而 P1 ~ P3 口的输出级均有上拉电阻，每个引脚只能驱动 4 个 LSTTL 输出。在系统复位后，P0 ~ P3 口的 32 个引脚均输出高电平，因此，在系统设计过程中，应保证这些引脚控制的外设不会因为系统复位而发生误动作。

1.1.6　单片机的其他功能单元

MCS-51 系列单片机的其他功能单元包括以下部件：①2 个 16 位定时器/计数器。②1 个可编程全双工异步串行口。③中断系统（具有 5 个中断源、2 个优先级嵌套中断结构）。

1. 定时器/计数器

MSC-51 系列单片机共有 2 个 16 位的定时器/计数器，用于实现定时或计数功能，并可用定时或计数结果对单片机以及系统进行控制。

关于定时器/计数器的详细知识请参考“项目5　设计秒表控制系统”。

2. 中断控制系统

MCS-51 系列单片机共设有 5 个中断源，其中外部中断 2 个、定时/计数中断 2 个、串行中断 1 个，具有二级优先级，可实现二级中断嵌套。

关于中断控制系统的详细知识请参考“项目4　设计报警器系统”。

3. 串行口

MCS-51 系列单片机有一个全双工的串行口，以实现单片机与其他数据设备之间的串行数据传递。该串行口的功能较强，既可作为全双工异步通信收发器使用，也可作为同步移位器使用。

关于串行口控制的详细知识请参考“项目7　设计串行通信系统”。

1.1.7　单片机的外部结构

1. 单片机的引脚功能

MCS-51 系列单片机都采用 40 引脚的双列直插封装方式。图 1-13 为 MCS-51 系列单片机的引脚排列图，图中引脚可以分为四类：电源类引脚 2 个、时钟类引脚 2 个、并行 I/O 类引脚 32 个、控制类引脚 4 个。下面对各个引脚进行介绍。

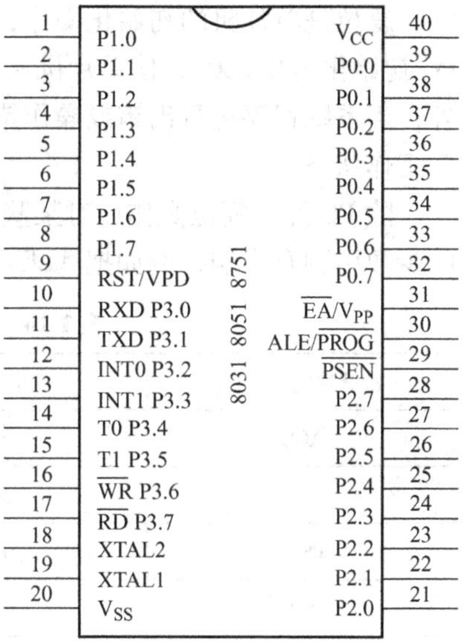

图 1-13 MCS-51 系列单片机引脚排列图

（1）电源类引脚

1）V_{SS}：20 号引脚，V_{SS}为电源接地端。

2）V_{CC}：40 号引脚，V_{CC}是芯片电源的输入端，接 +5V 电源。

（2）时钟类引脚

1）XTAL1：内部振荡电路反相放大器的输入端，是外接晶体的一个引脚。当采用外部振荡器时，此引脚接地。

2）XTAL2：内部振荡电路反相放大器的输出端，是外接晶体的另一端。当采用外部振荡器时，此引脚接外部振荡源。

（3）控制类引脚

1）RST/VPD：当振荡器运行时，在此引脚上出现两个机器周期的高电平（由低到高跳变），将使单片机复位；在 V_{CC}掉电期间，此引脚可接上备用电源，由 VPD 向内部提供备用电源，以保持内部 RAM 中的数据。

2）ALE/$\overline{\text{PROG}}$：正常操作时为 ALE 功能（允许地址锁存），把地址的低字节锁存到外部锁存器，ALE 引脚以不变的频率（振荡器频率的 1/6）周期性地发出正脉冲信号。因此，它可用作对外输出的时钟，或用于定时目的。但要注意，每当访问外部数据存储器时，将跳过一个 ALE 脉冲，ALE 端可以驱动（吸收或输出电流）8 个 LSTTL 电路。对于带有 EPROM 的单片机，在 EPROM 编程期间，此引脚接收编程脉冲（$\overline{\text{PROG}}$功能）。

3）$\overline{\text{PSEN}}$：外部程序存储器读选通信号输出端，在从外部程序存储器取指令（或数据）

期间，$\overline{PSEN}$在每个机器周期内两次有效。$\overline{PSEN}$同样可以驱动 8 个 LSTTL 输入电路。

4）$\overline{EA}/V_{PP}$：$\overline{EA}/V_{PP}$为内部程序存储器和外部程序存储器的选择端。当$\overline{EA}/V_{PP}$为高电平时，访问内部程序存储器；当$\overline{EA}/V_{PP}$为低电平时，则访问外部程序存储器。对于带有 EPROM 的单片机，在 EPROM 编程期间，此引脚加上 21V 的 EPROM 编程电源（V_{PP}）。

（4）并行 I/O 类引脚　8051 单片机有 32 条 I/O 线，构成 4 个 8 位双向端口，其基本功能如下：

1）P0 口（P0.0 ~ P0.7）：是一个 8 位漏极开路型双向 I/O 口，在访问外部存储器时，它是分时传送的低字节地址和数据总线，P0 口能以吸收电流的方式驱动 8 个 LSTTL 负载。

2）P1 口（P1.0 ~ P1.7）：是一个带有内部上拉电阻的 8 位准双向 I/O 口，能驱动（吸收或输出电流）4 个 LSTTL 负载。

3）P2 口（P2.0 ~ P2.7）：是一个带有内部上拉电阻的 8 位准双向 I/O 口，在访问外部存储器时，它输出高 8 位地址。P2 口可以驱动（吸收或输出电流）4 个 LSTTL 负载。

4）P3 口（P3.0 ~ P3.7）：是一个带有内部提升电阻的 8 位准双向 I/O 口，能驱动（吸收或输出电流）4 个 LSTTL 负载。P3 口还用于第二功能（请参看表 1-8）。

2. 复位电路

复位是单片机的初始化操作，其目的是使 CPU 及各个寄存器处于一个确定的状态，把 PC 初始化为 0x0000，使单片机从 0x0000 单元开始执行程序。系统正常上电时可以复位；另外，当系统程序运行出错或操作错误使系统处于死锁状态时，也需要按复位按键恢复系统正常工作状态。

除 PC 外，复位操作后对某些特殊功能寄存器有影响，如表 1-10 所示。复位还对单片机的少数引脚有影响，例如把 ALE 和$\overline{PSEN}$变为无效，即 ALE = 0 和$\overline{PSEN}$ = 1。

表 1-10　单片机复位后的特殊功能寄存器初态

特殊功能寄存器	初　态	特殊功能寄存器	初　态
ACC	0x00	TMOD	0x00
B	0x00	TCON	0x00
PSW	0x00	TH0	0x00
SP	0x07	TL0	0x00
DPL	0x00	TH1	0x00
DPH	0x00	TL1	0x00
P0 ~ P3	0x0FF	SCON	0x00
IP	× × ×00000B	SBUF	不定
IE	0 × ×00000B	PCON	0 × × × × × × ×B

复位方式主要有以下两种：

1）上电自动复位方式。该方式是在单片机接通电源后，对复位电路的电容充电来实现的，电路如图 1-14a 所示。

2）手动复位方式。该方式分为按键电平复位和按键脉冲复位。按键电平复位相当于

RST 端通过电阻与 V_{CC} 电源接通而实现的，电路如图 1-14b 所示。按键脉冲复位则是用 RC 微分电路产生的正脉冲来实现的，电路如图 1-14c 所示。

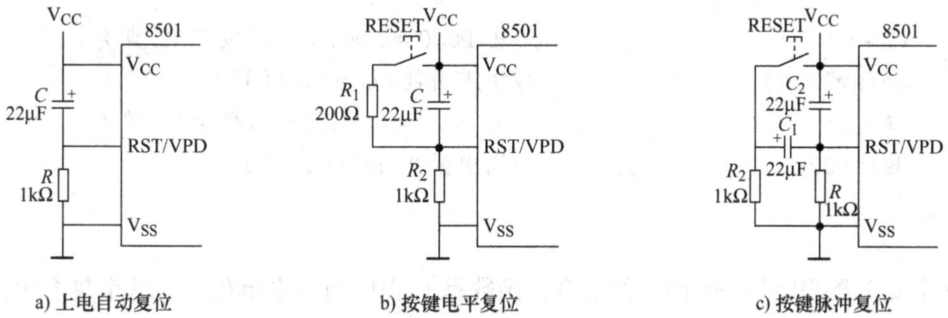

图 1-14　各种复位电路

1.1.8　C51 程序的基本构成

C 语言是一种通用的程序设计语言，兼顾了多种高级语言的特点，并且具备汇编语言的功能，具有很强的表达能力及可移植性。同时，它具有功能丰富的库函数，运算速度快、编译效率高。因此，用 C 语言开发单片机应用系统可以大大缩短开发时间。C 语言已成为单片机开发过程中应用最广泛的编程语言。

MCS-51 单片机的 C 语言采用 C51 编译器，它产生的目标代码短、运行效率高，可与 A51 汇编语言目标代码混合使用。Keil μVision2 就是专为 MCS-51 单片机设计的高效率编译器，符合 ANSI 标准，所需的存储空间极小。编写好的 C 语言源程序经过 C51 编译器编译、L51 连接定位后就可以生成目标程序，通过编程器可以下载到 MCS-51 单片机中。

C51 源程序结构和一般的 C 语言程序没有太大的差别。C51 的源程序文件扩展名为“.c”。下面是一个简单的 C51 源程序，该程序可以实现 P0.0 口所接的发光二极管闪烁点亮。

```
#include <AT89X51.H>              //编译器自带的头文件
sbit VL = P0^0;                   //定义 P0.0

//延时 0.2s 函数 delay02s()
void delay02s(void)
{
  unsigned char i,j,k;            //定义无符号字符型变量 i、j、k
  for(i = 20;i > 0;i - -)
    for(j = 20;j > 0;j - -)
      for(k = 230;k > 0;k - -);
}

//主函数
void main(void)
```

```
{
  while(1)
  {
    VL=0;                          //当 P0.0=0 时,发光二极管 VL 点亮
    delay02s();                    //调用函数 delay02s()
    VL=1;                          //当 P0.0=1 时,发光二极管 VL 熄灭
    delay02s();                    //调用函数 delay02s()
  }
}
```

一个 C51 源程序是一个函数的集合，函数是 C 程序的基本单位。在这个集合中，至少包括一个主函数 main()，也可以包含一个主函数和若干其他的函数，其他函数都可以被主函数调用，也可以相互调用，但 main() 函数不能被其他函数调用。被调用的函数可以是编译器提供的库函数，也可以是用户自己编制设计的函数。

不论主函数 main() 在什么位置，程序的执行都是从主函数 main() 开始执行的，主函数是程序的入口，主函数中的语句执行完毕，则程序执行结束。

C51 源程序书写格式自由，一行可以书写多条语句，一个语句也可以分多行书写。但在每个语句和数据定义的最后必须有一个分号。分号是 C 语句的必要组成部分，即使程序中最后一个语句也应该包含分号。

C51 程序可以用/ *…… */或//对 C51 源程序中的任何部分作注释。一个好的有价值的程序都应该加上必要的注释，以增加可读性。

1.1.9 C51 的数据结构

数据：具有一定格式的数字或数值称为数据。数据是计算机操作的对象，不管使用任何语言何种算法进行程序设计，在计算机中运行的只有数据流。

数据类型：数据不同的格式称为数据类型。

数据结构：数据按一定的数据类型进行排列、组合、架构，称为数据结构。

在 C 语言中，数据类型的分类如图 1-15 所示。

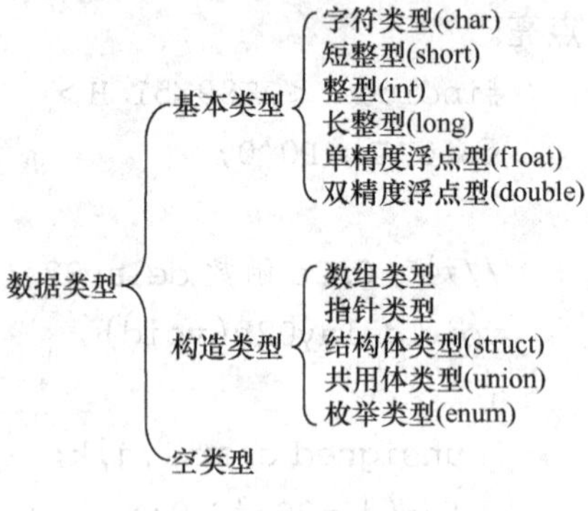

图 1-15 C 语言数据类型的分类

C51 的基本数据类型还可进一步分为无符号型（unsigned）和有符号型（signed）。此外，还包括专门用于 MCS-51 硬件和 C51 编译器的 bit、sbit、sfr、sfr16 等数据类型。各种数据类型的长度和值域如表 1-11 所示。

1. 字符类型（char）

字符型数据包括两种：单个字符和字符串，例如‘A’是字符，而“ABC”是字符串。在计算机中字符是以 ASCII 码的形式存储的，一个字符只占 1 字节的存储空间。

表1-11　C51数据类型的长度和值域

数据类型	长　度	值　域
unsigned char	单字节8位	0~255
signed char	单字节8位	-128~+127
unsigned int	双字节16位	0~65 535
signed int	双字节16位	-32 768~+32 767
unsigned long	四字节32位	0~4 294 967 295
signed long	四字节32位	-2 147 483 648~+2 147 483 647
float	四字节32位	±1.175494E-38~±3.402823E+38（6位数字）
double	八字节64位	±1.175494E-308~±3.402823E+308（10位数字）
*	1~3字节	对象的地址
bit	位	0或1
sfr	单字节	0~255
sfr16	双字节	0~65535
sbit	位	0或1

例如，字符‘A’的ASCII码用二进制数表示是01000001，对应的十进制数为65，而字符‘B’的ASCII码用二进制数表示是01000010，对应的十进制数为66。字符类型的标识符为char。

提示：字符与ASCII码的对应关系可查阅附录A。

char类型的长度是一字节，通常用于定义处理字符数据的变量或常量，可分为无符号字符类型（unsigned char）和有符号字符类型（signed char），默认值为signed char。

unsigned char用字节中所有的位来表示数值，所能表达的数值范围是0~255。unsigned char常用于处理ASCII字符或用于处理小于或等于255的整型数。

signed char用字节中最高位字节表示数据的符号，“0”表示正数，“1”表示负数，负数用补码表示。所能表示的数值范围是-128~+127。

（1）字符型常量　字符常量是用单引号括起来的一个字符，如‘a’、‘$’、‘1’、‘A’等都是字符常量。**注意：**字符型常量区分大小写，因此，‘a’和‘A’是不同的字符常量。不可以显示的控制字符，可以在该字符前面加一个“\”组成转义字符，也就是把“\”后面的字符转变为另外的意义。常用的转义字符如表1-12所示。

表1-12　转义字符

字　符	ASCⅡ码	含　义	字　符	ASCⅡ码	含　义
\o	0	空操作	\r	13	回车
\f	12	换页	\n	10	换行
\t	9	横向跳格	\a	7	报警
\b	8	退格	\\	92	反斜杠
\’	39	单引号	\”	34	双引号
\ddd		八进制	\xhh		十六进制

(2) 字符型变量　字符型变量的长度为一字节（即8位），而MCS-51单片机每次可以处理8位数据，因此字符型变量非常适合于MCS-51单片机。字符型变量分为无符号型和有符号型两种。如果没有明确地指明是无符号型还是有符号型，则默认为有符号型变量。对字符型变量赋值有两种方法：既可以将用单引号括起来的一个字符赋给字符型变量，也可以将一个在其取值范围内的正整数（ASCⅡ码）赋给字符型变量，例如：

```
unsigned char ch1,ch2;
ch1 = 'A';
ch2 =0x41;
```

对于有符号的变量，最具有重要意义的是其最高位（8位中最左侧的一位）。在此位上，1代表“负”，0代表“正”，剩余的低7位代表变量的绝对值，因此有符号字符型变量所能表示的数值范围是从 -128 ~ +127。而无符号型变量的最高位不作为符号位，这与人们的习惯比较一致，不易出错。

(3) 字符串常量　字符串常量是用一对双引号括起来的字符序列，例如下面都是字符串常量：“China”、“hello，keil C!”、“a”、“12345”。

可以用如下的方法输出一个字符串：Printf（“Hello，Keil C!”）；

提示：不要把字符常量与字符串常量混淆，如‘A’是字符常量而“A”是字符串常量。不能把一个字符串赋给一个字符串变量，例如下面的赋值就是错误的：

char ch1 = “A”;

2. 整型（int）

整型长度为2字节，用于存放一个双字节数据。分有符号整型数（signed int）和无符号整型数（unsigned int），默认值为 signed int。

signed int 表示的数值范围是 -32 768 ~ +32 767，字节中最高位表示数据的符号，“0”表示正数，“1”表示负数。

unsigned int 表示的数值范围是 0 ~ 65 535。

(1) 整型常量　整型常量按进制不同有以下3种表示形式。

1）十进制整数：如134、5、-5、0等。

2）八进制整数：以0开头的数，例如034表示八进制 $(34)_8$，等于十进制数28。

3）十六进制整数：以0x或0X开头的数是十六进制，例如0x3a代表十六进制数 $(3a)_{16}$，等于十进制数58；-0x56代表十六进制数 $(-56)_{16}$，等于十进制 -86。

(2) 整型变量　整型变量可以分为以下3种。而每种又分为无符号与有符号型。

1）基本型：以int表示，长度为2字节。

2）短整型：以short表示，长度为2字节。

3）长整形：以long表示，长度为4字节。

无符号型用unsigned表示，与上述3种类型匹配而构成无符号整型（unsigned int）、无符号短整型（unsigned short）和无符号长整型（unsigned long）。各种无符号整型变量的长度和想要的有符号整型变量相同，但由于全部的位都用来存放数本身而不包括符号位，因此只能存放不带符号位的正数。

注意：int、short int、long int 的默认类型为有符号型。例如：

```
int a,b;
```

```
unsigned long c;
```

同类型的整型变量之间和不同类型的整型变量之间都可以进行算术运算，同样，整型变量和字符变量之间也可以进行算术运算。

3. 长整型（long）

长整型长度为4字节，用于存放一个4字节数据，可分为有符号长整型（signed long）和无符号长整型（unsigned long），默认值为signed long类型。

signed int表示的数值范围是 -2 147 483 648 ~ +2 147 483 647，字节中最高位表示数据的符号，"0"表示正数，"1"表示负数。

unsigned long表示的数值范围是0 ~4 294 967 295。

4. 浮点型（float）

浮点型在十进制中具有7位有效数字，是符合IEEE754标准的单精度浮点型数据，占用4字节。

由于浮点型数据可以直接表示小数，因此许多复杂的数学表达式都采用浮点型数据，浮点型数据也分为浮点型常量和浮点型变量。

（1）浮点型常量　例如 +96.3、65.36、-2.3、0.654、-3.3E9、0.3e-7等都是浮点型常量。浮点型常量只有十进制这一种进制，并且都被默认为下面将要介绍的double型。对于绝对值小于1的浮点数可省略小数点前面的零，如.654就是0.654的缩略形式，形如 -3.3E×的浮点数则是由尾数和阶两部分构成的，-3.3E9就等于 -3.3乘以10的9次方。

（2）浮点型变量　浮点型变量分为单精度（float）和双精度（double），可以用下列语句说明浮点型变量：

```
float a;
double b;
```

5. 指针型（*）

指针型是一种特殊的数据类型，指针型本身就是一个变量，在这个变量中存放的是指向另一个数据的地址。这个指针变量要占据一定的内存单元，对不同的处理器其长度也不尽相同，在C51中，它的长度一般为1 ~3字节。

根据所指向的变量类型的不同指针变量也有不同的类型，而指针变量的类型也就表示了该指针指向的地址的数据类型。指针类型的表达方法是在指针符号"*"前面冠以数据类型符号，例如：

```
char * pa;
unsigned int * pa;
float * pa;
```

6. 位类型（bit）

bit是C51编译器的一种扩充数据类型，利用它可定义一个位标量，但不能定义位指针，也不能定义位数组。位类型的长度是1位（bit），它的值是一个二进制位，不是0就是1，类似一些高级语言中的Boolean类型中的True和False。

对位类型变量进行定义的语法如下：

```
bit flag1;
bit send_en =1;
```

与MCS-51单片机硬件特征操作有关的位变量必须定位在MCS-51单片机内RAM的可位寻址空间中，也就是字节地址为0x20~0x2F的16字节单元，每一字节的每一位都可以单独寻址。位地址为0x00~0x7F，共128位，分别对应于0x20的D0位至0x2F的D7位，如表1-13所示（此区间称为BDATA）。在可位寻址的同时，此区间仍可进行字节单元寻址。

表1-13 内部RAM位寻址区

单元地址	位地址							
0x2F	0x7F	0x7E	0x7D	0x7C	0x7B	0x7A	0x79	0x78
0x2E	0x77	0x76	0x75	0x74	0x73	0x72	0x71	0x70
0x2D	0x6F	0x6E	0x6D	0x6C	0x6B	0x6A	0x69	0x68
0x2C	0x67	0x66	0x65	0x64	0x63	0x62	0x61	0x60
0x2B	0x5F	0x5E	0x5D	0x5C	0x5B	0x5A	0x59	0x58
0x2A	0x57	0x56	0x55	0x54	0x53	0x52	0x51	0x50
0x29	0x4F	0x4E	0x4D	0x4C	0x4B	0x4A	0x49	0x48
0x28	0x47	0x46	0x45	0x44	0x43	0x42	0x41	0x40
0x27	0x3F	0x3E	0x3D	0x3C	0x3B	0x3A	0x39	0x38
0x26	0x37	0x36	0x35	0x34	0x33	0x32	0x31	0x30
0x25	0x2F	0x2E	0x2D	0x2C	0x2B	0x2A	0x29	0x28
0x24	0x27	0x26	0x25	0x24	0x23	0x22	0x21	0x20
0x23	0x1F	0x1E	0x1D	0x1C	0x1B	0x1A	0x19	0x18
0x22	0x17	0x16	0x15	0x14	0x13	0x12	0x11	0x10
0x21	0x0F	0x0E	0x0D	0x0C	0x0B	0x0A	0x09	0x08
0x20	0x07	0x06	0x05	0x04	0x03	0x02	0x01	0x00

7. 特殊功能寄存器型（sfr）

单片机内的各种控制寄存器、状态寄存器以及I/O口锁存器、定时器、串行端口数据缓冲器是内部数据存储器的一部分，离散地分布在0x80~0xFF的地址空间范围内。这些寄存器统称特殊功能寄存器（Special Function Registers，SFR），例如串行口寄存器SCON、中断允许寄存器IE等，如表1-14所示。

表1-14 特殊功能寄存器地址分配

序号	助记符	名称	字节地址	说明
1	P0	P0口锁存器	0x80	可位寻址（0x87~0x80）
2	SP	堆栈指针	0x81	仅字节寻址
3	DPL	数据指针DRTR低位字节	0x82	仅字节寻址
4	DPH	数据指针DRTR高低字节	0x83	仅字节寻址
5	PCON	电源控制	0x87	仅字节寻址
6	TCON	定时器/计数器控制	0x88	可位寻址（0x8F~0x88）
7	TMOD	定时器/计数器方式控制	0x89	仅字节寻址
8	TL0	定时器/计数器0低位字节	0x8A	仅字节寻址
9	TL1	定时器/计数器1低位字节	0x8B	仅字节寻址
10	TH0	定时器/计数器0高位字节	0x8C	仅字节寻址

（续）

序　号	助 记 符	名　　称	字节地址	说　　明
11	TH1	定时器/计数器1高位字节	0x8D	仅字节寻址
12	P1	P1口锁存器	0x90	可位寻址（0x97～0x90）
13	SCON	串行控制	0x98	可位寻址（0x9F～0x98）
14	SBUF	串行数据缓冲器	0x99	仅字节寻址
15	P2	P2口锁存器	0xA0	可位寻址（0xA7～0xA0）
16	IE	中断允许控制	0xA8	可位寻址（0xAF～0xA8）
17	P3	P3口锁存器	0xB0	可位寻址（0xB7～0xB0）
18	IP	中断优先级控制	0xB8	可位寻址（0xBF～0xB8）
19	PSW	程序状态字	0xD0	可位寻址（0xD7～0xD0）
20	ACC	累加器A	0xE0	可位寻址（0xE7～0xE0）
21	B	寄存器B	0xF0	可位寻址（0xF7～0xF0）

C51编译器扩充了关键字sfr，sfr也是一种扩充数据类型，占用一个内存单元，值域0～255。利用它可以访问MCS-51单片机内部的所有特殊功能寄存器。sfr类型的长度为1字节，其定义方式如下：

```
sfr 特殊功能寄存器名=地址常量;
```

说明“地址常量”就是定义的特殊功能寄存器的地址，例如：

```
sfr P1=0x90;
sfrSCON=0x98;
```

在MCS-51单片机中，地址为0x90的SFR是P1口的寄存器，因此，P1就表示P1口，在随后的程序中对P1进行处理就是对P1口进行处理。同理，地址为0x98的SFR是串行口控制寄存器，在随后的程序中对SCON进行处理就是对串行口控制寄存器进行处理。

提示：在关键字sfr后面是一个标识符，标识符可以任意选取（如上例的sfr P1=0x90，也可以定义为sfr PP1=0x90），但应符合一般的习惯。等号后面必须是常数，不允许有带运算的表达式，而且该常数必须在特殊功能寄存器的地址范围之内（0x80～0xFF），不过在头文件reg51.h中对所有的特殊功能寄存器都进行了定义，因此我们在编写程序时不需要自己定义，包含reg51.h文件后可直接使用特殊功能寄存器名即可。

解读reg51.h：

打开reg51.h可以看到这样的一些内容：

```
/*-------------------------------REG51.H
Header file for generic80C51 and 80C31 microcontroller.
Copyright (c) 1988-2001 Keil Elektronik GmbH and Keil Software, Inc.All
rights reserved.-------------------------------*/
/* BYTE Register */
sfr P0=0x80;            //P0口
sfr P1=0x90;            //P1口
sfr P2=0xA0;            //P2口
sfr P3=0xB0;            //P3口
```

```
sfr PSW = 0xD0;              //程序状态字
sfr ACC = 0xE0;              //累加器 A
sfr B = 0xF0;                //寄存器 B,主要用于乘除
sfr SP = 0x81;               //堆栈指针,初始化为 07;先加 1 后压栈,先出栈再减 1
sfr DPL = 0x82;              //数据指针
sfr DPH = 0x83;              //数据指针
sfr PCON = 0x87;             //电源控制
sfr TCON = 0x88;             //Timer/Counter 控制
sfr TMOD = 0x89;             //Timer/Counter 方式控制
sfr TL0 = 0x8A;
sfr TL1 = 0x8B;
sfr TH0 = 0x8C;
sfr TH1 = 0x8D;
sfr IE = 0xA8;               //中断控制
sfr IP = 0xB8;               //中断优先级控制
sfr SCON = 0x98;             //串口控制寄存器
sfr SBUF = 0x99;             //串口缓冲寄存器

/** BIT Register */
/* PSW */
sbit CY = 0xD7;              //进位或借位
sbit AC = 0xD6;              //辅助进借位
sbit F0 = 0xD5;
sbit RS1 = 0xD4;
sbit RS0 = 0xD3;
sbit OV = 0xD2;
sbit P = 0xD0;

/* TCON */
sbit TF1 = 0x8F;             //T1 的中断请求标志
sbit TR1 = 0x8E;             //T1 运行控制
sbit TF0 = 0x8D;             //T0 的中断请求标志
sbit TR0 = 0x8C;             //T0 运行控制
sbit IE1 = 0x8B;             //外部中断 1 中断请求标志
sbit IT1 = 0x8A;             //外部中断 1 中断触发方式
sbit IE0 = 0x89;             //外部中断 0 中断请求标志
sbit IT0 = 0x88;             //外部中断 0 中断触发方式

/* IE */
```

```
sbit EA = 0xAF;            //开串口中断
sbit ES = 0xAC;
sbit ET1 = 0xAB;
sbit EX1 = 0xAA;
sbit ET0 = 0xA9;
sbit EX0 = 0xA8;

/* IP */
sbit PS = 0xBC;            //串行中断优先级
sbit PT1 = 0xBB;           //T1 优先级
sbit PX1 = 0xBA;           //外部中断 1 优先级
sbit PT0 = 0xB9;           //T0 优先级
sbit PX0 = 0xB8;           //外部中断 0 优先级

/* P3 */
sbit RD = 0xB7;
sbit WR = 0xB6;
sbit T1 = 0xB5;
sbit T0 = 0xB4;
sbit INT1 = 0xB3;          //外部中断 1
sbit INT0 = 0xB2;          //外部中断 0
sbit TXD = 0xB1;           //串行发送
sbit RXD = 0xB0;           //串行接收

/* SCON */
sbit SM0 = 0x9F;
sbit SM1 = 0x9E;           //串口工作方式
sbit SM2 = 0x9D;
sbit REN = 0x9C;           //串行接收允许
sbit TB8 = 0x9B;           //收到的第 9 位
sbit RB8 = 0x9A;           //要发的第 9 位
sbit TI = 0x99;            //接收完成中断标志
sbit RI = 0x98;            //接收完成中断标志
```

8. 16 位特殊功能寄存器类型（sfr16）

sfr16 占用两个内存单元，值域为 0 ~ 65 535。sfr16 和 sfr 一样用于操作特殊功能寄存器，所不同的是它用于操作占 2 字节的寄存器，如定时器 0 和定时器 1。

在新一代的 MCS-51 单片机中，特殊功能寄存器在功能上经常组合成 16 位来使用。为了有效地访问这种 16 位的特殊功能寄存器，可采用关键字 sfr16。sfr16 类型的长度为 2 字节，其定义语法与 8 位 SFR 相同，但 16 位 SFR 的低端地址必须作为 sfr16 的定义地址。例如对8052单片机的定时器T2，可采用如下的方法来定义：

```
sfr16T2 = 0CCH;   //定义 TIMER2,其地址为 T2L = 0CCH、T2H = 0CDH
```

这里T2为特殊功能寄存器，等号后面是其低字节地址，其高字节地址必须在物理上直接位于低字节之后。

9. 可寻址位类型（sbit）

sbit是C51中的一种扩充数据类型，利用它可以访问芯片内部RAM中的可位寻址位或特殊功能寄存器中的可位寻址位。如先前我们定义了sfr P1 = 0x90；因P1口的寄存器是可位寻址的，所以我们可以定义sbit P1_1 = P1^1；P1_1为P1中的P1.1引脚。

同样我们可以用P1.1的地址去写，如sbit P1_1 = 0x91；这样我们在以后的程序语句中就可以用P1_1来对P1.1引脚进行读/写操作了。

通常这些可以直接使用系统提供的预处理文件，里面已定义好各特殊功能寄存器的简单名字，直接引用可以省去一点时间。当然也可以自己写自己的定义文件，用自己认为好记的名字。

sbit的用法有三种：

1）第一种方法：sbit 位变量名 = 位地址

这种方法将位的绝对地址赋给位变量，此时位地址必须位于0x80 ~ 0xFF之间。例如：

```
sbit P0_0 = 0x80;        //定义 P0_0 位绝对地址 0x80
```

2）第二种方法：sbit 位变量名 = 特殊功能寄存器名^位位置

当可位寻址位位于特殊功能寄存器中时可采用这种方法，“位位置”是一个0 ~ 7之间的常数。例如：

```
sfr P0 = 0x80;
sbit P0_7 = P0^7;
```

因此用sfr P1_0 = P1^0；就是定义用符号P1_0来表示P1.0引脚，如果你愿意也可以起P10一类的名字，只要下面程序中也随之更改就行了。

3）第三种方法：sbit 位变量名 = SFR地址值^变量位地址值

这种方法以一个常数（字节地址）作为基础，该常数必须在0x80 ~ 0x0F之间。“位位置”是一个0 ~ 7之间的常数。例如：

```
sbit P0_1 = 0x80^1;
```

如定义PSW中的OV可以用以下三种方法：

```
sbit OV = 0xd2;          //0xd2 是 OV 的位地址值
sbit OV = PSW^2;         //其中,PSW 必须先用 sfr 定义好
sbit OV = 0xD0^2;        //0xD0 就是 PSW 的地址值
```

提示：

1）sbit是一个独立的关键字，不要与关键字bit相混淆。

2）定义P0.7时应该使用sbit P0_7 = P0^7语句，但许多初学者容易写成sbit P0_7 = P0.7。

3）sbit类型变量必须在函数外部定义。

1.1.10 C51存储区域与存储模式

1. 存储区域

针对MCS-51系列单片机应用系统存储器的结构特点，Keil C51编译器把数据的存储区

域分为6种：data（内部RAM的低128B，可直接寻址，访问速度最快）、bdata（内部RAM的低128B的位寻址区，0x20～0x2F，既可以字节寻址，又可以位寻址）、idata（内部RAM，256B，其中低128B与data相同，只能间接寻址）、xdata（外部RAM，最多64KB）、pdata（外部RAM中的1页或256B，分页寻址）、code（程序存储器，最多64KB）。在使用C51语言进行程序设计时，可以把每个变量明确地分配到某个存储区域中。由于对内部存储器的访问比对外部存储器的访问快许多，因此应当将频繁使用的变量存放在内部RAM中，而把较少使用的变量存放在外部RAM中。

有了存储区域的概念后，变量的定义格式变为：

数据类型［存储区域］变量名称

在使用存储区域时，还应该注意以下几点：

1）标准变量和用户自定义变量都可以存储在data区中，只要不超过data区范围即可。由于MCS-51系列单片机没有硬件报错机制，当设置在data区的内部堆栈溢出时，程序会复位。为此，要根据需要声明足够大的堆栈空间以防止堆栈溢出。

2）Keil C51编译器不允许在bdata区中声明float和double型的变量。

3）对pdata和xdata的操作是相似的。但是，对pdata区的寻址要比对xdata区的寻址快，因为对pdata区的寻址只需装入8位地址；而对xdata区的寻址需装入16位地址，所以要尽量把外部数据存储在pdata区中。

4）程序存储区的数据是不可改变的，编译的时候要对程序存储区中的对象进行初始化；否则就会产生错误。

2. 存储模式

用于决定没有明确指定存储类型的变量、函数参数等的默认存储区域。

Keil C51编译器提供的存储模式共有3种：Small，Compact，Large。

具体使用哪一种模式，可以在Target设置界面中的Memory Mode下拉列表框中进行选择。

1）Small模式。没有指定存储区域的变量、参数都默认存放在data区域内。优点是访问速度快；缺点是空间有限，只适用于小程序。

2）Compact模式。没有指定存储区域的变量、参数都默认存放在pdata区域内。具体存放在哪一页可由P2口指定，在STARTUP. A51文件中说明，也可用pdata指定。空间比Small模式大，速度比Small模式慢，比Large模式快，是一种中间状态。

3）Large模式。没有指定存储区域的变量、参数都默认存放在xdata区域内。优点是空间大；缺点是访问速度较慢。

1.1.11 C51运算符与表达式

C语言对数据有很强的表达能力，具有丰富的运算符。以下介绍C51中常用的运算符。

1. 算术运算符及其表达式

（1）算术运算符　C语言的算术运算符有5种，其含义及用法见表1-15。

其中需要说明的是：

1）除法运算（/）时，两个整数相除的结果（即商）仍为整数，如果不能整除，只取结果的整数部分，小数部分全部舍去。例如：

表 1-15 算术运算符

运算符	含义	示例		结果
+	加法	a + b	7.5 + 3	10.5
-	减法	a - b	7.5 - 3	4.5
*	乘法	a * b	7.5 * 3	22.5
/	除法	a/b	7.5/3	2.5
%	求余	a%b	7/3	1

5/2　　结果为 2

1/2　　结果为 0

如果参与运算的两个数中有一个为实数，则运算结果为实数。例如：

5.0/2　结果为 2.5

1/2.0　结果 0.5

2）求余运算（%）时，要求两个运算量均为整数，结果为整除后的余数。例如：

7%2　　结果为 1

4%2　　结果为 0

求余运算在判断一个整数能否被另一个整数整除时很方便。例如：当 x%y 结果为 0 时，说明 x 能被 y 整除，否则不能整除。

3）算术运算的优先级。正如数学中的算术四则运算一样，当进行 +、-、*、/等混合运算时，各运算符之间要有一定的先后次序。括号（）优先级最高，乘、除、求余同级又高于加、减运算。

（2）算术表达式　C 语言的算术表达式来源于数学中的代数式，不过为了方便键盘输入，算术表达式使用时要注意书写形式。例如：

数学式	算术表达式
$\frac{a+b}{2}$	(a+b)/2
$a^2+2ab+b^2$	a*a+2*a*b+b*b
$\lvert a \rvert$	fabs(a)
$\sqrt{b^2-4ac}$	sqrt(b*b-4*a*c)

可见，算术表达式采用的是线性书写形式，运算量和运算符都要写在一条横线上。有些运算还必须调用库函数完成，在上面示例中，遇到了求绝对值和平方根运算，对这类常用的数学运算，C 语言已经将它们定义成标准库函数，存放在数学库文件“math.h”中，用户只需直接调用即可。

（3）运算中数据类型的转换　在表达式中，当运算符两边的运算对象类型相同时，可以直接进行运算，并且运算结果和运算对象具有同一数据类型，所以表达式 5/2 的结果是整数 2 而不是实数 2.5。

但是，当运算符两边的运算对象类型不相同时，C 语言会自动把它们转换成同一数据类型再进行计算。自动转换时，都是从占用内存空间少的数据类型向占用内存空间多的数据类型进行转换。例如：

10 +‘a’ //先将‘a’转换为int型的整数97,然后与10相加,结果为int型的107

各种类型自动转换级别如图1-16所示，其中箭头表示转换方向。

以上转换方法是在不明确指明的情况下自动进行的，所以用户很难控制运算结果。

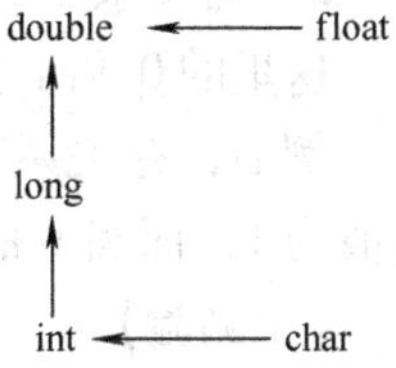

图1-16 自动转换级别示意图

此外，C语言还提供了另一种数据类型转换方法：强制类型转换。使用这种方法，用户可以根据需要控制数据类型，其语法是

(数据类型标识符)(表达式)

例如：(int)(1.5 +2.3)　　表达式的值为3而不是3.8

再例如：有下面变量定义

```
int  i;
double  d;
```

那么，如果不使用强制类型转换，表达式i + d的运算结果是double类型；如果需要i + d的运算结果是int类型的，就需要使用强制类型转换，即i + (int)d，首先把d转换成int型，然后执行i + d。

2. 关系运算符及其表达式

(1) 关系运算符　关系运算符是用来比较两个运算量大小关系的。表1-16列出了关系运算符及其示例。

表1-16 关系运算符

运 算 符	名 称	示 例
>	大于	x > y
> =	大于等于	x > = y
<	小于	x < y
< =	小于等于	x < = y
= =	等于	x = = y
! =	不等于	x! = y

注意：

1) 在书写关系运算符 > =、< =、= =、! = 时，中间不能出现空格，否则会产生语法错误。

2) 前4个关系运算符的优先级是相同的，后两个的优先级相同，但优先级要低于前4个。

3) 关系运算符的结合性为左结合，建议大家在用的时候用上括号，这样能更方便和不出错。

(2) 关系表达式　关系表达式的形式为

表达式1　关系运算符　表达式2

例如：a > b、a + b > c、x! = y等都是合法的关系表达式。

关系表达式是二目运算符，它的作用是在运算对象上产生一个逻辑值，或真或假。

关系表达式的值有两种情况：

1）当关系成立时，表达式的值为逻辑真，程序中用1（非0）表示。

2）当关系不成立时，表达式的值为逻辑假，用0来表示。

这里的0和1在程序中被看做是整型量。

例如，有关系表达式b<c，当b的值是5，c的值是8时，b<c关系成立，那么表达式的值为1；而当b的值为9，c的值是6时，b<c关系不成立，那么表达式的值为0。

【小测验】

假设变量a=3、b=2、c=1，执行赋值语句“f=a>b>c;”后，变量f的值是多少？

3. 逻辑运算符及其表达式

（1）逻辑运算符　C语言的逻辑运算符有3个，见表1-17。其中，逻辑与（&&）和逻辑或（||）是双目运算符，需要有两个运算对象。逻辑非（!）是单目运算符，只要求有一个运算对象。

表1-17　逻辑运算符

运　算　符	名　　称	示　　例
!（逻辑非）	逻辑非	!（x<0）
&&（逻辑与）	逻辑与	x>=0&&x<=10
||（逻辑或）	逻辑或	x<=0||x>=10

（2）逻辑表达式　逻辑表达式和关系表达式一样，也会产生一个逻辑量真和假。以0代表为假，1代表为真。

逻辑表达式的形式为

表达式1&&表达式2

表达式1||表达式2

!表达式

与关系表达式相同，逻辑表达式的值也有两种情况：1（非0）或0。

假设用a表示表达式1，b表示表达式2，则逻辑表达式的运算规则见表1-18。

表1-18　逻辑运算的运算规则

a的值	b的值	a&&b	a||b	!a
非0	非0	1	1	0
非0	0	0	1	0
0	非0	0	1	1
0	0	0	0	1

从表1-18中可以看到：

1）逻辑与（&&）：当两个表达式的值均为非0时，逻辑表达式的值为1；其余情况均为0。

2）逻辑或（||）：当两个表达式的值均为0时，逻辑表达式的值为0；其余情况均为1。

3）逻辑非（!）：当表达式的值为0时，逻辑表达式的值为1；反之当表达式的值为非0时，逻辑表达式的值为0。

提示：关系表达式用于描述单一条件，逻辑表达式用于描述复合条件。

4. 位运算符

位运算符包括：&——按位与，|——按位或，^——按位异或，~——按位取反，<<——位左移，>>——位右移。

除了按位取反“~”以外，所有的位操作全是双目运算符，要求有两个运算对象。位运算符只能是整型或字符型，不能为实型数据（浮点型）。

5. 自增减运算符

C语言有两个很有特色的运算符：自增运算符（++）和自减运算符（--），自增、减运算符的作用是使变量值自动加1或减1。它们是单目运算，运算对象必须是变量。例如：

```
++i、i++、--i、i--
```

使用时，运算符可以放在变量之前，也可以放在变量之后，但对运算对象的值影响不同。

```
++i、--i;                //运算符在前,变量在后的前缀形式
i++、i--;                //变量在前,运算符在后的后缀形式
```

很多时候++i与i++并没有区别，它们都相当于赋值运算中的i=i+1，而--i和i--则相当于i=i-1。但是，当自增自减运算与其他运算混合时，前缀和后缀形式的影响不同，其使用规则为：

```
++i、--i;                //变量在使用之前先自增(加1)、自减(减1)
i++、i--;                //变量在使用之后再自增(加1)、自减(减1)
```

注意：

1）自增、减运算++、--只适合变量，而不能用于常量表达式。++、--的结合方式是自右向左的。

2）由于自增、减运算操作速度快，书写简便，所以经常被用来计数。

例1-1　阅读以下程序，观察其运行结果的异同。

【程序1】

```
main()
{
    int i=0,j;
    j=++i;
    printf("i=%d,j=%d\n",i,j);
}
```

输出结果为

```
i=1,j=1
```

【程序2】

```
main()
{
```

```
    int i=0,j;
    j=i++;
    printf("i=%d,j=%d\n",i,j);
}
```

输出结果为

```
i=1,j=0
```

从两个程序的运行结果来看，变量 i 的值都自增为 1，但是变量 j 的值却截然不同。

【小测验】执行以下两个程序段后，变量 x 的值各是多少？

【程序段 1】

```
int  a=5,x=0;
x=(a++)+3;
```

【程序段 2】

```
int  a=5,x=0;
x=(++a)+3;
```

6. 赋值运算符

C51 的赋值运算符为“=”，它的作用是将运算符右边的数据或表达式的值赋给运算符左边一个变量。赋值表达式的格式为

变量=表达式

例如：a=b=0x32；　　　//将常数 0x32 同时赋值给变量 a，b

说明：

1）赋值表达式尾部加上分号，构成赋值语句。赋值语句是 C 语言最基本、最常用的一个语句。例如：

```
a=2;     //赋值语句
b=a+5;     //赋值语句
```

2）赋值语句具有计算和赋值双重功能，即先计算出表达式的值，再将该值交给指定的变量保存。因此在 C 程序中大量的计算处理都会用到赋值语句。例如：

```
d=sqrt(b*b-4*a*c);
```

3）赋值运算符不同于数学上的等号，等号没有方向，而赋值运算符具有方向性。例如：数学式 a=b 可以等价写成 b=a，但是赋值语句 a=b 与 b=a 完全不等价。

4）类型转换也发生在赋值运算符的两边，不管赋值运算符右边表达式的结果类型是什么，一律转换为左边变量的类型，然后再赋值给变量。

7. 复合赋值运算符

只要是双目运算，都可以与赋值运算符“=”一起组成复合赋值运算符，C51 提供了 10 种复合赋值运算符：

+=，-=，*=，/=，%=，<<=，>>=，&=，^=，|=。

例：A+=B 相当于 A=A+B；A-=B 相当于 A=A-B；赋值语句 a*=b+c 等效于 a=a*(b+c)，而不是 a=a*b+c。

采用这种复合赋值运算的目的，是为了简化程序，提高 C51 编译器效率。

8. 条件运算符

条件运算符的格式为

逻辑表达式? 表达式1:表达式2

其功能是首先计算逻辑表达式，当值为真（非0）时，将表达式1的值作为整个条件表达式的值；当值为假（0）时，将表达式2的值作为整个条件表达式的值。

条件表达式通常用于赋值语句之中。

例如：max = (a > b)? a:b 的执行结果是比较 a 与 b 的大小，若 a > b，则为真，max = a；若 a < b，则为假，max = b。

9. 指针和地址运算符

C51 的指针和地址运算符为

*——取内容运算符

&——取地址运算符

取内容和地址的运算格式分别为

```
变量 = * 指针变量;          //将指针变量所指向的目标变量值赋给左边变量
指针变量 = & 目标变量;      //将目标变量的地址赋给左边变量
```

例如：

```
px = &i;                    //将变量 i 的地址赋给指针 px
py = * j;                   //将 j 变量的内容为地址的单元的内容赋给 py
```

1.1.12　C51 语句

C51 程序通常有如下三种控制结构：顺序结构、选择结构和循环结构。对于具体程序来说，每种结构都包含若干语句。C 语句可以分为空语句、表达式语句、函数调用语句、控制语句和复合语句 5 大类。

1. 空语句

只有一个分号的语句称为空语句，例如：“;”

空语句什么也不做。C51 定义一个空函数语句 nop，用头文件 intrins. h 包含起来，然后在需要空语句的时候调用 nop 函数即可。例如：

```
#include <intrins.h>
nop();
void main()
{
    nop();
}
```

2. 表达式语句

在一个表达式后面加上一个“;”，便构成一条表达式语句。例如：

```
i = i + 1;
```

3. 函数调用语句

由一个函数调用加一个分号便可构成函数调用语句。如：

```
printf("This is a Cprogram.");
```

4. 控制语句

C51 语言共有 11 种控制语句，主要用于编写具有分支结构或循环结构的程序，包括选择结构控制语句（if 语句、if-else 语句、if-else-if 语句、switch 语句）、循环结构控制语句（while 语句、do-while 语句、for 语句）、辅助控制语句（goto 语句、break 语句、continue 语句、return 语句）。

（1）if 语句　if 语句的一般形式为

```
if(表达式)    {语句}
```

其执行过程为：计算表达式的值，若值为非 0（即为“真”），则执行指定语句；否则直接执行 if 语句的下一条语句。执行流程如图 1-17 所示。

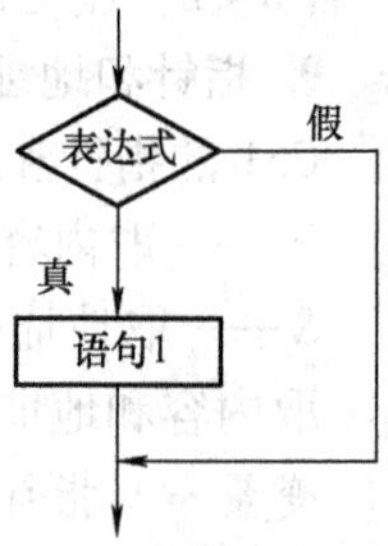

图 1-17　简单 if 语句执行流程

例如：如果 a 大于 0，给 b 加 1，该操作用简单 if 语句表示为

```
if(a>0)  {b++;}
```

如果 a 等于 b，输出“a=b”，该操作用简单 if 语句表示为

```
if(a==b){printf("a=b");}
```

在简单 if 语句中，当 if 子句在语法上是一个语句时，两边的花括号“{}”可以省略不写，但是如果包含多个语句时，必须要用“{}”括起来组成复合语句。那么，上面两个语句也可以写成：

```
if(a>0)       b++;
if(a==b)      printf("a=b");
```

例 1-2　计算函数值。输入整数 x，根据下面的分段函数计算 y 的值。

$$y=\begin{cases}x+1 & (x>0)\\ x & (x=0)\\ x-1 & (x<0)\end{cases}$$

【编程思路】 x 为任意的整数，有 3 种取值可能，只有通过判断才能确定其具体取值情况，以便给 y 赋值。本例使用 3 个简单 if 语句完成 x 的取值判断。

【程序代码】

```
#include "stdio.h"
main()
{
    intx,y;
    printf("请输入 x:");
    scanf("% d",&x);
    if(x>0)    y=x+1;
    if(x==0)   y=x;
    if(x<0)    y=x-1;
    printf("x=% d,y=% d\n",x,y);
}
```

执行程序时，输入 60 给 x，则运行结果为

请输入 x：60 x=60，y=61

执行程序时，输入0给x，则运行结果为

请输入x：0 x=0，y=0

（2）if-else语句　简单if语句只在条件为“真”时执行指定的操作。而双分支的if-else语句，在条件为“真”或为“假”时都有要执行的操作。

其一般形式为

```
if(表达式)  {语句1}
else        {语句2}
```

上述结构表示：如果if后面表达式的值为非0（即真），则执行语句1，执行完语句1后跳过语句2开始继续向下执行；如果表达式的值为0（即假），则跳过语句1而执行语句2。

其执行过程为：计算表达式的值，若表达式的值为非0（即真），则选择执行语句1；否则选择执行语句2。其执行流程如图1-18所示。

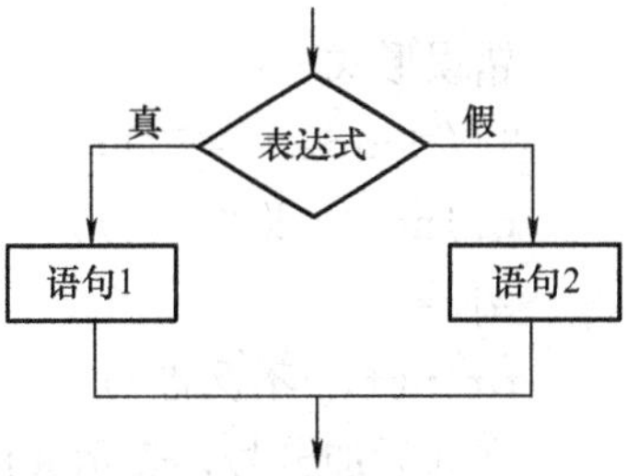

图1-18　if-else语句执行流程

例1-3　任意提供一个学生的成绩，判断是否及格。

【编程思路】本题的判断条件只有两种结果：大于等于60分和小于60分，因此使用if-else语句实现。

【程序代码】

```
#include "stdio.h"
main()
{
    int  score;
    printf("请输入成绩:");
    scanf("% d",&score);
    if(score > =60)     printf("及格\n");
    else                printf("不及格");
}
```

执行程序，输入88给变量score，程序输出结果为

请输入成绩：88

及格

使用if-else语句时，应注意以下事项：

1）if-else语句中的else子句可以省略，不带else子句时就是简单if语句。

2）else子句不能作为单独的语句使用，它是if语句的一部分，必须与if搭配使用。

3）if语句可以嵌套，这种情况经常碰到，但条件嵌套语句容易出错，其原因主要是不知道哪个if对应哪个else。例如：

```
if(x>20||x<-10)
if(y< =100&&y>x)        printf("Good");
else                    printf("Bad");
```

对于上述情况，规定：else语句与最近的一个if语句匹配，上例中的else与if（y< =

100&&y > x）相匹配。

为了使 else 与 if（x > 20 | | x < -10）相匹配，必须用花括号括起来，如下所示：

```
if(x>20||x<-10)  {if(y<=100&&y>x)  printf("Good");}
else             printf("Bad");
```

4）如果 if 子句或 else 子句只有一条语句时，“{}”可以省略，如例 1-3，但是包含多个语句时，必须要用“{}”括起来组成复合语句。

5）C 程序没有行的概念，因此 if-else 语句可以写在一行，也可以分多行书写。

6）使用 if 语句时，不要随意加分号，否则会造成语法错误。例如，下面语句形式是错误的。

错误形式一：

```
if(score>=60);
printf("及格\n");       //该语句成为一条独立语句,不再是 if 的子句
else
printf("不及格");
```

在 if 后加分号，表示 if 语句到此结束，致使 else 子句没有可搭配的 if 语句，导致语法错误。

错误形式二：

```
if(score>=60)
printf("及格\n");         //该语句还是 if 的子句
else;                     //if 语句至此结束
printf("不及格");         //该语句成为一条独立语句,不再是 else 的子句
```

在 else 后加分号，使得 if 语句至此结束，语句“printf（“不及格”）；”不属于 if 语句的组成部分。这样在编译时程序不会出现语句错误，但是得不到预期的输出结果。

7）代码书写时，为了提高程序的可读性，if 与 else 对齐，而子句均向右缩进。

（3）if-else-if 语句　在实际应用中，存在大量的多分支问题。多分支 if-else-if 语句就是用来实现多分支结构的语句。其一般形式为

```
if(表达式 1)          语句 1;
else if(表达式 2)     语句 2;
……
else if(表达式 n)     语句 n;
else                  语句 n+1;
```

这种结构是从上到下逐个对条件进行判断，一旦发现条件满足就执行与它有关的语句，并跳过其他剩余阶梯；若没有一个条件满足，则执行最后一个 else 语句 n+1。最后这个 else 常起着“默认条件”的作用。

其执行过程为：依次计算并判断表达式 i（i 为 1，…，n），当表达式 i 的值为非 0 时，选择执行其后的语句；当表达式 i 的值都为 0 时，执行语句 n+1。其执行流程如图 1-19 所示。

多分支 if 语句中，表达式 1 的优先级最高，表达式 2 次之，无论执行完哪个分支语句，接下来都要转到多分支 if 语句的后续语句继续执行。

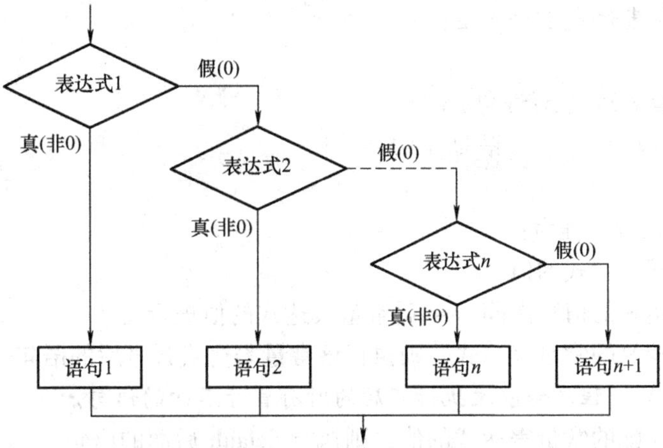

图 1-19　多分支 if 语句执行流程

例 1-4　对学生的考试成绩进行等级评价，90 分以上分为优秀，80 ~ 90 为良好，60 ~ 80 为及格，60 分以下为不及格。任意输入一个学生的成绩，判断属于那个等级。

```
#include "stdio.h"
main()
{
    int  score;
    printf("请输入成绩:");
    scanf("% d",&score);
    if(score > =90)              printf("优秀\n");
    else if(score > =80)         printf("良好\n");
    else if(score > =60)         printf("及格\n");
    else                         printf("不及格\n");
    }
```

执行程序，输入 85，程序输出结果为

```
请输入成绩:85
良好
```

执行程序，如果输入 55，程序输出结果为

```
请输入成绩:55
不及格
```

(4) switch 语句　在编写程序时，经常会碰到按不同情况分转的多路问题，这时可用嵌套 if-else-if 语句来实现，但 if-else-if 语句使用不方便，并且容易出错。对于这种情况，可以运用 switch（开关）语句。switch 语句是又一个描述多分支结构的语句。其一般形式为

```
switch(测试表达式)
{
    case 常量表达式 1:语句 1;
```

```
    case 常量表达式 2:语句 2;
    ……
    case 常量表达式 n:语句 n;
    default:            语句 n+1;
}
```

switch 语句的执行过程为：

1）先计算测试表达式的值。

2）用测试表达式的值顺次同 case 后常量表达式的值进行比较。

3）若找到值相等的常量表达式，则执行该常量表达式冒号后的语句（这是入口）。

注意：该语句执行后，程序会依次执行其后的所有冒号后面的语句。

4）若找不到匹配的常量表达式的值，则执行 default 后面的语句。

switch 语句说明：

1）switch 后面测试表达式的值类型只能是整型数据或字符型数据。

2）常量表达式通常是整型常量或字符型常量。

3）case 与常量表达式之间必须用空格隔开。

4）每个 case 后面的常量应不相同。

5）switch 的语句体必须用“｛｝”括起来。

6）当 case 后包含多个语句时，可以不用花括号括起来，系统会自动识别并顺序执行所有语句。

例 1-5 用 switch 语句编程处理：对学生的考试成绩进行等级评价，90 分以上分为优秀，80～90 为良好，60～80 为及格，60 分以下为不及格。任意输入一个学生的成绩，判断属于那个等级。

【编程思路】用 switch 语句处理多分支问题时，首先要确定 switch 后的测试表达式。由于测试表达式的值只能是整型数据，再考虑到成绩的分布特点，测试表达式确定为 score/10。

$90 \leqslant score \leqslant 100$ 时，score/10 的取值分别 10、9

$80 \leqslant score < 90$ 时，score/10 的取值分别 9、8

$60 \leqslant score < 80$ 时，score/10 的取值分别 7、6

$score < 60$ 时，score/10 的取值均小于 6

根据表达式 score/10 的各种取值情况，确定 case 后常量表达式的值。

【程序代码】

```
#include "stdio.h"
main()
{
  int  score,mark;
  printf("\n 请输入成绩:");
  scanf("% d",&score);
  mark=score/10;
  switch(mark)
```

```
  {
    case  10:printf("优秀\n");   //此处的输出语句可以省略
    case  9:printf("优秀\n");
    case  8:printf("良好\n");
    case  7:printf("及格\n");    //此处的输出语句可以省略
    case  6:printf("及格\n");
    default:printf("不及格\n\n");
  }
}
```

执行程序，输入85，程序输出结果为

```
请输入成绩：85
良好
及格
及格
不及格
```

显然，程序的输出结果并不是预期的结果，原因是当输入85，变量mark的取值为8，执行输出“良好”的输出语句并以此为入口，开始往下执行，直到switch语句的结束符“}”为止，因此程序不能实现分支结构的功能。

为了得到预期的输出结果，解决方法是在switch语句中使用break语句。例如，在上面程序的switch语句体中加入break语句，用来中止switch的顺序往下执行。

```
switch(mark)
{
    case 10:
    case  9:printf("优秀\n");break;
    case  8:printf("良好\n");break;
    case  7:
    case  6:printf("及格\n");break;
    default:printf("不及格\n\n");
}
```

重新执行程序，输入85，程序输出结果为

```
请输入成绩：85
良好
```

本例中标号10与9，7与6执行的操作是相同，在switch语句中，当相连接的case语句标号不同而执行的操作相同时，前面的case标号后的语句可省略，直接执行下面的语句。

提示： 虽然switch语句需要break语句配合才能实现程序的分支结构功能，但是程序中经常也需要借助switch语句自身的执行特点解决问题。

（5）for语句　for语句属于当型循环，其一般形式为

```
for(表达式1;表达式2;表达式3)
{循环体语句}
```

表达式 1 总是一个初始化赋值语句，它用来给循环控制变量赋初值。表达式 2 是条件表达式，是一个关系表达式，它决定什么时候退出循环。表达式 3 是增量，定义循环控制变量每循环一次后按什么方式变化。这三个部分之间用";" 分开。

例如，下面是一个可以输出 30 个“ * ”的 for 语句：

```
for(i =1;i < =30;i + +)
    printf(“ * ”);
```

for 语句的执行过程是：①首先进行表达式 1 的计算。②判断表达式 2 的值，若值为“真”（非零），则执行循环体语句，然后转③执行；若为“假”（零），循环结束。③进行表达式 3 的计算，然后转至第②步重复执行。其循环流程如图 1-20 所示。

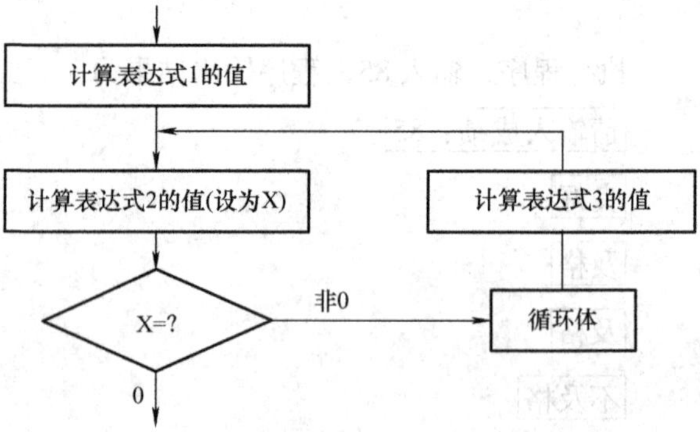

图 1-20　for 循环流程

例 1-6　用 for 语句求 1 ~ 100 的和。

【程序代码】

```
#include  "stdio.h"
main()
{
    int  i,sum =0;
    for(i =1;i < =100;i + +)
    {
        sum = sum + i;                    //累加
    }
    printf("sum = % d\n",sum);   //输出计算结果
}
```

程序输出结果为：

```
sum =5050
```

本例中 for 语句的 3 个表达式实现了程序设计中的 3 个功能，即循环变量赋初值、循环条件和循环变量递增，因此写法更简洁。

使用 for 语句时应**注意以下几点**：

1）for 循环中语句可以为语句体，但要用" {}" 将参加循环的语句括起来。

2）for 循环相当于下面的 while 循环：

```
表达式1;
while(表达式2)
{
    循环体语句
    表达式3;
}
```

3）for语句有3个表达式，它们之间由分号“;”分隔，不能更换成其他分隔符号。

4）有时根据需要可以将for语句格式中的部分或所有表达式省略。for循环中的“初始化”、“条件表达式”和“增量”都是选择项，即可以缺省，但“;”不能缺省。省略了初始化，表示不对循环控制变量赋初值。省略了条件表达式，则不做其他处理时便成为死循环。省略了增量，则不对循环控制变量进行操作，这时可在语句体中加入修改循环控制变量的语句。

比如可以写成如下形式：

```
for(;表达式2;表达式3)
{循环体语句}
```

例1-6中代码可以改写为

```
int i=1,sum=0;
for(;i<=100;i++)
{sum=sum+i;}
```

for语句还可以写成其他多种形式，不过建议最好还是使用规范的语句形式。由于经常用表达式1进行循环变量赋初值，用表达式2控制循环结束，用表达式3控制循环变量递增或递减，所以规范的for语句形式为：

```
for(循环控制变量赋初值;循环条件;循环控制变量增/减值)
{循环体语句}
```

5）for循环可以有多层嵌套。

例1-7 把100~200之间的不能被3整除的数输出。

【编程思路】

1）用变量n表示100~200之间的所有整数。

2）利用for循环遍历每个n，在循环体中判断n是否能被3整除，如果能整除，则输出n的值，如果不能整除，则什么都不做，这个判断用if语句实现。

【程序代码】

```
#include  "stdio.h"
main()
{
    int  n;
    for(n=100;n<=200;n++)
    {
        if(n%3!=0)            //判断n是否能被3整除
        printf("%d",n);       //不能整除时输出n的值
    }
}
```

程序输出结果为

```
100 101 103 104 106 107 109 110 112 113 115 116 118 119 121 122 124 125 127 128 130 131 133
134 136 137 139 140 142 143 145 146 148 149 151 152 154 155 157 158 160 161 163 164 166 167
169 170 172 173 175 176 178 179 181 182 184 185 187 188 190 191 193 194 196 197 199 200
```

在 switch 语句中我们已经接触过 break 语句，它的功能是终止选择执行，跳出 switch 语句，在循环结构中也可以使用 break 语句，其作用是终止循环的执行，即跳出循环语句。

使用 break 语句要注意以下几点：

1）break 语句只能跳出或终止包含它的循环语句，对其他语句没有影响。

2）break 语句通常要和 if 语句配合使用。

3）除了在 switch 结构和循环结构中使用外，其他情况下一般不使用 break 语句。

例 1-8 程序预期输出半径为 1 ~ 10 的圆的面积，但是如果有面积值超过 100 时，则停止执行。

【编程思路】定义变量 i 表示圆的半径，使其从 1 递增到 10。循环中计算并判断每个圆的面积值是否大于 100，不大于 100 时，输出圆面积；如果大于 100，则使用 break 跳出循环即可。

【程序代码】

```
#include  "stdio.h"
#define  PI  3.14159
main()
{
    int  r;
    float area;
    for(r=1;r<=10;r++)
{
    area=PI*r*r;            //计算圆的面积
    if(area>100)            //判断圆的面积是否大于100
        break;              //提前结束循环
    printf("r=%d,area=%.2f\n",r,area);
    }
}
```

程序输出结果为

```
r=1, area=3.14
r=2, area=12.57
r=3, area=28.27
r=4, area=50.27
r=5, area=78.54
```

提示：break 语句用于终止循环的执行，以便提前结束循环。

（6）while 语句　while 语句用于当型循环结构，其一般形式为

```
while(表达式)
{循环体语句}
```

while 语句的执行过程是：首先计算表达式的值，若结果为“真”（非零），则执行循环

体语句；然后再计算表达式的值，重复上述过程，直到表达式的值为“假”（零）时结束循环，流程控制转到 while 语句的下一语句。

while 语句中的表达式就是循环条件，其循环流程如图 1-21 所示。

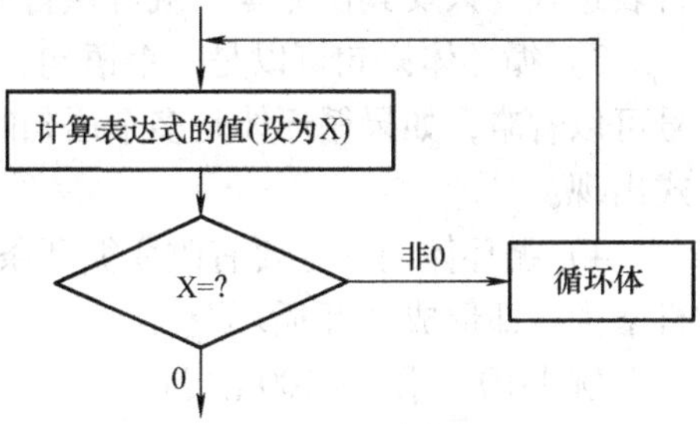

图 1-21 while 循环流程

例 1-9 显示 1 ~ 10 的平方。

【编程思路】

1）定义变量 i，并赋初始值 1，用 i 来表示底数和行数，让 i 在循环体中递增加。

2）循环结束条件为 i < = 10，即底数增加到 10 的时候进行最后一个循环。

3）循环体中使用 printf 函数输出平方数。

【程序代码】

```
#include  "stdio.h"
main()
{
    int  i=1;
    while(i<=10)                              //循环条件
    {
        printf("%d*%d=%d\n",i,i,i*i);         //循环体语句
        i++;                                  //循环体语句
    }
}
```

程序输出结果为：

```
1*1=1
2*2=4
3*3=9
4*4=16
5*5=25
6*6=36
7*7=49
8*8=64
9*9=81
10*10=100
```

使用 while 循环结构时应**注意以下几点**：

1）while 循环的特点是先判断条件后执行循环体语句，因此循环体语句有可能一次都执行不到。

2）while 循环中的表达式一般是关系表达式或逻辑表达式，但也可以是数值表达式或字符表达式，只要其值非零，就可执行循环体。

3）循环体语句可以是一个语句，也可以是多个语句。当只有一个语句时，外层的大括号可以省略，如果循环体是多个语句时，一定要用花括号“{}”括起来，以复合语句的形式出现。

4）循环体内一定要有改变循环条件的语句，使循环趋于结束，否则循环将无休止地进行下去，即形成“死循环”。

例 1-10 求 1～100 的和。

【编程思路】

1）首先定义两个变量，用 i 表示累加数，用 sum 存储累加和。

2）给累加数 i 赋初值 1，表示从 1 开始进行累加，给累加变量 sum 赋初值 0。

3）使用循环结构反复执行加法，在 sum 原有值的基础上再增加新的 i 值，加完后再使 i 自动加 1，使其成为下一个要累加的数。

4）在每次执行完循环后判断 i 的值是否到达 100，如果超过 100 就停止循环累加。

5）最后输出计算结果，即输出 sum 的值。

【程序代码】

```
#include  "stdio.h"
main()
{
    int i,sum;
    i=1;sum=0;                     //循环控制变量 i、累加变量 sum 赋初值
    while(i<=100)                  //循环条件
    {
        sum=sum+i;                 //累加
        i++;                       //变为下一个加数
    }
    printf("sum=%d\n",sum);        //输出计算结果
}
```

程序输出结果为:

```
sum=5050
```

这是一个典型的累加问题。程序中用 sum 存储每次累加后的和值，用 i 表示要累加的数。第 1 次先计算 0+1 的值，并将其存入 sum；第 2 次再计算 sum+2 的值，并将结果存回到 sum 中；第 3 次计算 sum+3 的值，再将结果存回到 sum 中；如此重复下去，直到计算完 sum+100 为止。每次累加完成后，加数 i 自动增加 1，变为下一个加数，当 i 超过 100 时，累加结束。

（7）do-while 语句　do-while 语句属于直到型循环，其一般形式为

```
do
{
    循环体语句
```

```
}while(表达式);
```

例如,下面是一个可以输出 30 个“*”的 do-while 语句:

```
i=1;
do
{
    printf("*");
    i++;
}while(i<=30);
```

do-while 语句的执行过程是：首先执行一次循环体语句，然后计算表达式（循环条件）的值，若结果为“真”（非零），返回执行循环体语句，重复上述过程，直到表达式的值为“假”（零）时结束循环，流程控制转到 while 语句的下一语句。

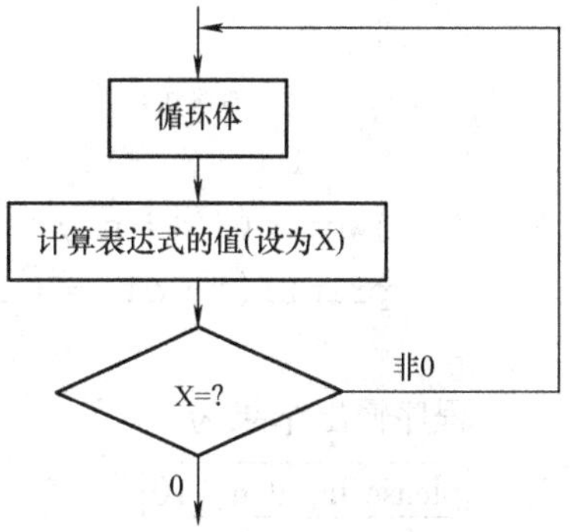

图 1-22 do-while 循环流程

do-while 语句循环流程如图 1-22 所示。

例 1-11 用 do-while 语句求 1 ~ 100 的和。

【程序代码】

```
#include  "stdio.h"
main()
{
    int  i=1,sum=0;                 //变量定义并赋初值
    do
    {
        sum=sum+i;                  //进行累加求和
        i++;                        //循环变量递增
    }while(i<=100);                 //循环条件
    printf("sum=%d\n",sum);         //输出计算结果
}
```

程序输出结果为:

```
sum=5050
```

使用 do-while 循环结构时应**注意以下几点:**

1）do-while 循环结构的特点是先执行循环体后判断条件，因此不管循环条件是否成立，循环体语句都至少被执行一次。这是它与 while 循环的本质区别。

2）不论循环体是一个语句还是多个语句，花括号“{}”都不要省略。

3）避免出现“死循环”。

4）注意 do-while 循环最后的分号“;”不能省略，经常有人忘记书写。

例 1-12 求 n!，即求 n 的阶乘，n 由键盘输入。

【编程思路】 求阶乘实际上是求累乘，即求 1*2*3*……*n。累乘与累加除运算类型不同外，其执行过程相同。

【程序代码】

```
#include  "stdio.h"
main()
{
    int  i=1,n;
    long  s=1;
    printf("please input n:");
    scanf("% d",&n);
    do
    {
        s=s*i;                        //累乘
        i++;
    }while(i<=n);                     //循环条件
    printf("% d! =% ld\n",n,s);  //输出计算结果
}
```

程序输出结果为:

please input n: 10

10! =3628800

(8) break 语句　break 语句通常用在循环语句和开关语句中。当 break 用于开关（switch）语句中时，可使程序跳出 switch 而执行 switch 以后的语句；如果没有 break 语句，则将成为一个死循环而无法退出。

当 break 语句用于 do-while、for、while 循环语句中时，可使程序终止循环而执行循环后面的语句，通常 break 语句总是与 if 语句配合使用。即满足条件时便跳出循环。其一般形式为

```
while (表达式1)
{
    语句组1;
    if (表达式2)    break;
    语句组2;
}
```

其执行过程如图 1-23 所示。

注意:

1) break 语句对 if-else 的条件语句不起作用。

2) 在多层循环中，一个 break 语句只向外跳一层。

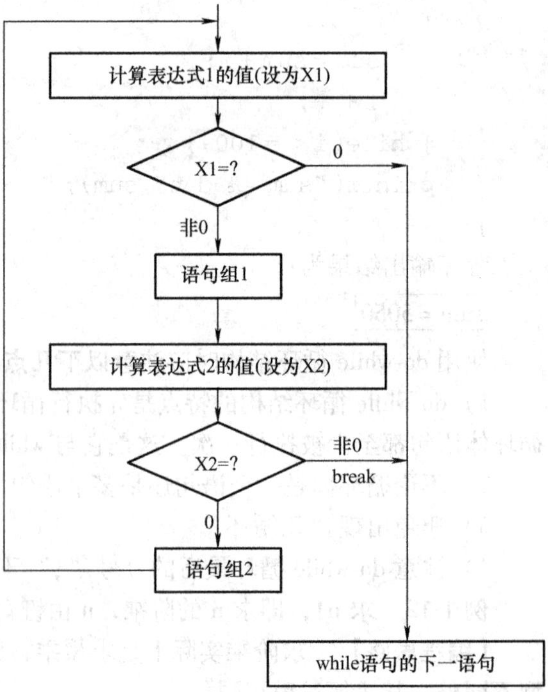

图 1-23　break 语句执行过程

(9) continue 语句　continue 语句的作

用是跳过循环体中剩余的语句而强行执行下一次循环。

continue 语句只用在 for、while、do-while 等循环体中，常与 if 条件语句一起使用，用来加速循环。其一般形式为

```
while(表达式1)
{
    语句组1;
    if(表达式2)  continue;
    语句组2;
}
```

其执行过程如图 1-24 所示。

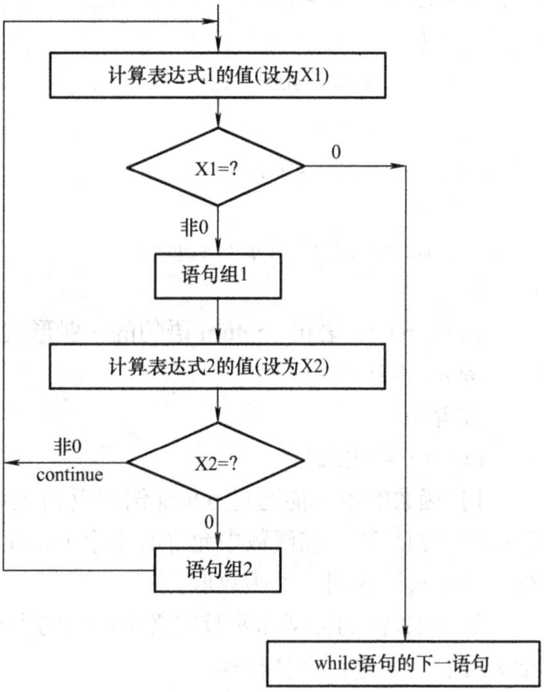

图 1-24 continue 语句执行过程

例 1-13 continue 语句执行过程。

【程序代码】

```
main()
{
    char c;
    while(c! =0x0D)
            //不是回车键则循环
    {
        c=getch();
        if(c= =0X1B)
        continue;
          //若按 Esc 键不输出便进
            行下次循环
        printf("% c\n", c);
    }
}
```

（10）goto 语句　goto 语句是一种无条件转移语句，与 BASIC 中的 goto 语句相似。goto 语句的使用格式为

```
goto 标号;
```

其中标号是一个有效的标识符，这个标识符加上一个“:”一起出现在函数内某处，执行 goto 语句后，程序将跳转到该标号处并执行其后的语句。另外标号必须与 goto 语句同处于一个函数中，但可以不在一个循环层中。通常 goto 语句与 if 条件语句连用，当满足某一条件时，程序跳到标号处运行。

goto 语句通常不用，主要因为大量使用该语句将使程序结构复杂，使层次变得不清楚，降低了程序的可理解性和可维护性。但在多层嵌套退出时，用 goto 语句则比较合理。

例 1-14 用 goto 语句和 if 语句构成循环，计算 $\sum_{n=1}^{100} n$。

【程序代码】

```
main()
```

```
{
    int i,sum=0;
    i=1;
loop:if(i<=100)
    {
        sum=sum+i;
        i++;
        goto loop;
    }
    printf("%d\n",sum);
}
```

(11) return 语句　return 语句的一般形式为

return 表达式;

或者为

return (表达式);

1) 函数的值只能通过 return 语句返回主调函数。该语句的功能是计算表达式的值，并返回给主调函数。在函数中允许有多个 return 语句，但每次调用只能有一个 return 语句被执行，因此只能返回一个函数值。

2) 函数值的类型和函数定义中函数的类型应保持一致。如果两者不一致，则以函数类型为准，自动进行类型转换。

3) 如函数值为整型，在函数定义时可以省去类型说明。

4) 不返回函数值的函数，可以明确定义为“空类型”，类型说明符为“void”。

5. 复合语句

用 {} 括起来的语句称为复合语句。每条语句都以分号结束，如果只有一条语句，则 {} 可以省略。

1.1.13　C51 函数

1. C51 函数的分类

从用户使用的角度划分，C51 的函数分为两种：标准库函数和用户自定义函数。

(1) 标准库函数　标准库函数是由 C51 编译器提供的，它不需要用户进行定义和编写，可以直接由用户调用。要使用这些标准库函数，必须在程序的开头用#include 包含语句将指定文件的全部内容包含进来，然后才能调用。

C51 常用的标准库函数头文件如下：

1) absacc. h——包含允许直接访问 8051 不同存储区的宏定义。

2) assert. h——文件定义 assert 宏，可以用来建立程序的测试条件。

3) ctype. h——定义“字符函数”。

4) intrins. h——包含指示编译器产生嵌入式固有代码的函数原型。

5) math. h——定义“数学函数”。

6) reg51. h——定义 51 系列单片机的特殊寄存器。

7）reg52. h——定义52系列单片机的特殊寄存器。

8）setjmp. h——定义jmp_buf数据类型以及setjmp和longjmp程序的原型。

9）stdarg. h——定义“C语言标准序函数”，让函数能够接收不定量参数。

10）stdlib. h——定义“C语言标准库函数”。

11）stdio. h——定义“流输入和输出函数”。

12）string. h——定义“字符串处理函数”。

（2）用户自定义函数　用户自定义函数是用户根据自己的需要编写的能实现特定功能的函数，它必须先进行定义才能调用。

例1-15　用调用函数的方式计算整数的阶乘。

【程序代码】

```
#include "stdio.h"
long fac(int n)          //fac()是自定义函数,用于计算n的阶乘
{
    int  i;
    long f=1;
    for(i=1;i<=n;i++)
    f=f*i;
    return (f);          //返回函数值
}

main()                   //主函数
{
    int  n;
    long  m;
    printf("\ninput n: ");
    scanf("%d",&n);
    m=fac(n);            //调用函数fac()
    printf("%d! =%ld\n\n\n",n,m);
}
```

程序输出结果为

```
input n：5
5! =120
```

程序说明：

1）函数是构成程序的基本单位。该例中出现了3种函数：主函数main()、库函数printf()和scanf()以及用户自定义的函数fac()。

2）主函数main()是整个程序的入口。程序从主函数开始执行，也要在主函数中结束执行。

3）库函数由系统提供，用户只需在程序中根据需要引用，而无需自己编写。C语言提供了丰富的库函数，并根据它们的功能分门别类，每一类库函数都集中在一个头文件中加以

说明。当用户使用某个库函数时，在程序中必须包含相应的头文件。

4）用户在设计程序时，可根据需要将完成某一特定功能的相对独立的程序段定义为一个函数，这就是用户自定义的函数，比如本例的 fac( ) 函数。函数一旦定义好，就可以像库函数一样使用。

合理地编写函数，可以简化程序模块的结构，提高程序的可读性，减少重复编码的工作量，更重要的是可以多人共同编制一个大程序，缩短程序设计周期，提高程序设计和调试的效率，这就是模块化程序设计的主要思想。

2. 函数的定义和调用

（1）函数的定义　函数必须先定义然后才能使用。所谓函数定义，就是编写完成函数功能的程序块。

函数定义的一般形式为

```
函数值类型  函数名(形参列表)                //函数首部
{                                          //以下为函数体
    语句1
    语句2
    ……
    return  (返回值);
}
```

例 1-16　编制一个计算三角形面积的函数。

【程序代码】

```
float area(float a,float b,float c)        //函数首部
{                                          //函数体开始
    float  h,s;
    h=0.5*(a+b+c);
    s=sqrt(h*(h-a)*(h-b)*(h-c));
    return (s);
}                                          //函数体结束
```

其中：

1）函数名为用户给函数起的名字，函数名的命名规则与标识符相同。

2）函数值类型也就是函数返回值的数据类型，函数值由函数体内的 return 语句提供。

提示：

1）函数值类型默认为 int 型。当函数值为 int 型时，可以省略不写。

2）当函数没有返回值时，可定义其类型为 void。

3）形参均为变量，在函数首部要指明其类型。形参列表的一般形式为

类型　形参1，类型　形参2，……

另外，函数首部也可以分两行书写，比如上面 area( ) 函数的首部也可以写成：

```
float  area(a,b,c)
float a,b,c
```

4）函数可以没有参数，没有参数的函数称为无参函数。主函数 main( )就是一个无参函数。

5）return语句有两个功能：一是使程序流程返回调用函数，宣告函数的一次执行结束；二是把函数值带回调用位置处。

提示： return语句返回的函数值的类型与函数首部定义的函数值类型应该一致，否则会出现错误。

（2）函数的调用　在C程序中，除了主函数main( )外，任何一个函数都不能独立地在程序中存在。函数的执行都是通过被调用实现的。

函数调用的一般形式：

函数名（实际参数表）

其中，“函数名”就是被调用的函数，“实际参数表”就是与形式参数表对应的一组变量，它的作用就是将实际参数的值传递给被调用函数中的形式参数。在调用时，实际参数（实参）与形式参数（形参）必须在个数、类型、顺序上严格一致。

注意：

1）实参从形式上可以是常量、变量或表达式，不论是哪种形式，其值必须确定。

2）实参与形参从个数、类型及位置上都必须一一对应，这称为虚实结合，形参从实参得到值。

3）对于无参函数，实参列表为空，但函数名后的圆括号必须有。

函数的调用有以下3种形式：

1）函数语句。如：fun（a，b）；

2）函数表达式。如：result = 5 * fun（a，b）；

3）函数实参。如：result = fun（fun（a，b），c）；

例1-17　用函数调用的方式计算三角形的面积。

【程序代码】

```
#include "stdio.h"
#include "math.h"
float  area(float a,float b,float c)  //定义函数
{
    float h,s;
    h= 0.5*(a+b+c);
    s=sqrt(h*(h-a)*(h-b)*(h-c));
    return (s);
}

main()
{
    float  x,y,z,sf;
    printf("请输入三边:");
    scanf("% f,% f,% f",&x,&y,&z);
    sf=area(x,y,z);                //调用函数
    printf("三边为% 5.2f,% 5.2f,% 5.2f 的三角形面积等于% 5.2f \n",x,y,z,
```

```
sf);
    }
```

程序输出结果为

请输入三边:3, 4, 5

三边为3.00, 4.00, 5.00的三角形面积等于6.00

本例中面积的计算由函数area()完成，主函数作为总调函数，进行数据的输入、函数调用及数据输出工作，程序结构清晰，可读性好。

例1-18 无参函数实例。

【程序代码】

```
#include "stdio.h"
void  welcome()   //无参函数定义
{
    printf("********************************\n");
    printf("  Welcome to use the software   \n");
    printf("********************************\n\n");
}

main()
{
    welcome();   //无参函数调用
}
```

程序输出结果为

```
********************************
 Welcome to use the software
********************************
```

在调用无参函数时，主调函数不需要将数据传递给无参函数。

例1-19 输出3个数中的最大数。

【程序代码】

```
#include "stdio.h"
int mymax(int x,int y)   //函数定义
{
    int z;
    z=x>y? x:y;
    return z;
}

void  main()
```

```
{
    int  a,b,c,max;
    printf("enter a,b,c:");

    scanf("% d,% d,% d",&a,&b,&c);
    max = mymax(mymax(a,b),c);  //函数嵌套调用
    printf("max = % d\n\n",max);
}
```

程序输出结果为

```
enter a, b, c:6, 4, 9
```

```
max =9
```

程序中函数 mymax() 的功能是从两个数中返回较大数。为了使用函数 mymax() 找出3个数中的最大数，程序采用了2次调用，即先调用函数 mymax() 找出2个数中的大数，然后再用这个大数和第3个数作实数，调用函数 mymax() 找出最大数。

（3）函数的声明　函数的使用原则是先定义后使用，也就是说，函数的定义位置原则上应出现在函数调用位置之前，例1-18和例1-19遵循的就是这个原则。但是，如果在调用函数前对被调函数进行声明，那么调用函数和被调函数的位置就可以随意安排。

函数声明方法：

函数值类型 函数名（形参列表）;

例1-20　函数位置按以下形式安排，程序也能正常执行。

【程序代码】

```
#include "stdio.h"
#include "math.h"
float area(float a,float b,float c);      //函数声明
main()
{
    float  x,y,z,sf;
    printf("请输入三边:");
    scanf("% f,% f,% f",&x,&y,&z);
    sf = area(x,y,z);                        /* 调用函数 */
    printf("三边为% 5.2f,% 5.2f,% 5.2f 的三角形面积等于% 5.2f\n",x,y,z,sf);
}

float  area(float  a,float b,float c)    //定义函数
{
    float  h, s;
    h = 0.5 * (a + b + c);
    s = sqrt(h * (h-a) * (h-b) * (h-c));
```

```
    return (s);
}
```

提示：

1）函数声明与函数定义的区别在于，函数声明通过语句来完成，没有函数体，作用类似于变量说明。

2）当函数值类型是默认类型（int 型）时，不论被调函数与调用函数位置如何安排，函数声明都可以忽略。但是能够坚持函数声明是一个好的编程习惯。

3）函数说明与函数定义是不同的，书写时必须注意：在函数说明结束时，加上一个分号“;”。如果被调用函数在主调用函数之前已经定义了，则不需要进行说明；否则需要在主调用函数前对被调用函数进行说明。

3. 函数间的数据传递

函数是用来实现具体功能的模块，所以它必然要和程序中的其他模块交换数据。一个函数可以从函数之外获得数据，并可以向其调用者返回数据，这些数据主要是通过函数的参数和函数返回值来传递的。

在 C 语言中，常见的参数传递方式有 2 种：值传递和地址传递。下面介绍值传递方式，地址传递将在“C51 指针”中介绍。

值传递的特点是函数调用时实参仅仅将其值赋给形参。当实参为变量时，实参变量和形参变量在存储空间上是分开的，因此函数中对形参变量值的任何修改都不会影响到相应的实参变量，前面介绍的实例中均采用这种方式进行参数传递。

例 1-21　交换两个变量的值。

【程序代码】

```
#include "stdio.h"
void  swap(int x,inty);   //函数声明
void main()
{
    int a=10,b=20;
    printf("a=% d,b=% d\n",a,b);
    swap(a,b);
    printf("a=% d,b=% d\n\n",a,b);
}

void  swap(int x,inty)     //交换两个参数变量的值
{
    int  z;
    z=x; x=y; y=z;
    printf("x=% d,y=% d\n",x,y);
}
```

程序输出结果为

```
a=10, b=20
```

```
x =20, y =10
```

```
a =10, b =20
```

提示：值传递方式的好处是减少了调用函数和被调函数之间的数据依赖，增强了函数自身的独立性。

4. 函数的嵌套调用

在 C 语言中，函数不允许嵌套定义，但可以嵌套调用，即在调用一个函数的过程中，被调函数又调用另一个函数。

除了 main 函数不能被其他函数调用外，其他函数都可以相互调用。一个典型的函数嵌套调用过程示意图如图 1-25 所示。

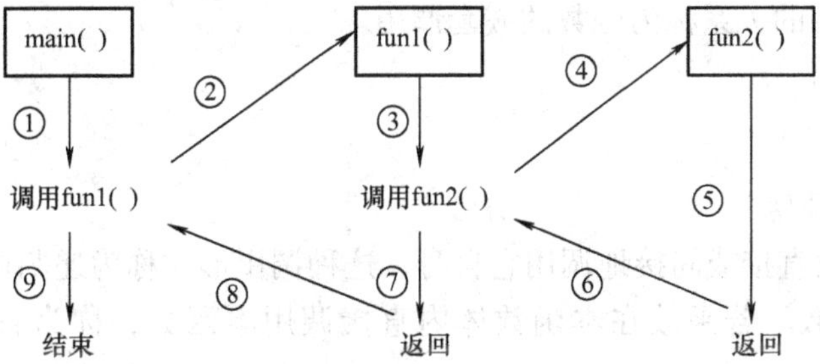

图 1-25　函数的嵌套调用过程示意图

图 1-25 表示了两层嵌套的情形。其执行过程是：执行 main 函数中调用 fun1 函数的语句时，即转去执行 fun1 函数，在 fun1 函数中调用 fun2 函数时，又转去执行 fun2 函数，fun2 函数执行完毕返回到 fun1 函数的断点继续执行，fun1 函数执行完毕返回到 main 函数的断点继续执行，直到 main 函数执行完毕。

例 1-22　函数的嵌套调用。

【程序代码】

```
#include "stdio.h"
int sub1(int);                  //函数声明
int sub2(int);                  //函数声明
main()
{
    int  n=3;
    printf("\n% d\n",sub1(n));  //函数调用
}

int sub1(intn)                  //函数定义
{
    inti,a=0;
    for(i=n;i>0;i--)
    a+=sub2(i);                 //函数调用
```

```
    return (a);
}

int sub2(intn)                              //函数定义
{
    return (n+1);
}
```

程序分析：

程序中有 3 个函数：1 个 main 函数和 2 个自定义函数。程序执行时，主函数调用 sub1 函数，sub1 函数又调用 sub2 函数，sub2 函数执行完后会返回 sub1 函数，sub1 函数会返回主函数。这种多层调用的关系称为函数的嵌套调用。

程序运行结果为

```
9
```

5. 函数的递归调用

C 语言允许函数直接或间接地调用它自身，这种调用形式称为递归调用。含有递归调用的函数称为递归函数。若函数在本函数体内直接调用本函数，称为直接递归，如图 1-26 所示。

若某函数调用其他函数，而其他函数又调用了本函数，这一过程称为间接递归，如图 1-27 所示，在 f1 函数中调用 f2 函数，在 f2 函数中又调用 f1 函数。

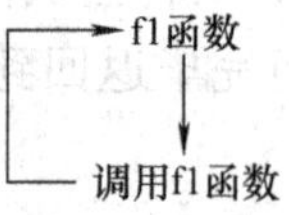

图 1-26　直接递归

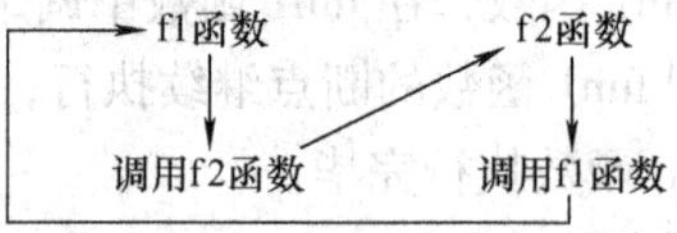

图 1-27　间接递归

一个基本递归函数的示例如下：

```
int fun(int x)
{
    int y,z;
    z = fun(y);
    return (z+5);
}
```

f 是一个递归函数，但是该函数将无休止地调用其自身，这样程序会陷入死循环。显然这是不允许的。合理的递归调用应该是有限的，是在一定条件下能终止的递归调用，即要有递归终止条件。一般用 if 语句实现递归终止条件。例 1-23 就是一个合理的递归调用。

例 1-23　函数的递归调用。

【程序代码】

```
#include "stdio.h"
intage(int n)
```

```
{
    int a;
    if(n= =1)  a=10;
    else    a=age(n-1)+2;         //递归调用
    return (a);
}

main()
{
    printf("age=% d\n",age(5));
}
```

程序分析：

程序中主函数 main 调用了函数 age，而函数 age 在变量 n 不等于 1 时，又调用了 age 函数自己，这种调用的关系就叫函数的递归调用。图 1-28 给出了 age 函数的递归过程。

程序的运行结果为

Age=18

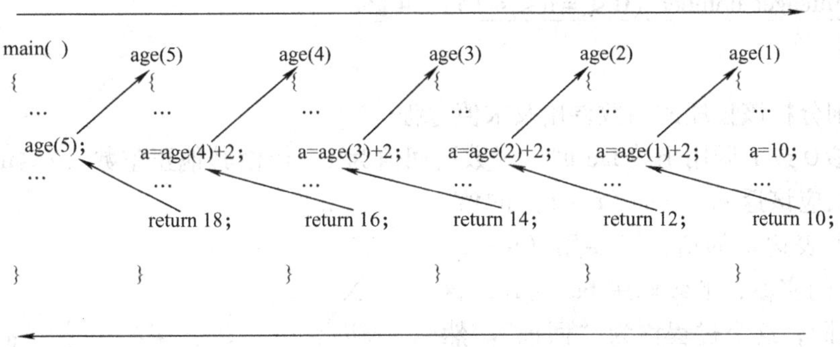

图 1-28 age 函数的递归过程

例 1-24 用递归法求 n!。n 由用户输入，且满足 0≤n≤16。

【分析】 用递归法计算 n! 可用下述公式表示：

$$n! = \begin{cases} 1, & (n=0,1) \\ n\cdot(n-1)! & (n>1) \end{cases}$$

且求 n! 的递归终止条件是：1! =1。可以计算，当 n=16 时，16! 的结果可用 long int 型变量表示；而当 n>16 时，n! 的结果就超出 long int 型变量表示的范围。

【程序代码】

```
#include <stdio.h>
long fac(int n);

void main()
{
    int n;
```

```
    long result;
    printf("input a inteager number(0 < =n < =16):");
    scanf("% d",&n);
    result = fac(n);
    printf("% d!  =% ld\n",n,result);
}

long fac(int n)                                          //递归函数,求 n!
{
    long temp;
    if(n<0||n>16)          printf("n<0,input error!");
    else if(n= =0||n= =1)  temp =1;                      //递归终止条件
    else                   temp = fac(n-1) * n;          //递归调用
    return  (temp);
}
```

输入 4 时程序输出结果：

```
input a inteager number (0 < =n < =16): 4↙
4! =24
```

下面详细分析该程序的函数调用及求值过程：

当用实参 0 或 1 调用函数 fac 时，函数返回值为 1；当由其他正整数（2≤n≤16）作为实参时，函数应该返回 n * fac(n - 1) 的值。为了求出这个表达式的值，又要用（n - 1）作为函数 fac 的实参，继续调用 fac 函数，直到 n = 1 并返回，这个过程称为“回推”。然后，逐层向上返回计算表达式中所有未计算的表达式的值，该过程称为“递推”。我们以 4！为例来讨论递归计算中的“回推”和“递推”过程，如图 1-29 所示。其实，每一个递归程序的执行都包括这两个过程。

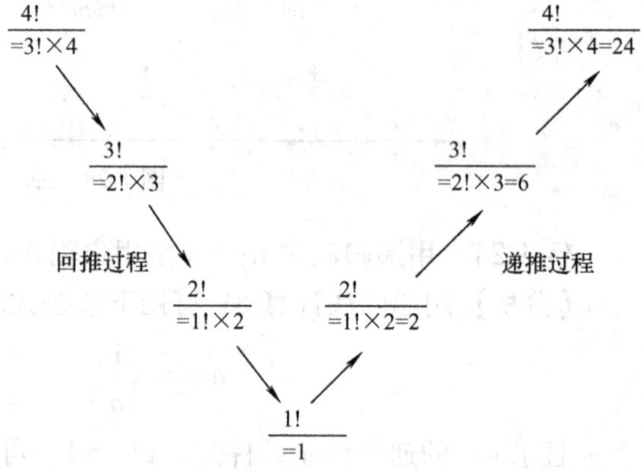

图 1-29　递归法求 4！的过程

从上面所述的两个过程可以看出，在递归调用过程中如果没有递归终止条件 1！= 1，则回推过程始终不会结束，即无穷回推，这样就不能得到结果。

特别指出，虽然递归是直接或间接的调用自身，但和调用其他函数一样需要重新开辟内存空间，因此调用自身和调用其他函数的调用过程无区别。编写递归程序比较简单，关键是确定递归公式。由于递归程序需要使用大量的存储空间，因此它的执行效率较低。

6. 内部函数与外部函数

C 程序中的函数可能分布在多个文件中。根据其使用范围可将这些函数分为两种：内部函数和外部函数。内部函数只能被函数所在文件中的函数调用。外部函数既可以被同一个文件中的函数调用，也可以被其他文件中的函数所调用。

（1）内部函数　内部函数又称静态函数。如果在一个源文件中定义的函数只能被本文件中的函数调用，而不能被同一程序其他文件中的函数调用，这种函数称为内部函数。

定义一个内部函数，只需在函数类型前再加一个“static”关键字即可，如下所示：

```
static 函数类型 函数名(形参表列)
{
    说明部分
    执行部分
}
```

说明：

1）此处“static”的含义不是指存储方式，而是指对函数的作用域仅局限于本文件。内部函数定义时，关键字“static”一定不能省略。

2）使用内部函数的好处是：不同的人编写不同的函数时，不用担心自己定义的函数，是否会与其他文件中的函数同名，因为同名也没有关系。

（2）外部函数　在定义函数时，如果没有加关键字“static”，或冠以关键字“extern”，表示此函数是外部函数。定义形式如下：

```
[extern]函数类型 函数名(形参表列)
{
    说明部分
    执行部分
}
```

在调用外部函数时，需要对其进行说明。说明形式如下：

```
[extern]函数类型 函数名(形参表列);
```

例1-25　内部函数和外部函数的使用。该程序包括2个源程序文件（CH0409_1. C和CH0409_2. C）。

【程序代码】

```
//源程序名:CH0409_1.C
int a=10;                            //定义外部变量a
extern int max(int x,int y)          //定义外部函数max,extern可以省略
{
    return(x>y? x:y);
}

//源程序名:CH0409_2.C
#include <stdio.h>
extern a;                            //声明外部变量a
extern int max(int x,int y);         //声明外部函数max
```

```
static int min(int x,int y)          //定义内部函数 min,static 不能省略
{
    return(x<y? x:y);
}

void main()
{
    int x=7,y=8,result1,result2;
    result1=(x+y)*a+max(x,y)*a;
    a-=3;
    result2=min(a, max(x,y));
    printf("result1=%d,result2=%d\n",result1,result2);
}
```

程序的运行结果为

result1 = 230, result2 = 7

说明：源程序 CH0409_1. C 中的函数不能访问源程序 CH0409_2. C 中的 static 函数。

7. 变量的作用域

在讨论函数的参数传递时曾提到，形参变量只有在被调用时才分配内存单元，在调用结束时，即刻释放所分配的内存单元。这一点说明形参变量只有在函数内才有效。这种变量有效性的范围称为变量的作用域。不仅对于形参变量，C 语言中所有的变量都有它的作用域。

变量说明的方式不同，其作用域也不相同。变量只能在它的作用域内使用，即变量在它的作用域外不能被引用。在 C 语言中，按变量的作用域范围可分为两种，即局部变量（Local Variable）和全局变量（Global Variable）。

（1）局部变量　在一个函数内部定义的变量被称为局部变量，也称为内部变量。这种变量的作用域是在本函数内。通俗地说，局部变量只能在定义它的函数内部使用，而不能在本函数外部使用。

例如，对于如下的 3 个函数 main、f1 和 f2，其变量的作用域如下：

```
void main()
{
    int m,n,s,t;            //m、n、s、t 只在 main 函数内有效
    …
}

flaot f1(float x,int y,char z)
{
    int m,k;                //x、y、z、m、k 只在 f1 函数内有效
    …
}
```

```
int f2(int x1,char chx)
{
    char ch_0,ch_1;          //x1、chx、ch_0、ch_1 只在 f2 函数内有效
    …
}
```

关于局部变量的说明：

1）主函数中定义的变量也只能在主函数中使用，不能在其他函数中使用。因为主函数也是一个函数，它与其他函数是平行关系。这一点应予以注意。

2）形参变量也是局部变量，作用范围在定义它的函数内，所以在定义形参时不能和函数体内的变量重名。

3）允许在不同的函数中使用相同的变量名，它们代表不同的对象，分配不同的单元，互不干扰，也不会发生混淆。如在前例中，函数 main 和 f1 都有局部变量 m，是完全允许的，它们占用不同的内存单元。

4）有一种情况：在函数内部的复合语句中也可定义变量，这些局部变量的作用域只在复合语句范围内，离开复合语句则被释放。在复合语句中根据需要定义变量，可以提高内存的利用率。例如，函数 fun 及其变量的作用域如图 1-30 所示。

（2）全局变量　在函数外部定义的变量称为全局变量，也称外部变量。全局变量的作用范围是从定义变量处开始到本源文件末尾结束，即从该变量定义处开始，以后的所有函数都可以使用。全局变量的作用域如图 1-31 所示。

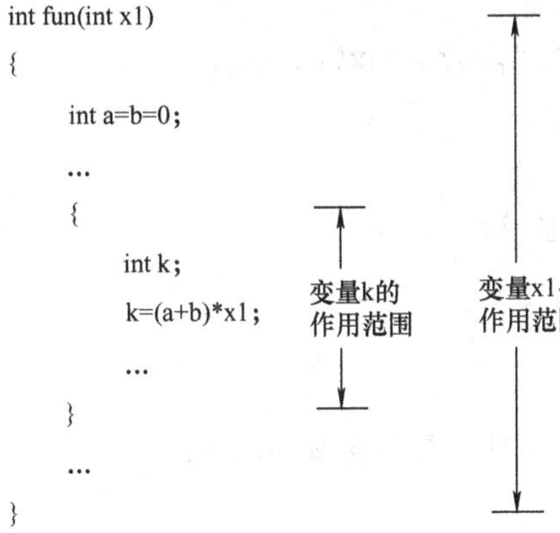

图 1-30　复合语句内局部变量的作用域

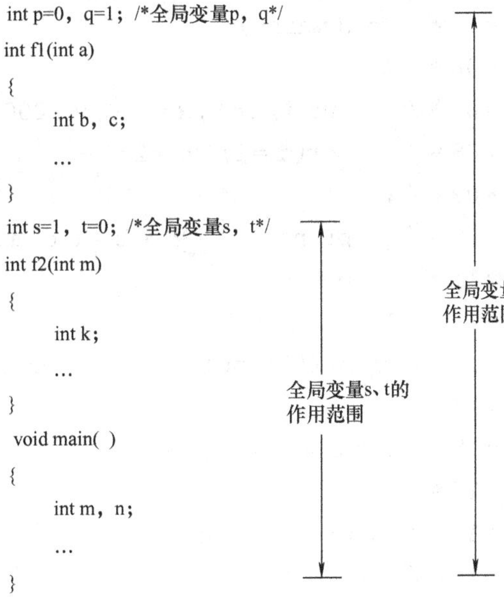

图 1-31　全局变量的作用域

从图 1-31 可以看出，p、q、s、t 都是在函数外部定义的全局变量。但 s、t 定义在函数 f1 之后，且在 f1 内没有使用 extern 对 s、t 进行说明，所以只能在 f2 和 mian 函数中使用 s、t。p、q 定义在源程序的最前面，因此，在 f1、f2 和 main 函数内都可以使用 p、q。

关于全局变量的说明：

1）在一个函数内部，既可以使用本函数中的局部变量，又可以使用有效的全局变量。

2）若要在全局变量的定义之前使用全局变量，或者在一个文件中用到另一个文件中所定义的全局变量，可以在使用前用 extern 进行声明，即扩充全局变量的作用域。有关 extern 声明的使用在后面详细介绍。

3）全局变量的值在某个函数中发生改变时，则该变量的值将影响到其他函数。

4）采用全局变量的作用是增加了函数间数据联系的渠道，但又使得函数依赖这些变量，因而使得函数的独立性降低。从模块化程序设计的观点来看是不利的，模块化程序设计要求模块的“内聚性”强，与其他模块的“耦合性”弱。因此，尽量不要使用全局变量，除非不得已。

5）若函数中的局部变量与全局变量同名，则在局部变量有效的范围中全局变量不起作用，即被屏蔽。

以下给出一个例子来说明 C 程序中变量的作用域问题。

例 1-26 分析以下程序中全局变量和局部变量的使用。

【程序代码】

```
/*源程序名:CH0405.C*/
/*01*/ #include <stdio.h>
/*02*/ int a=3,b=5;                        /*定义全局变量 a,b*/
/*03*/ int sum(int x,int y);
/*04*/ int max(int a,int b);
/*05*/ void main()
/*06*/ {
/*07*/     int i,a=8,x=100,y=200;          /*这里定义的 a 是局部变量*/
/*08*/     for(i=1;i<=2;i++)
/*09*/ {
/*10*/     printf("a=%d,b=%d,max=%d\n",a,b,max(a,b));
/*11*/     b+=7;
/*12*/ }
/*13*/ printf("result_sum=%d\n",sum(x,y));
/*14*/ }
/*15*/ int sum(int x,int y)
/*16*/ {
/*17*/ extern int m,n;                         /*声明外部变量 m、n*/
/*18*/ int temp;
/*19*/ temp=x+y+m+n+a+b;
/*20*/ return(temp);
/*21*/ }
/*22*/ int max(int a,int b)
/*23*/ {
```

```
/*24*/     return(a>b? a:b);
/*25*/ }
/*26*/ int m=10,n=15;                          /*定义全局变量m, n*/
```

程序的运行结果为

```
a=8, b=5, max=8
```

```
a=8, b=12, max=12
```

```
result_ sum=347
```

例1-26的分析与说明：

1）第2、26行为全局变量定义语句；第17行为全局变量声明语句。

2）在main函数中定义了与全局变量同名的局部变量a，因此，在main函数中全局变量a无效，局部变量a有效。于是，在main函数体中，执行第1次循环时，第10行语句中的a和b的值分别是8和5，执行完第11行语句后全局变量b的值被修改为12。执行第2次循环时，第10行语句中的a和b的值分别是8和12，注意局部变量a的值并未被修改，执行完第11行语句后全局变量b的值被修改为19。

3）当for循环语句执行完后，全局变量b的值保持为19。接着往下执行第13行语句，其中要调用sum函数，于是转向执行sum函数。对于第19行语句，x和y的值分别为100和200，m和n的值分别为10和15，a和b的值分别为3和19，此时的变量a是全局变量有效，于是x+y+m+n+a+b的值等于347。

为了程序的可读性，建议读者尽量避免全局变量和局部变量同名。另外，建议读者养成一个良好的程序设计习惯，尽最大努力避免使用全局变量。

8. 变量的存储类别

（1）变量的存储方式　在前面已介绍，从变量的作用域角度来分，变量可分为全局变量和局部变量。

在本节中，从变量值存在的时间（或称变量的生存周期）角度来分，变量又可分为静态存储方式和动态存储方式。因此在计算机内存中，可供用户使用的存储空间分为3个部分：程序区、静态存储区和动态存储区，如图1-32所示。其中，程序代码存放在程序区，一般由操作系统控制；程序中运行的中间结果和最终结果数据存放在静态存储区或动态存储区。

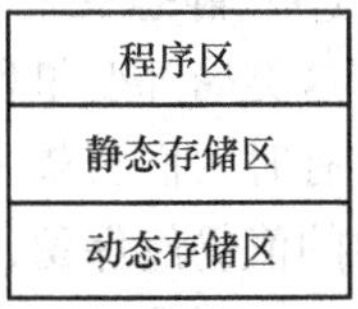

图1-32　内存用户区

静态存储方式是指在程序运行期间分配固定的存储空间的方式。全局变量、静态变量和字符串常量的存储就采用这种方式。在程序开始时给全局变量分配存储单元，程序执行完毕才释放。也就是说，在程序执行过程中，全局变量占据固定的存储单元，而不是动态地进行分配和释放。对于静态变量，不管是全局变量还是局部变量，在整个程序执行期间都不释放所占的存储空间。

动态存储方式是指在程序运行期间根据需要动态地分配存储空间的方式。形参、自动变量（auto）、函数调用时的现场保护和返回地址等的存储就采用这种方式。由于是动态分配存储单元，且使用完立即释放，所以，如果在一个程序中两次调用同一个函数，分配给函数中局部变量等数据的存储空间地址可能是不相同的。

在C语言中，每一个变量和函数具有两个属性：数据类型和数据的存储类别。在前面的章节中，定义变量时，形式上只是声明变量的数据类型。作为定义变量的完全形式，还应该包括存储类别。所以，变量定义的一般形式如下：

存储类别标识符　数据类型标识符　变量表;

其中，在C语言中变量的存储类别可分为以下4种：auto（自动的）、static（静态的）、register（寄存器的）和extern（外部的）。auto和register说明的变量属于动态存储方式，static和extern说明的变量属于静态存储方式。例如：

```
auto int a,b,c;
```

表示定义了3个自动存储类别的整型变量a、b、c，它们属于动态存储方式。

（2）自动变量　C语言规定，函数中的局部变量如不专门声明为static存储类别，默认的都是自动类别，这些变量存放在动态存储区中。这种存储类型是C程序中使用最广泛的类型之一，前面各例中所定义的局部变量都属于这种存储类别。在调用该函数时系统会给它们动态分配存储空间，在函数调用结束时就自动释放这些存储空间。因此，这类局部变量称为自动变量，属于动态存储方式。

自动变量用关键字auto作存储类别的声明。例如：

```
int sum(int x1,int x2)
{
    auto int x,y;          /*定义自动类别的整型变量x和y*/
    …
    return (x+y);
}
```

实际上，上例中关键字auto可以省略，auto不写则隐含为“自动存储类别”。例如，以下两个定义形式完全等价：

```
auto int x,y;
int x,y;
```

（3）静态变量　函数中的局部变量也可以声明为静态存储类别，由关键字“static”说明。这类局部变量称为静态变量，属于静态存储方式。

有时人们希望一个局部变量在函数结束后系统分配给它的存储空间不被释放，且存放在其中的值仍然保留，这样，在下一次调用此函数时，就可以直接利用已有值。静态变量可以满足这一要求。下面举例说明静态变量的特点。

例1-27　分析以下程序中静态局部变量的使用。

【程序代码】

```
/*源程序名:CH0406.C*/
/*01*/  #include <stdio.h>
/*02*/  int f(int a)
/*03*/  {
/*04*/  int b=0; /*定义自动类别的整型变量b*/
/*05*/  static int c=3; /*定义静态类别的整型变量c,初值为3*/
/*06*/  b+=1;
```

```
/*07*/  c+=1;
/*08*/      return(a+b+c);
/*09*/    }
/*10*/    void main()
/*11*/    {
/*12*/      int a=4,i;
/*13*/      for(i=0;i<=2;i++)
/*14*/        printf("%4d",f(a));
/*15*/    }
```

程序的运行结果为

```
9 10 11
```

例1-27的运行过程分析：

1）main函数第1次调用函数f时，带入参数a=4。f开始执行时，b=0，c=3。第1次调用结束时，b=1，c=4，返回值为a+b+c=4+1+4=9。

2）main函数第2次调用函数f时，带入参数a=4。f开始执行时，由于b是自动变量，在第1次调用完成后已经被释放，本次调用重新分配内存单元，于是b=0。而静态变量c在第1次调用完成后没有被释放，仍然保持原值c=4。第2次调用结束时，b=1，c=5，返回值为a+b+c=4+1+5=10。

3）main函数第3次调用函数f时，对应2）的分析过程可知返回值为a+b+c=4+1+6=11。

对静态局部变量的说明：

1）静态局部变量属于静态存储类别，在静态存储区内分配存储单元，在程序整个运行期间都不释放。而自动变量属于动态存储类别，函数调用结束后即释放。

2）静态局部变量在编译时赋初值，即只赋初值一次；而对自动变量赋初值是在函数调用时进行，每调用一次函数重新给一次初值，相当于执行一次赋值语句。

3）如果在定义局部变量时不赋初值，则对静态局部变量来说，编译时自动赋初值0（对数值型变量）或空字符（对字符变量）。而对自动变量来说，如果不赋初值则它的值是一个不确定的值。

4）静态局部变量的生存周期虽然为整个源程序，但其作用域仍与自动变量相同，即只能在定义变量的函数内部使用。离开函数后，尽管该变量还继续在内存中存在，但并不能使用。如例1-27中第5行定义的静态变量c，其作用域为函数f内部。

（4）寄存器变量　一般情况下，变量的值是放在内存中的，当程序用到哪一个变量的值时，由控制器发出指令将内存中该变量的值送到运算器中。经过运算后，如需存放，再从运算器将数据送到内存存放。但有些变量使用频繁，为了减少存取所花的时间，提高执行效率，C语言允许将局部变量的值放在运算器中的寄存器中，需要时，直接从寄存器中取出参加运算，提高执行效率，这种变量叫“寄存器变量”。

C程序函数中的局部变量可以声明为寄存器存储类别，由关键字“register”说明。这类局部变量称为寄存器变量，属于动态存储方式。例如：

```
register int i,j;
```

表示定义了寄存器型的整型变量 i 和 j。

说明：

1）只有局部自动变量和形参变量可以声明为寄存器变量，其他变量则不能。

2）CPU 中的寄存器数目是有限的，不能定义任意多的寄存器变量。一般只有那些使用频率非常高的变量才需声明为 register 变量。

例 1-28 打印九九乘法表。

【程序代码】

```
/*源程序名:CH0407.C*/
/*01*/    #include <stdio.h>
/*02*/    void m_table()
/*03*/    {
/*04*/        register int i,j; /*定义寄存器型整型变量 i 和 j*/
/*05*/      for(i=1;i<=9;i++)
/*06*/        for(j=1;j<=i;j++)
/*07*/        {
/*08*/          printf("%d*%d=%d",j,i,j*i);
/*09*/          putchar((i==j)?'\n':'\t');
/*10*/        }
/*11*/    }
/*12*/    void main()
/*13*/    {
/*14*/      m_table();
/*15*/    }
```

程序的运行结果为九九乘法表，请读者自行调试并观察运行结果。

（5）外部变量　外部变量是指在函数外部定义的变量。外部变量是一个全局变量，其作用范围是从定义开始到本源文件末尾结束。C 语言中外部变量固定分配在静态存储区保存。为了扩大外部变量的作用范围，可以用关键字“extern”来声明外部变量。

外部变量的作用域不仅可以是一个文件范围，而且可以包含多个文件范围。

1）在一个源文件内声明外部变量。如果一个全局变量不在文件开头处定义，则其作用范围是从定义开始到本源文件末尾结束。如果在该变量的定义前需要引用该变量，则应将此变量声明为 extern 类别的变量，表示此变量是一个外部变量。extern 的使用可参见例 1-26 程序的第 15 ~ 26 行。

2）在多个源文件的程序中声明外部变量。一个 C 程序可以由多个源程序文件组成，如果在一个文件 file1. c 中想引用另一个文件 file2. c 中的全局变量 a，则需要在 file1. c 中使用关键字“extern”来声明为外部变量。**注意：此时在文件 file1. c 中不能再定义外部变量 a，否则编译系统会提示“变量重复定义”。**例如：

例 1-29 考察在多个源文件的程序中声明外部变量。该程序包括 2 个源程序文件（CH0408_1. C 和 CH0408_2. C）。

【程序代码】

```
/*源程序名:CH0408_1.C*/
/*01*/    int a=10;                  /*定义外部变量a*/
/*02*/    int max(int x,int y)
/*03*/    {
/*04*/      return(x>y? x:y);
/*05*/    }
/*源程序名:CH0408_2.C*/
/*01*/    #include <stdio.h>
/*02*/    extern a;                  /*声明外部变量a*/
/*03*/    void main()
/*04*/    {
/*05*/       int x=7,y=8,result;
/*06*/       result=(x+y)*a+max(x,y)*a;
/*07*/       printf("result=%d\n",result);
/*08*/    }
```

程序的运行结果为

```
result=230
```

关于外部变量的几点说明:

1）用extern声明外部变量时，变量的类型可以省略。如例1-29的源程序CH0408_ 2.C的第2行。

2）定义外部变量时，要为外部变量分配存储单元；而用extern声明外部变量时，不存在分配存储单元，只是指明外部变量所在的存储单元。

3）模块化程序设计要求模块内紧聚性，模块间松耦合。因此，在程序设计中尽量少用外部变量。

9. C51中的特殊函数

（1）再入函数　如果在调用一个函数的过程中，又间接或直接调用该函数本身，称为函数的递归调用。在C51中必须采用一个扩展关键字reentrant作为定义函数时的选项，将该函数定义为再入函数，此时该函数才可被递归调用。

再入函数的定义格式为:

函数类型　函数名(形式参数表)[reentrant]

由于采用再入函数时需要用再入栈来保存相关变量数据，占用较大内存，处理速度较慢，因此，一般情况下尽量避免使用递归调用。

（2）中断服务函数　C51编译器支持在C语言源程序中直接编写MCS-51单片机的中断服务函数程序。以前用汇编语言编写中断服务程序时，存在对堆栈出栈的保护问题。为了能够在C语言源程序中直接编写中断服务函数，C51编译器对函数的定义进行了扩展，增加了一个扩展关键字interrupt。关键字interrupt是函数定义时的一个选项，加上这个选项就可以将一个函数定义成中断服务函数。定义中断服务函数的一般形式为

函数类型　函数名(形式参数表)[interrupt m][using n]

关键字 interrupt 后面的 m 是中断号，取值范围为 0 ~ 31。编译器从 8m + 3 处产生中断向量。具体的中断号 m 和中断向量取决于不同的 MCS-51 系列单片机芯片。MCS-51 单片机常用中断源和中断向量如表 1-19 所示。

表 1-19 常用的中断源和中断向量表

中断编号 m	中 断 源	中断入口地址（中断向量 8m + 3）
0	外部中断 0	0x0003
1	定时器/计数器 0 溢出中断	0x000B
2	外部中断 1	0x0013
3	定时器/计数器 1 溢出中断	0x001B
4	串行口中断	0x0023

MCS-51 系列单片机可以在内部 RAM 中使用 4 个不同的工作寄存器组，每个寄存器组中包含 8 个工作寄存器（R0 ~ R7）。C51 编译器扩展了一个关键字 using，专门用来选择 MCS-51 单片机中不同的工作寄存器组。using 后面的 n 是一个 0 ~ 3 的常整数，分别选中 4 个不同的工作寄存器组。在定义一个函数时 using 是一个选项。如果不用该选项，则由编译器选择一个寄存器组作为绝对寄存器组访问。

关键字 using 对函数目标代码的影响如下：

在函数的入口处将当前工作寄存器组保护到堆栈中，指定的工作寄存器内容不会改变，函数返回之前将被保护的工作寄存器组从堆栈中恢复。使用关键字 using 在函数中确定一个工作寄存器组时必须十分小心，要保证任何寄存器组的切换都只在控制的区域内发生。如果不做到这一点将产生不正确的函数结果。

另外，带 using 属性的函数，原则上不能返回 bit 类型的值，并且关键字 using 不允许用于外部函数，关键字 interrupt 也不允许用于外部函数，它对中断函数目标代码的影响如下：

在进入中断函数时，特殊功能寄存器 ACC、B、DPH、DPL、PSW 将被保存入栈。如果不使用寄存器组切换，则将中断函数中所用到的全部工作寄存器都入栈。函数返回之前，所有的寄存器内容出栈。

值得注意的是，编写 MCS-51 单片机中断函数时应严格遵循以下规则：

1）中断函数不能进行参数传递，如果中断函数中包含任何参数声明都将导致编译出错。

2）中断函数没有返回值，如果企图定义一个返回值将得到不正确的结果。因此最好在定义中断函数时将其定义为 void 类型，以明确说明没有返回值。中断服务函数最好写在文件的尾部，并且禁止使用 extern 存储种类说明。

3）在任何情况下都不能直接调用中断函数，否则会产生编译错误。因为中断函数的返回是 MCS-51 单片机专用指令完成的，该指令将影响 MCS-51 单片机的硬件中断系统。

4）如果中断函数中用到浮点运算，必须保存浮点寄存器的状态。当没有其他程序执行浮点运算时可以不保存。

5）如果在中断函数中调用了其他函数，则被调用函数所使用的寄存器组必须与中断函数相同。用户必须保证按要求使用相同的寄存器组，否则会产生不正确的结果。如果定义中断函数时没有使用using选项，则由编译器选择一个寄存器组作为绝对寄存器组访问。

10. C51中直接嵌入汇编

为了发挥C51语言和汇编语言各自的优点，常需要将两者进行混合编程。一般情况下，由于C51具有很强的数据处理能力，编程中对MCS-51单片机寄存器和存储器的分配由编译器自动完成，因此常用它来编写主程序及一些运算较复杂的程序。而汇编语言对硬件的控制较强，运行速度快，灵活性强，因此常用汇编语言实现与硬件接口的子程序设计以及对时间要求高的子程序设计。下面简单介绍C51调用汇编程序的方法。

1）在C文件中要嵌入汇编代码应以如下方式加入汇编代码：

```
#pragma ASM
; Assembler Code Here
#pragma ENDASM
```

2）在Keil μVision软件的Project窗口中包含汇编代码的C文件上单击右键，在弹出的菜单中选择“Options for…”，单击右边的“Generate Assembler SRC File”和“Assemble SRC File”，使检查框由灰色变成黑色（有效）状态。

3）根据选择的编译模式，把相应的库文件（如Small模式时，是Keil \ C51 \ Lib \ C51S. Lib）加入工程中，该文件必须作为工程的最后文件。

4）编译，即可生成目标代码。

1.1.14 C51数组

在程序设计中，为了处理方便，把具有相同数据类型的若干变量按有序的形式组织起来。这些按序排列的同类数据元素的集合称为数组。在C语言中，数组属于构造数据类型。一个数组可以分解为多个数组元素，这些数组元素可以是基本数据类型或是构造类型。因此按数组元素的类型不同，数组又可分为数值数组、字符数组、指针数组、结构数组等各种类别。

可以这样去理解，就像一个学校在操场上排队，每一个年级代表一个数据类型，每一个班级为一个数组，每一个学生就是数组中的一个数据。数组中的每个数据都能用唯一的下标来确定其位置，下标可以是一维或多维的。就如在学校的方队中要找一个学生，这个学生在I年级H班X组Y号，那么能把这个学生看做在I类型的H数组中（X，Y）下标位置中。

数组和普通变量一样，要求先定义了才能使用。

1. 一维数组

（1）一维数组的定义方式　在C语言中使用数组必须先进行定义。

一维数组的定义方式为：**类型说明符 数组名［常量表达式］；**

其中，类型说明符是任一种基本数据类型或构造数据类型；数组名是用户定义的数组标识符；方括号中的常量表达式表示数据元素的个数，也称为数组的长度。

例如：

```
int a[10];                    //说明整型数组a,有10个元素。
float b[10],c[20];            //说明实型数组b、c,分别有10个和20个元素。
char ch[20];                  //说明字符数组ch,有20个元素。
unsigned int xcount[10];      //定义无符号整型数组,有10个数据单元
```

对于数组类型应**注意以下几点**：

1）数组的类型实际上是指数组元素的取值类型。对于同一个数组，其所有元素的数据类型都是相同的。

2）数组名的书写规则应符合标识符的书写规定。“数组名”是整个数组的标识，命名方法和变量命名方法是一样的。在编译时系统会根据数组大小和类型为变量分配空间，数组名就是所分配空间的首地址的标识。数组名不能与其他变量名相同。

3）方括号中常量表达式表示数组元素的个数。如a[5]表示数组a有5个元素，但是其下标从0开始计算，因此5个元素分别为a[0]，a[1]，a[2]，a[3]，a[4]。

4）不能在方括号中用变量来表示元素的个数，但是可以是符号常数或常量表达式。例如：

```
#define FD 5
main()
{
    int a[3+2],b[7+FD];
    ……
}
```

这是合法的。

但是下述说明方式是错误的。

```
main()
{
    int n=5;
    int a[n];
    ……
}
```

5）允许在同一个类型说明中，说明多个数组和多个变量。

例如：int a，b，c，d，k1[10]，k2[20]；

（2）一维数组元素的引用　数组元素是组成数组的基本单元。数组元素也是一种变量，其标识方法为数组名后跟一个下标。下标表示了元素在数组中的顺序号。

数组元素的一般形式为

数组名[下标]

其中，下标只能为整型常量或整型表达式。如为小数时，C编译将自动取整。

例如：a[5]、a[i+j]、a[i++]都是合法的数组元素。

数组元素通常也称为下标变量。必须先定义数组，才能使用下标变量。在C语言中数组的下标是从0开始的而不是从1开始，如一个具有10个数据单元的数组count，它的下标就是从count[0]到count[9]，引用单个元素就是数组名加下标，如count[1]就是引用count数组中的第2个元素，如果错用count[10]就会有错误出现了。

在C语言中只能逐个地使用下标变量，而不能一次引用整个数组。

例如，输出有10个元素的数组必须使用循环语句逐个输出各下标变量：

```
for(i=0;i<10;i++)
```

printf("% d",a[i]);

而不能用一个语句输出整个数组。

下面的写法是错误的：printf（"%d"，a）；

（3）一维数组的初始化　给数组赋值的方法除了用赋值语句对数组元素逐个赋值外，还可采用初始化赋值和动态赋值的方法。

数组初始化赋值是指在数组定义时给数组元素赋予初值。数组初始化是在编译阶段进行的。这样将减少运行时间，提高效率。

初始化赋值的一般形式为

类型说明符 数组名[常量表达式]={值,值,…,值};

其中，在{ }中的各数据值即为各元素的初值，各值之间用逗号间隔。

例如：int a[10] = {0, 1, 2, 3, 4, 5, 6, 7, 8, 9}；

相当于a[0]=0；a[1] =1；...；a[9] =9；

在定义并为数组赋初值时，初值个数必须小于或等于数组长度，不指定数组长度则会在编译时由实际的初值个数自动设置。

C语言对数组的初始化赋值还有以下几点规定：

1）可以只给部分元素赋初值。

当{ }中值的个数少于元素个数时，只给前面部分元素赋值。

例如：int a[10] = {0, 1, 2, 3, 4}；

表示只给a[0] ~a[4] 5个元素赋值，而后5个元素自动赋0值。

2）只能给元素逐个赋值，不能给数组整体赋值。

例如给10个元素全部赋1值，只能写为：int a[10] = {1, 1, 1, 1, 1, 1, 1, 1, 1, 1}；

而不能写为：int a[10] =1；

3）如给全部元素赋值，则在数组说明中，可以不给出数组元素的个数。

例如：int a[5] = {1, 2, 3, 4, 5}；

可写为：int a[ ] = {1, 2, 3, 4, 5}；

2. 二维数组

（1）二维数组的定义　前面介绍的数组只有一个下标，称为一维数组，其数组元素也称为单下标变量。在实际问题中有很多量是二维的或多维的，因此C语言允许构造多维数组。多维数组元素有多个下标，以标识它在数组中的位置，所以也称为多下标变量。下面只介绍二维数组，多维数组可由二维数组类推而得到。

二维数组定义的一般形式是：

类型说明符 数组名[常量表达式1][常量表达式2]

其中常量表达式1表示第一维下标的长度，常量表达式2表示第二维下标的长度。

例如：int a[3] [4]；

说明了一个三行四列的数组，数组名为a，其下标变量的类型为整型。该数组的下标变量共有3×4个，即：

a[0][0]，a[0][1]，a[0][2]，a[0][3]

a[1][0]，a[1][1]，a[1][2]，a[1][3]

a[2][0], a[2][1], a[2][2], a[2][3]

二维数组在概念上是二维的，即其下标在两个方向上变化，下标变量在数组中的位置也处于一个平面之中，而不像一维数组只是一个向量。但是，实际的硬件存储器却是连续编址的，也就是说存储器单元是按一维线性排列的。如何在一维存储器中存放二维数组呢？可有两种方式：一种是按行排列，即放完一行之后顺次放入第二行；另一种是按列排列，即放完一列之后再顺次放入第二列。在 C 语言中，二维数组是按行排列的。

即：先存放 a[0] 行，再存放 a[1] 行，最后存放 a[2] 行。每行中的四个元素也是依次存放。由于数组 a 说明为 int 类型，该类型占 2 字节的内存空间，所以每个元素均占有 2 字节。

(2) 二维数组元素的引用　二维数组的元素也称为双下标变量，其表示的形式为

数组名[下标][下标]

其中，下标应为整型常量或整型表达式。

例如：a[3][4] 表示 a 数组三行四列的元素。

下标变量和数组定义在形式中有些相似，但这两者具有完全不同的含义。数组定义的方括号中给出的是某一维的长度，即可取下标的最大值；而数组元素中的下标是该元素在数组中的位置标识。前者只能是常量，后者可以是常量，变量或表达式。

(3) 二维数组的初始化　二维数组初始化也是在类型说明时给各下标变量赋以初值。二维数组可按行分段赋值，也可按行连续赋值。

例如对数组 a[5][3]：

1）按行分段赋值可写为：

```
int a[5][3]={{80,75,92},{61,65,71},{59,63,70},{85,87,90},
{76,77,85}};
```

2）按行连续赋值可写为：

```
int a[5][3]={80,75,92,61,65,71,59,63,70,85,87,90,76,77,85};
```

这两种赋初值的结果是完全相同的。

对于二维数组初始化赋值还有以下说明：

1）可以只对部分元素赋初值，未赋初值的元素自动取 0 值。

例如：int a[3][3] = {{1},{2},{3}};

是对每一行的第一列元素赋值，未赋值的元素取 0 值。赋值后各元素的值为：

1 0 0
2 0 0
3 0 0

int a [3][3] = {{0,1},{0,0,2},{3}};

赋值后的元素值为：

0 1 0
0 0 2
3 0 0

2）如对全部元素赋初值，则第一维的长度可以不给出。

例如：int a[3][3] = {1,2,3,4,5,6,7,8,9};

可以写为：int a[][3]={1,2,3,4,5,6,7,8,9};

3）数组是一种构造类型的数据。二维数组可以看做是由一维数组的嵌套而构成的。设一维数组的每个元素都又是一个数组，就组成了二维数组。当然，前提是各元素类型必须相同。根据这样的分析，一个二维数组也可以分解为多个一维数组。C语言允许这种分解。

如二维数组a[3][4]，可分解为三个一维数组，其数组名分别为：

a[0]、a[1]、a[2]

对这三个一维数组不需另作说明即可使用。这三个一维数组都有4个元素，例如：一维数组a[0]的元素为a[0][0]，a[0][1]，a[0][2]，a[0][3]。

必须强调的是，a[0]、a[1]、a[2]不能当做下标变量使用，它们是数组名，不是一个单纯的下标变量。

3. 字符数组

用来存放字符量的数组称为字符数组。

（1）字符数组的定义　形式与前面介绍的数值数组相同。例如：char c[10];

由于字符型和整型通用，也可以定义为int c[10]，但这时每个数组元素占2字节的内存单元。

字符数组也可以是二维或多维数组。例如：char c[5][10]；即为二维字符数组。

（2）字符数组的初始化　字符数组也允许在定义时作初始化赋值。

例如：char c[10]={'p','r','o','g','r','a','m'};

赋值后各元素的值如表1-20所示。

表1-20　字符数组初始化赋值

c[0]	c[1]	c[2]	c[3]	c[4]	c[5]	c[6]	c[7]	c[8]	c[9]
p	r	o	g	r	a	m	0	0	0

其中，c[7]、c[8]、c[9]未赋值，其值由系统自动赋予0值，为'0'。

当对全体元素赋初值时也可以省去长度说明。

例如：char c[]={'p','r','o','g','r','a','m'};

这时c数组的长度自动定为7。

（3）字符串和字符串结束标志　在C语言中没有专门的字符串变量，通常用一个字符数组来存放一个字符串。字符串总是以'\0'作为串的结束符。因此当把一个字符串存入一个数组时，也把结束符'\0'存入数组，并以此作为该字符串是否结束的标志。有了'\0'标志后，就不必再用字符数组的长度来判断字符串的长度了。

C语言允许用字符串的方式对数组作初始化赋值。

例如：char c[]={'p','r','o','g','r','a','m'};

可写为：char c[]={"program"};或去掉{}写为：char c[]="program";

用字符串方式赋值比用字符逐个赋值要多占1字节，用于存放字符串结束标志'\0'。上面的数组c在内存中的实际存放情况如表1-21所示。

表1-21　字符数组在内存中的实际存放情况

p	r	o	g	r	a	m	\0

'\0'是由 C 编译系统自动加上的。由于采用了'\0'标志，所以在用字符串赋初值时一般无须指定数组的长度，而由系统自行处理。

(4) 字符数组的输入/输出　在采用字符串方式后，字符数组的输入/输出将变得简单方便。

除了上述用字符串赋初值的办法外，还可用 scanf 函数和 printf 函数一次性输入/输出一个字符数组中的字符串，而不必使用循环语句逐个地输入/输出每个字符。

注意在 printf 函数中，使用的格式字符串为"%s"，表示输出的是一个字符串。而在输出列表中给出数组名则可。不能写为：

```
printf("% s",c[]);
```

应该说明的是，对一个字符数组，如果不作初始化赋值，则必须说明数组长度。**还应该特别注意的是**，当用 scanf 函数输入字符串时，字符串中不能含有空格，否则将以空格作为串的结束符。

scanf 的各输入项必须以地址方式出现，如 &a、&b 等。但在输入数组时却是以数组名方式出现的，这是为什么呢？

这是由于在 C 语言中规定，数组名就代表了该数组的首地址。整个数组是以首地址开头的一块连续的内存单元。

如有字符数组 char c[10]，在内存中的表示如表 1-22 所示。

表 1-22　字符数组在内存的表示

c[0]	c[1]	c[2]	c[3]	c[4]	c[5]	c[6]	c[7]	c[8]	c[9]

设数组 c 的首地址为 2000，也就是说 c[0] 单元地址为 2000。则数组名 c 就代表这个首地址。因此在 c 前面不能再加地址运算符 &。如写作 scanf（"%s"，&c）；则是错误的。在执行函数 printf（"%s"，c）时，按数组名 c 找到首地址，然后逐个输出数组中各个字符直到遇到字符串终止标志'\0'为止。

(5) 字符串处理函数　C 语言提供了丰富的字符串处理函数，大致可分为字符串的输入、输出、合并、修改、比较、转换、复制、搜索几类。使用这些函数可大大减轻编程的负担。用于输入/输出的字符串函数，在使用前应包含头文件"stdio. h"，使用其他字符串函数则应包含头文件"string. h"。

下面介绍几个最常用的字符串函数。

1) 字符串输出函数 puts。

格式：puts(字符数组名)

功能：把字符数组中的字符串输出到显示器。即在屏幕上显示该字符串。

puts 函数中可以使用转义字符，因此输出结果成为两行。puts 函数完全可以由 printf 函数取代。当需要按一定格式输出时，通常使用 printf 函数。

2) 字符串输入函数 gets。

格式：gets(字符数组名)

功能：从标准输入设备键盘上输入一个字符串。

本函数得到一个函数值，即为该字符数组的首地址。

当输入的字符串中含有空格时，输出仍为全部字符串。说明 gets 函数并不以空格作为字符串输入结束的标志，而只以回车作为输入结束。这是与 scanf 函数不同的。

3）字符串连接函数 strcat。

格式：strcat(字符数组名1，字符数组名2)

功能：把字符数组2中的字符串连接到字符数组1中字符串的后面，并删去字符串1后的串结束标志“\0”。本函数返回值是字符数组1的首地址。

要注意的是，字符数组1应定义足够的长度，否则不能全部装入被连接的字符串。

4）字符串复制函数 strcpy。

格式：strcpy（字符数组名1，字符数组名2）

功能：把字符数组2中的字符串复制到字符数组1中。串结束标志“\0”也一同复制。字符数组名2，也可以是一个字符串常量。这时相当于把一个字符串赋予一个字符数组。

本函数要求字符数组1应有足够的长度，否则不能全部装入所复制的字符串。

5）字符串比较函数 strcmp。

格式：strcmp(字符数组名1，字符数组名2)

功能：按照 ASCII 码顺序比较两个数组中的字符串，并由函数返回值返回比较结果。

字符串1 = 字符串2，返回值 = 0；

字符串1 > 字符串2，返回值 > 0；

字符串1 < 字符串2，返回值 < 0。

本函数也可用于比较两个字符串常量，或比较数组和字符串常量。

6）测字符串长度函数 strlen。

格式：strlen(字符数组名)

功能：测字符串的实际长度（不含字符串结束标志‘\0’）并作为函数返回值。

1.1.15 C51 指针

指针是C语言中的一种重要的数据类型。指针就是对象的地址，如变量的地址、数组的地址、数组元素的地址等。用来存放指针的变量称为指针变量。指针的值是整型数据，但有其特殊的运算规律。

1. 变量的地址

变量在内存中占用一定的内存单元，如 char 变量占用1字节，int 变量占用连续的2字节，long 变量占用连续的4字节，float 变量占用连续的4字节，double 变量占用连续的8字节。所谓变量的地址，即它们所占连续的内存单元的最低字节单元的地址。

例如：long ldata = 0x12345678，如表1-23所示。

表1-23 变量 ldata（地址为 0x2004）

单元地址	ldata 的单元
0x2007	0x78
0x2006	0x56
0x2005	0x34
0x2004	0x12

2. 指针变量的概念

计算机的内存是以字节为单位的一片连续的存储空间，每字节都有一个编号，这个编号称为内存单元地址。这就如同旅馆的每个房间都有一个房间号一样，如果没有房间号，旅馆的工作人员就无法进行管理，同样没有字节编号，系统就无法对内存单元进行管理。

若在程序中定义了一个变量，系统就会根据变量的类型为变量在内存中分配若干字节的存储空间，此后这个变量的存储单元地址也就确定了。有了变量的地址，就可以立即找到该变量所在的存储单元并进行数据的存取操作。这种通过变量地址存取变量值的方式称为变量的直接访问。

程序中通常是通过变量名对变量进行访问，因为变量名是变量的符号地址，它与单元物理地址之间的联系由系统自动建立。

提示： 注意区分变量的地址和变量的值这两个概念。

存储单元地址唯一地对应着（或指向）存储单元，因此C语言将存储单元地址形象地称为“指针”。前面学习的变量，都是用来存放基本类型数据的，如存放整数或实数等，这些变量称为简单变量。在C语言中，还可以定义一种特殊的变量，这种变量专门用来存放另一个变量的地址（即指针），称为指针变量。

如果p是指针变量，而且p中存放着变量a的地址，则称p指向a，常用图1-33所示的形式表示。那么可以通过指针变量p引用它所指向的变量a，这种变量访问方式称为变量的间接访问。

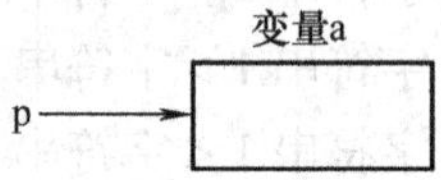

图1-33 指针p指向a

（1）指针变量的定义 任何变量在使用前都必须定义，指针变量也一样。指针变量的一般定义形式为：

基类型名 *指针变量名；

例如：int *p1，*p2；

说明：

1）定义了两个指针变量，变量名为p1和p2，这两个变量只能用来存放地址。

2）*是一个说明符，用来说明定义的是指针变量，定义指针变量时必须有。

3）基类型表示指针变量所指向的变量的类型，也就是说，p1、p2中只能存放整型变量的地址。

（2）指针变量的使用

1）运算符“&”和“*”。运算符“&”为取地址运算符，后跟一个变量，表示取变量的地址。比如，&a表示变量a的地址。运算符“*”为间接访问运算符，后跟一个指针变量，表示取这个指针变量所指向的变量的值。

2）指针变量的赋值。通过给指针变量赋地址值，可以让指针变量指向某个变量。例如有以下定义和语句：

```
int  a,b,*pa,*pb;
pa=&a;                  //指针变量pa指向变量a
pb=&b;                  //指针变量pb指向变量b
```

下面的定义和语句是错误的：

```
float  x;
int  *p;
```

```
p = &x;
```

错误原因是 x 的类型和 p 的基类型不一致。

3）通过指针变量引用变量。例如，有以下定义和语句：

```
int  i,j,*p;
p = &i;
*p =10;    //将 10 赋给 p 所指向的变量即变量 i,等价于赋值语句 i =10;
j = *p +1;  //取指针变量 p 所指向的存储单元中的值加 1 后赋给变量 j,j 的值为 11
*p = *p +1;/*取指针变量 p 所指向的存储单元中的值,加 1 后再放入 p 所指向的存
           储单元中,也就是使变量 i 的值增 1 变为 11 */
```

例 1-30　通过指针变量访问整型变量。

【程序代码】

```
#include  <stdio.h>
void  main()
{
    int  i,j,*pi;          //定义整型变量 i 和 j,指针变量 pi
    i =10;
    pi = &i;               //使指针变量 pi 指向变量 i
    j = *pi +5;            //通过指针变量访问变量 i,等价于 j = i +5;
    printf("% d\n",i);
    printf("% d,% d\n", *pi,j);
}
```

程序运行结果：

```
10
10, 15
```

例 1-31　从键盘上输入任意三个实数，利用指针的方法将这三个实数按大小进行排序。

【编程思路】

1）输入 3 个实数分别放到变量 a、b、c 中。

2）3 个指针变量 p1、p2、p3 分别指向变量 a、b、c。

3）比较变量的值，最终使 p1 指向最大值，p3 指向最小值。

4）按顺序输出 p1、p2、p3 所指向的变量的值。

【程序代码】

```
#include <stdio.h>
void  main()
{
    float  a,b,c,*p1,*p2,*p3,*p;
    printf("请输入 3 个实数:");
    scanf("% f,% f,% f",&a,&b,&c);
    p1 = &a;
```

```
    p2 = &b;
    p3 = &c;
    if(a<b)    {p=p1;p1=p2;p2=p;}
    if(a<c)    {p=p1;p1=p3;p3=p;}
    if(b<c)    {p=p2;p2=p3;p3=p;}
    printf("%.2f,%.2f,%.2f\n",*p1,*p2,*p3);
}
```

程序运行结果：

请输入 3 个实数：2.4，5.6，6.0

6.00，5.60，2.40

该程序执行过程中，变量 a、b、c 的值始终未变，只是使指针 p1 最终指向值最大的变量，使指针 p3 最终指向值最小的变量。

3. 指针与一维数组

（1）指针的移动　当指针变量指向一串连续的存储单元（即数组）时，可以对指针变量加上或减去一个整数来进行指针的移动和定位。例如有如下语句：

```
int  a[5]={10,20,30,40,50},*p,*q;
p=&a[0];
```

指针 p 的指向情况如图 1-34a 所示。在此基础上，随着下面各个语句的执行，指针 p 和 q 的指向会发生相应变化。

```
q=p+1;      //如图 1-34a 所示,使指针变量 q 指向数组元素 a[1]
q++;        //指针后移,指针变量 q 指向数组元素 a[2]
q+=2;       //指针变量 q 指向数组元素 a[4]
q--;        //指针变量 q 指向数组元素 a[3]
p++;        //指针变量 p 和 q 的指向如图 1-34b 所示
```

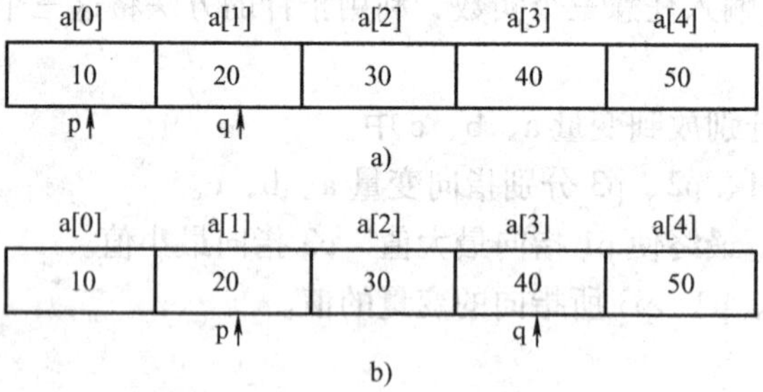

图 1-34　指针变量 p 和 q 的移动和定位

现在如果有语句“i = *p; j = *q;”，则 i 中的值为 20，j 中的值为 40。若有语句“k=q-p;”，则 k 中的值为 2。表达式 p<q 的值为真，因为当前指针变量 p 中存的地址值小于指针变量 q 中存的地址值。

（2）数组元素的地址　在 C 程序中，数组名是数组的首地址，即第 1 个数组元素的地址，该地址是地址常量，因此不能被修改或重新赋值，例如，对数组名 a 来说，“a++;”

或“a = &a[2];”都是错误的使用方法。

虽然不能对数组名进行赋值，但可以通过数组名来表示数组元素的地址，从而也能达到引用数组元素的目的。

例如：“int　a[10]，*p; p = a;”，此时指针 p 指向数组 a 的第 1 个元素，如图 1-35 所示。

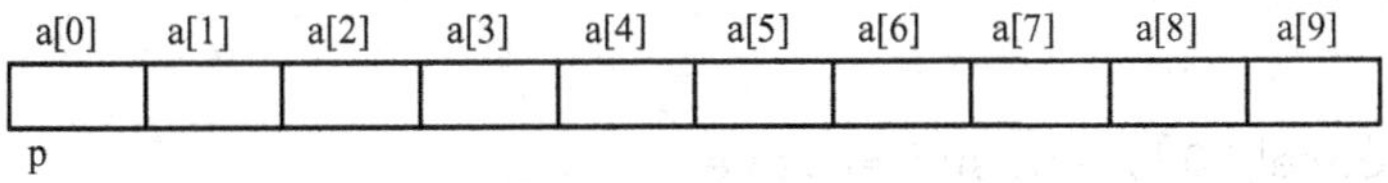

图 1-35　指针 p 指向数组 a

一维数组元素地址的几种表示形式见表 1-24。

表 1-24　一维数组元素的地址

数组元素地址表示形式	a [0] 地址	a [1] 地址	a [i] 地址
通过取地址符 &	&a [0]	&a [1]	&a [i]
通过数组名 a	a	a + 1	a + i
通过指针变量 p	p	p + 1	p + i

提示：对指针变量 p 更多的是通过 p + + 或 p - - 移动定位。

（3）数组元素的引用　针对数组元素地址的不同表示形式，数组元素的引用形式也有多种，见表 1-25。

表 1-25　一维数组元素的引用形式

引 用 形 式	a[0] 地址	a[1] 地址	a[i] 地址
通过数组元素名	a[0]	a[1]	a[i]
通过数组名 a	*a	* (a+1)	* (a+i)
通过指针变量 p	*p	* (p+1)	* (p+i)
下标法	p[0]	p[1]	p[i]

下面语句通过数组名逐个输出数组 a 中各元素的值：

```
for(i = 0;i <10;i + +)
   printf("% 5d", *(a + i));
```

这里首地址 a 始终指向数组元素 a[0]，并没有移动，通过变量 i 值的变化来引用到每个元素。

下面语句通过移动指针来逐个输出数组 a 中各元素的值：

```
for(p = a;p < a +10;p + +)
   printf("% 5d", *p);
```

此语句在执行过程中，指针 p 首先指向元素 a[0]，输出操作输出的是第一个元素的值，执行了 p + + 后，指针指向了元素 a[1]，此时再做输出操作，输出的是第二个元素的值，依次下去，指针会逐个指向每个元素，再输出它们的值。当指针 p 指向最后一个元素后面的存储单元时，循环结束。

例 1-32 有一个数组 score，存放 10 个学生的成绩，求平均成绩，要求通过指针变量来访问数组元素。

【程序代码】

```
#include  <stdio.h>
void  main()
{
    floatscore[10],*p,sum=0,ave;
    printf("请输入10个学生成绩:");
    for(p=score;p<score+10;p++)
        scanf("%f",p);
    for(p=score;p<score+10;p++)
        sum+=*p;              //取各成绩累加到sum中
    ave=sum/10;               //求平均成绩
    printf("平均成绩=%.2f\n",ave);
}
```

程序运行结果：

请输入 10 个学生成绩：87 89 99 90 77 67 76 88 96 75

平均成绩 = 84.40

4. 指针与二维数组

（1）二维数组元素的地址

例如：int a[3][3]；

与一维数组名一样，二维数组名 a 也是数组的首地址。但是二者不同的是，二维数组名的基类型不是数组元素类型，而是一维数组类型，因此二维数组名 a 是一个行指针，其指向如图 1-36 所示。

二维数组 a 包含三个行元素：a[0]、a[1] 和 a[2]，而它们又都是一维数组名，因此也是地址常量，但是它们的基类型与数组元素类型一致。

第 0 行首地址：a[0]

第 1 行首地址：a[1]

第 2 行首地址：a[2]

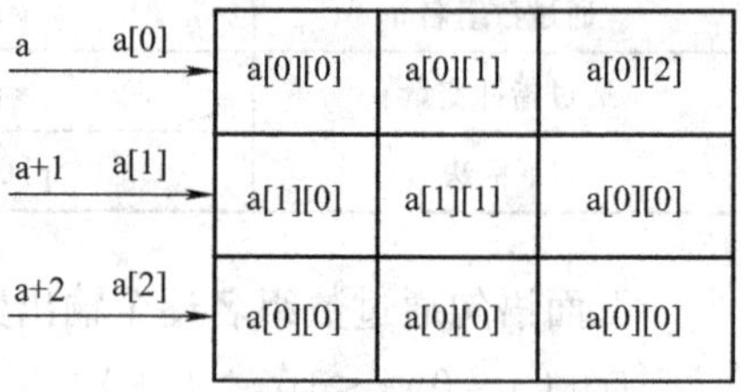

图 1-36 二维数组地址示意

所以 a[0]+1 就是数组元素 a[0][1] 的地址，a[1]+1 是数组元素 a[1][1] 的地址，那么任意的数组元素 a[i][j] 的地址是 a[i]+j。

二维数组元素的地址表示形式较多，每种地址形式都有对应的数组元素引用方法。比如：

数组元素地址：① &a[i][j]　② a[i]+j　③ *(a+i)+j

数组元素引用：① a[i][j]　② *(a[i]+j)　③ *(*(a+i)+j)

（2）指向二维数组元素的指针变量（列指针）

例如：int a [3] [2], *p;

p=&a [0] [0];

二维数组在内存中是按行顺序存储的，因此，可以通过对指向数组元素的指针变量进行加减运算来达到引用任意数组元素的目的，引用方法与引用一维数组元素一样。

例1-33 用指向数组元素的指针访问数组。

【程序代码】

```
#include  <stdio.h>
void  main()
{
    int  a[3][3]={{1,2,3},{4,5,6},{7,8,9}};
    int  *p;
    for(p=a[0];p<a[0]+9;p++)        //最后一个元素的地址是a[0]+8
    {
      if((p-a[0])%3==0)    printf("\n");  //换行控制
      printf("%5d",*p);
    }
    printf("\n");
}
```

程序运行结果：

```
1  2  3
4  5  6
7  8  9
```

a [0] 是数组的第一个元素的地址，且基类型与指针 p 的基类型一致，都是 int 型，所以用 p=a[0] 使指针 p 指向数组的第一个元素，这个表达式还可用 p=&a[0][0] 代替，同样 a[0]+8 也等价于 &a[0][0]+8。

(3) 指向二维数组的行指针变量（行指针） 行指针变量就是用来存放“行”地址的变量，一般定义形式为：

数据类型名(*指针变量名)[数组长度];

例如：int (*p) [4];

p 是一个指针变量，它的基类型是一个包含 4 个整型元素的一维数组，因此指针变量 p 可以指向一个有 4 个元素的一维数组。

例1-34 利用行指针输出二维数组元素的值。

【程序代码】

```
#include  <stdio.h>
void  main()
{
    int  a[3][3]={{1,2,3},{4,5,6},{7,8,9}};
    int  (*p)[3],j;    //指针变量p为行指针
```

```
    for(p=a;p<a+3;p++)
    {
        for(j=0;j<3;j++)
        printf("%5d",*(*p+j));
        printf("\n");
    }
}
```

程序运行结果为：

```
1 2 3

4 5 6

7 8 9
```

在此把数组 a 看成是一维数组，它的元素有 a[0]、a[1]、a[2]。由于指针 p 与数组名 a 表示的地址常量的基类型相同，所以可以用 p=a，它使指针 p 指向了数组 a 的第一个元素 a[0]，这时 *p 表示是 a[0] 的值，即为第 0 行的首地址，如有 *p+1，它表示 a[0][1] 的地址，*(*p+1) 表示数组元素 a[0][1]。p++ 执行一次，指针 p 向后移动一行。

(4) 指针数组 与普通变量一样也可以定义指针数组，即每个元素都是同类型的指针变量。常令指针数组指向若干个字符串，这使得字符串的处理更为方便。

其定义的一般形式是：

类型说明符 *数组名[元素个数];

比如有如下定义：

```
int a[3][4],*p[3];
```

数组 p 是一个包含 3 个元素的一维数组，它的每个元素都是基类型为 int 的指针，所以称数组 p 为指针数组。p [i] 和 a [i] (0≤i≤3) 的基类型相同（都为 int 类型），因此赋值语句“p[i]=a[i];”是合法的。比如有以下循环语句：

```
for(i=0;i<3;i++)
    p[i]=a[i];
```

该语句执行完后，数组 p 的 3 个元素 p[0]、p[1] 和 p[2] 分别指向数组 a 每行的开头，如图 1-37 所示。此时如果有语句 printf("%d,%d",*p[0],*(p[0]+1));，那么输出的是数组元素 a[0][0] 和 a[0][1] 的值。

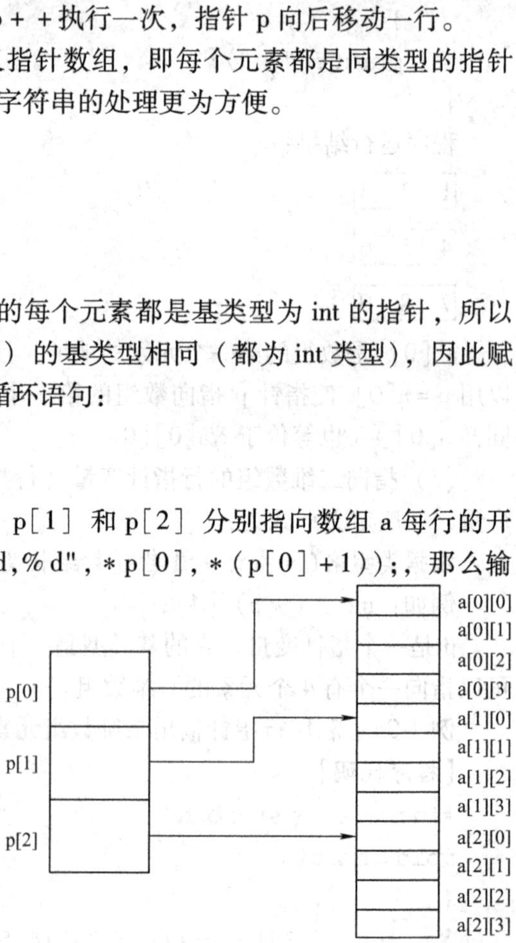

图 1-37 指针数组指向示意图

5. 指针与字符串

字符数组通常用来存放字符串，指针指向字符数组也就指向了字符串，因此通过指针可以引用它所指向的字符串。

例 1-35 通过指针引用字符串。

【程序代码】

```
#include <stdio.h>
void main()
{
```

```
    char  str[] = "BeiJing", *p;
    p = str;                    //指针 p 指向字符串首部
    printf("%s\n",p);           //从字符串首字符开始输出,遇'\0'结束
    p += 3;                     //移动指针 p
    printf("%s\n",p);           //从指针 p 所指字符开始输出,遇'\0'结束
}
```

程序运行结果为

```
BeiJing
Jing
```

指针先指向字符串首部，从此位置开始输出，遇到结束符‘\0’为止，然后指针向后移动了3个字符，从串中第4个字符开始输出，遇结束符‘\0’为止。

例 1-36　利用指针实现两个字符串的连接。

【编程思路】

1）指针 p 指向第一个串的末尾（最后一个字符后面），指针 q 指向第二个串的首部。

2）将第二个串中字符依次放入第一个串后。

【程序代码】

```
#include <stdio.h>
#include <string.h>
void main()
{
    char  str1[20],str2[10], *p, *q;
    printf("请输入两个字符串:");
    gets(str1);
    gets(str2);
    p = str1 + strlen(str1);        //p 指向第一个串的末尾
    q = str2;                       //q 指向第二个串的首部

    while( *q != '\0')              //如果第二个串未结束,继续执行
    {
        *p = *q;
        p++;                        //指针 p 向后移动
        q++;                        //指针 q 向后移动
    }
    *p = '\0';                      //串末尾加上结束标志
    printf("连接后新串为:");
    puts(str1);
}
```

程序运行结果为

请输入两个字符串：

China

Beijing

连接后新串为：ChinaBeijing

6. 指向指针的指针变量

指针变量在内存中占用一定的单元，即也有地址。如果一个指针变量存放的又是另一个指针变量的地址，则称这个指针变量为指向指针的指针变量。其定义的一般形式是：

类型说明符 **变量名

其中，类型说明符是指被指向的指针变量的类型。

如：char **p, *p1;

p = &p1;

在前面已经介绍过，通过指针访问变量称为间接访问。由于指针变量直接指向变量，所以称为“单级间接寻址”，如图 1-38a 所示。而如果通过指向指针的指针变量来访问变量则构成“二级间接寻址”，如图 1-38b 所示。

从图 1-39 可以看到，name 是一个指针数组，它的每一个元素是一个指针型数据，其值为地址。name 是一个数据，它的每一个元素都有相应的地址。数组名 name 代表该指针数组的首地址。name +1 是 name[i] 的地址。name +1 就是指向指针型数据的指针（地址）。还可以设置一个指针变量 p，使它指向指针数组元素。p 就是指向指针型数据的指针变量。

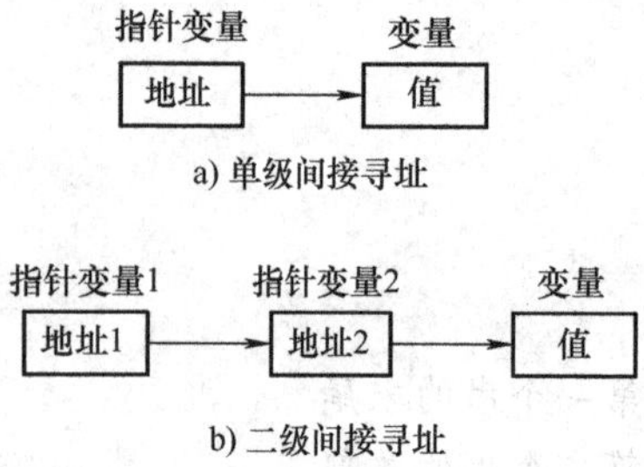

图 1-38 指向指针型数据的指针变量

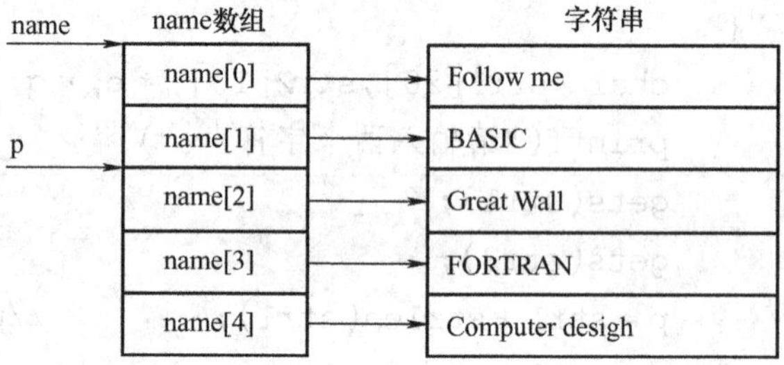

图 1-39 指向指针型数据的指针变量

怎样定义一个指向指针型数据的指针变量呢？如下：

```
char * * p;
```

p 前面有两个 * 号，相当于 *(*p)。显然 *p 是指针变量的定义形式，如果没有最前面的 *，那就是定义了一个指向字符数据的指针变量。现在它前面又有一个 * 号，表示指针变量 p 是指向一个字符指针型变量的。*p 就是 p 所指向的另一个指针变量。

如果有：

```
p = name + 2;
printf("% o\n", * p);
printf("% s\n", * p);
```

则第一个 printf 函数语句输出 name[2] 的值（它是一个地址），第二个 printf 函数语句以字符串形式（%s）输出字符串“Great Wall”。

例 1-37　使用指向指针的指针。

【程序代码】

```
main()
{
    char *name[] = {"Follow me","BASIC","Great Wall","FORTRAN","Com-
          puter desigh"};
    char **p;
    int i;
    for(i=0;i<5;i++)
    {
        p=name+i;
        printf("%s\n",*p);
    }
}
```

说明：p 是指向指针的指针变量。

程序的运行结果为

```
Follow me
BASIC
Great Wall
FORTRAN
Computer design
```

例 1-38　一个指针数组的元素指向数据的简单例子。

【程序代码】

```
main()
{
    static int a[5]={1,3,5,7,9};
    int *num[5]={&a[0],&a[1],&a[2],&a[3],&a[4]};
    int **p,i;
    p=num;
    for(i=0;i<5;i++)
    {
        printf("%d\t",**p);
        p++;
    }
}
```

说明：指针数组的元素只能存放地址。

程序的运行结果为

1 3 5 7 9

7. 函数指针变量

在 C 语言中，一个函数总是占用一段连续的内存区，而函数名就是该函数所占内存区的首地址。我们可以把函数的这个首地址（或称入口地址）赋予一个指针变量，使该指针变量指向该函数。然后通过指针变量就可以找到并调用这个函数。我们把这种指向函数的指针变量称为“函数指针变量”。

函数指针变量定义的一般形式为

类型说明符 （*指针变量名)();

其中，“类型说明符”表示被指函数的返回值的类型；“（* 指针变量名)”表示“*”后面的变量是定义的指针变量；最后的空括号表示指针变量所指的是一个函数。

例如：int（*pf)();

表示 pf 是一个指向函数入口的指针变量，该函数的返回值（函数值）是整型。

例 1-39 使用指针形式实现对函数调用的方法。

【程序代码】

```
int max(int a,int b)
{
      if(a>b)   return a;
      else      return b;
}

main()
{
   int max(int a,int b);
   int(*pmax)();
   int x,y,z;
   pmax=max;
   printf("input two numbers:\n");
   scanf("%d%d",&x,&y);
   z=(*pmax)(x,y);
   printf("maxmum=%d",z);
}
```

从上述程序可以看出，用函数指针变量形式调用函数的步骤如下：

1）先定义函数指针变量，如主函数中第 2 行“int（*pmax)();”定义 pmax 为函数指针变量。

2）把被调函数的入口地址（函数名）赋予该函数指针变量，如主函数中第 4 行“pmax = max;”。

3）用函数指针变量形式调用函数，如主函数第 7 行“z=(*pmax)(x,y);”。

4）调用函数的一般形式为

(*指针变量名)(实参表)

使用函数指针变量还应注意以下两点：

1）函数指针变量不能进行算术运算，这是与数组指针变量不同的。数组指针变量加减一个整数可使指针移动指向后面或前面的数组元素，而函数指针的移动是毫无意义的。

2）函数调用中“(*指针变量名)”的两边的括号不可少，其中的*不应该理解为求值运算，在此处它只是一种表示符号。

8. 指针型函数

在C语言中允许一个函数的返回值是一个指针（即地址），这种返回指针值的函数称为指针型函数。

定义指针型函数的一般形式为

```
类型说明符 *函数名(形参表)
{
    ……          /*函数体*/
}
```

其中，函数名之前加了“*”号表明这是一个指针型函数，即返回值是一个指针；类型说明符表示了返回的指针值所指向的数据类型。

如：

```
int *ap(int x,int y)
{
    ……          /*函数体*/
}
```

表示ap是一个返回指针值的指针型函数，它返回的指针指向一个整型变量。

例1-40　本程序是通过指针函数，输入一个1~7之间的整数，输出对应的星期名。

【程序代码】

```
main()
{
    int i;
    char *day_name(int n);
    printf("input Day No:\n");
    scanf("%d",&i);
    if(i<0)    exit(1);
    printf("Day No:%2d-->%s\n",i,day_name(i));
}

char *day_name(int n)
{
    static char *name[]={"Illegal day","Monday","Tuesday",
    "Wednesday","Thursday","Friday","Saturday","Sunday"};
    return((n<1||n>7)? name[0]:name[n]);
}
```

本例中定义了一个指针型函数 day_name，它的返回值指向一个字符串。该函数中定义了一个静态指针数组 name。name 数组初始化赋值为 8 个字符串，分别表示各个星期名及出错提示。形参 n 表示与星期名所对应的整数。在主函数中，把输入的整数 i 作为实参，在 printf 语句中调用 day_name 函数并把 i 值传送给形参 n。day_name 函数中的 return 语句包含一个条件表达式，n 值若大于 7 或小于 1 则把 name[0] 指针返回主函数输出出错提示字符串“Illegal day”；否则返回主函数输出对应的星期名。主函数中的第 7 行是个条件语句，其语义是，如输入为负数（i<0）则中止程序运行退出程序。exit 是一个库函数，exit(1) 表示发生错误后退出程序，exit(0) 表示正常退出。

应该特别注意的是，函数指针变量和指针型函数这两者在写法和意义上的区别，如 int (*p)() 和 int *p() 是两个完全不同的量。

int(*p)() 是一个变量说明，说明 p 是一个指向函数入口的指针变量，该函数的返回值是整型量，(*p) 的两边的括号不能少。

int *p() 则不是变量说明而是函数说明，说明 p 是一个指针型函数，其返回值是一个指向整型量的指针，*p 两边没有括号。作为函数说明，在括号内最好写入形式参数，这样便于与变量说明区别。

对于指针型函数定义，int *p() 只是函数头部分，一般还应该有函数体部分。

9. 指针数据类型和指针运算小结

（1）指针数据类型小结　有关指针数据类型的小结如表 1-26 所示。

表 1-26　指针数据类型小结

定　义	含　义
int i;	定义整型变量 i
int *p	p 为指向整型数据的指针变量
int a[n];	定义整型数组 a,它有 n 个元素
int *p[n];	定义指针数组 p,它由 n 个指向整型数据的指针元素组成
int (*p)[n];	p 为指向含 n 个元素的一维数组的指针变量
int f();	f 为带回整型函数值的函数
int *p();	p 为带回一个指针的函数,该指针指向整型数据
int (*p)();	p 为指向函数的指针,该函数返回一个整型值
int **p;	p 是一个指针变量,它指向一个指向整型数据的指针变量

（2）指针运算小结　现把全部指针运算列出如下：

1）指针变量加（减）一个整数。例如：p++、p--、p+i、p-i、p+=i、p-=i。

一个指针变量加（减）一个整数并不是简单地将原值加（减）一个整数，而是将该指针变量的原值（是一个地址）和它指向的变量所占用的内存单元字节数加（减）。

2）指针变量赋值。将一个变量的地址赋给一个指针变量。

```
p=&a;          //将变量 a 的地址赋给 p
p=array;       //将数组 array 的首地址赋给 p
p=&array[i];   //将数组 array 第 i 个元素的地址赋给 p
```

```
p = max;            //max 为已定义的函数,将 max 的入口地址赋给 p
p1 = p2;            //p1 和 p2 都是指针变量,将 p2 的值赋给 p1
```

注意：指针变量不能如下赋值：p = 1000。

3）指针变量可以有空值，即该指针变量不指向任何变量。

```
p = NULL;
```

4）两个指针变量可以相减。如果两个指针变量指向同一个数组的元素，则两个指针变量值之差是两个指针之间的元素个数。

5）两个指针变量比较。如果两个指针变量指向同一个数组的元素，则两个指针变量可以进行比较。指向前面的元素的指针变量“小于”指向后面的元素的指针变量。

1.1.16　C51 结构体

在实际问题中，一组数据往往具有不同的数据类型。例如，在学生登记表中，姓名应为字符型；学号可为整型或字符型；年龄应为整型；性别应为字符型；成绩可为整型或实型。显然不能用一个数组来存放这一组数据。因为数组中各元素的类型和长度都必须一致，以便于编译系统处理。为了解决这个问题，C 语言中给出了另一种构造数据类型——“结构(structure)”或叫“结构体”。它相当于其他高级语言中的记录。“结构”是一种构造类型，它是由若干“成员”组成的。每一个成员可以是一个基本数据类型或者又是一个构造类型。

1. 定义一个结构的一般形式

结构是一种“构造”而成的数据类型，那么在说明和使用之前必须先定义它，也就是构造它。如同在说明和调用函数之前要先定义函数一样。

定义一个结构的一般形式为

```
struct  结构名{成员表列};
```

成员表列由若干个成员组成，每个成员都是该结构的一个组成部分。对每个成员也必须作类型说明，其形式为

```
类型说明符  成员名;
```

成员名的命名应符合标识符的书写规定。例如：

```
struct stu
{
    int num;
    char name[20];
    char sex;
    float score;
};
```

在这个结构定义中，结构名为 stu，该结构由 4 个成员组成。第一个成员为 num，整型变量；第二个成员为 name，字符数组；第三个成员为 sex，字符变量；第四个成员为 score，实型变量。应注意在括号后的分号是必不可少的。结构定义之后，即可进行变量说明。凡说明为结构 stu 的变量都由上述 4 个成员组成。由此可见，结构是一种复杂的数据类型，是数目固定，类型不同的若干有序变量的集合。

2. 结构类型变量的说明

说明结构变量有以下三种方法。以上面定义的 stu 为例来加以说明。

(1) 先定义结构，再说明结构变量

如：

```
struct stu
{
    int num;
    char name[20];
    char sex;
    float score;
};
struct stu boy1,boy2;
```

说明了两个变量 boy1 和 boy2 为 stu 结构类型。也可以用宏定义使一个符号常量来表示一个结构类型。

例如：

```
#define STU struct stu
STU
{
    int num;
    char name[20];
    char sex;
    float score;
};
STU boy1,boy2;
```

(2) 在定义结构类型的同时说明结构变量

例如：

```
struct stu
{
    int num;
    char name[20];
    char sex;
    float score;
}boy1,boy2;
```

这种形式的说明的一般形式为

```
struct 结构名{成员表列}变量名表列;
```

(3) 直接说明结构变量

例如：

```
struct
{
```

```
    int num;
    char name[20];
    char sex;
    float score;
}boy1,boy2;
```

这种形式的说明的一般形式为

```
struct {成员表列}变量名表列;
```

第三种方法与第二种方法的区别在于：第三种方法中省去了结构名，而直接给出结构变量。

说明了 boy1、boy2 变量为 stu 类型后，即可向这两个变量中的各个成员赋值。在上述 stu 结构定义中，所有的成员都是基本数据类型或数组类型。

成员也可以又是一个结构，即构成了嵌套的结构。例如：

```
struct date
{
    int month;
    int day;
    int year;
};
struct
{
    int num;
    char name[20];
    char sex;
    struct date birthday;
    float score;
}boy1,boy2;
```

首先定义一个结构 date，由 month（月）、day（日）、year（年）三个成员组成。在定义并说明变量 boy1 和 boy2 时，其中的成员 birthday 被说明为 data 结构类型。成员名可与程序中其他变量同名，互不干扰。

3. 结构变量成员的表示方法

在程序中使用结构变量时，往往不把它作为一个整体来使用。在 ANSI（美国国家标准学会）C 中除了允许具有相同类型的结构变量相互赋值以外，一般对结构变量的使用，包括赋值、输入、输出、运算等都是通过结构变量的成员来实现的。

表示结构变量成员的一般形式是

```
结构变量名.成员名
```

例如：

```
boy1.num;          //即第一个人的学号
boy2.sex;          //即第二个人的性别
```

如果成员本身又是一个结构则必须逐级找到最低级的成员才能使用。

例如：boy1. birthday. month

即第一个人出生的月份成员可以在程序中单独使用，与普通变量完全相同。

4. 结构变量的赋值

结构变量的赋值就是给各成员赋值。可用输入语句或赋值语句来完成。

例 1-41　给结构变量赋值并输出其值。

【程序代码】

```
main()
{
    struct stu
    {
        int num;
        char *name;
        char sex;
        float score;
    }boy1,boy2;
    boy1.num=102;
    boy1.name="Zhang ping";
    printf("input sex and score\n");
    scanf("%c%f",&boy1.sex,&boy1.score);
    boy2=boy1;
    printf("Number=%d\nName=%s\n",boy2.num,boy2.name);
    printf("Sex=%c\nScore=%f\n",boy2.sex,boy2.score);
}
```

本程序中用赋值语句给 num 和 name 两个成员赋值，name 是一个字符串指针变量。用 scanf 函数动态地输入 sex 和 score 成员值，然后把 boy1 的所有成员的值整体赋予 boy2。最后分别输出 boy2 的各个成员值。本例表示了结构变量的赋值、输入和输出的方法。

5. 结构变量的初始化

和其他类型变量一样，对结构变量可以在定义时进行初始化赋值。

例 1-42　对结构变量初始化。

【程序代码】

```
main()
{
    struct stu      //定义结构
    {
        int num;
        char *name;
        char sex;
        float score;
    }boy2,boy1={102,"Zhang ping","M",78.5};
```

```
    boy2 = boy1;
    printf("Number = % d\nName = % s\n",boy2.num,boy2.name);
    printf("Sex = % c\nScore = % f\n",boy2.sex,boy2.score);
}
```

本例中，boy2 和 boy1 均被定义为外部结构变量，并对 boy1 作了初始化赋值。在 main 函数中，把 boy1 的值整体赋予 boy2，然后用两个 printf 语句输出 boy2 各成员的值。

6. 结构数组的定义

数组的元素也可以是结构类型的。因此可以构成结构型数组。结构数组的每一个元素都是具有相同结构类型的下标结构变量。在实际应用中，经常用结构数组来表示具有相同数据结构的一个群体。如一个班的学生档案，一个车间职工的工资表等。

定义结构数组方法和结构变量相似，只需说明它为数组类型即可。

例如：

```
struct stu
{
    int num;
    char * name;
    char sex;
    float score;
}boy[5];
```

定义了一个结构数组 boy，共有 5 个元素，boy[0] ~ boy[4]。每个数组元素都具有 struct stu 的结构形式。对结构数组可以作初始化赋值。

例如：

```
struct stu
{
    int num;
    char * name;
    char sex;
    float score;
}boy[5] = {{101,"Li ping","M",45},{102,"Zhang ping","M",62.5},
{103,"He fang","F",92.5},{104,"Cheng ling","F",87},{105,"Wang ming","
M",58};}
```

当对全部元素作初始化赋值时，也可不给出数组长度。

例 1-43 计算学生的平均成绩和不及格的人数。

【程序代码】

```
struct stu
{
    int num;
    char * name;
    char sex;
```

```
    float score;
}boy[5] ={{101,"Li ping","M",45},{102,"Zhang ping","M",62.5},{103,"He
fang","F",92.5},{104,"Cheng ling","F",87},{105,"Wang ming","M",58},};

main()
{
    int i,c =0;
    float ave,s =0;
    for(i =0;i<5;i++)
    {
        s+ =boy[i].score;
        if(boy[i].score <60)   c+ =1;
    }
    printf("s =% f\n",s);
    ave =s/5;
    printf("average =% f\ncount =% d\n",ave,c);
}
```

本例程序中定义了一个外部结构数组 boy，共 5 个元素，并作了初始化赋值。在 main 函数中用 for 语句逐个累加各元素的 score 成员值存于 s 之中，如 score 的值小于 60（不及格）即计数器 c 加 1，循环完毕后计算平均成绩，并输出全班总分、平均分及不及格人数。

例 1-44 建立同学通讯录。

【程序代码】

```
#include"stdio.h"
#define NUM 3
struct mem
{
    char name[20];
    char phone[10];
};

main()
{
    struct mem man[NUM];
    int i;
    for(i =0;i <NUM;i++)
    {
        printf("input name:\n");
        gets(man[i].name);
        printf("input phone:\n");
```

```
        gets(man[i].phone);
    }
    printf("name\t\t\tphone\n\n");
    for(i=0;i<NUM;i++)
    printf("%s\t\t\t%s\n",man[i].name,man[i].phone);
}
```

本程序中定义了一个结构 mem，它有两个成员 name 和 phone 用来表示姓名和电话号码。在主函数中定义 man 为具有 mem 类型的结构数组。在 for 语句中，用 gets 函数分别输入各个元素中两个成员的值。然后又在 for 语句中用 printf 语句输出各元素中两个成员值。

7. 结构指针变量的说明和使用

（1）指向结构变量的指针　一个指针变量当用来指向一个结构变量时，称之为结构指针变量。结构指针变量中的值是所指向的结构变量的首地址。通过结构指针即可访问该结构变量，这与数组指针和函数指针的情况是相同的。

结构指针变量说明的一般形式为

struct　结构名　*结构指针变量名

例如，在前面的例题中定义了 stu 这个结构，如要说明一个指向 stu 的指针变量 pstu，可写为

```
struct stu *pstu;
```

当然也可在定义 stu 结构时同时说明 pstu。与前面讨论的各类指针变量相同，结构指针变量也必须要先赋值后才能使用。

赋值是把结构变量的首地址赋予该指针变量，不能把结构名赋予该指针变量。如果 boy 是被说明为 stu 类型的结构变量，则 pstu = &boy 是正确的，而 pstu = &stu 是错误的。

结构名和结构变量是两个不同的概念，不能混淆。结构名只能表示一个结构形式，编译系统并不对它分配内存空间。只有当某变量被说明为这种类型的结构时，才对该变量分配存储空间。因此上面 &stu 这种写法是错误的，不可能去取一个结构名的首地址。有了结构指针变量，就能更方便地访问结构变量的各个成员。

其访问的一般形式为：（*结构指针变量）. 成员名

或为：结构指针变量->成员名

例如：（*pstu）. num 或者：pstu->num

应该注意：（*pstu）两侧的括号不可少，因为成员符“.”的优先级高于“*”。如去掉括号写作 *pstu. num 则等效于 *（pstu. num），这样，意义就完全不对了。

例 1-45　通过例子来说明结构指针变量的具体说明和使用方法。

【程序代码】

```
struct stu
{
    int num;
    char *name;
    char sex;
    float score;
```

```
}boy1 = {102,"Zhang ping",'M',78.5}, *pstu;

main()
{
    pstu = &boy1;
    printf("Number = %d\nName = %s\n",boy1.num,boy1.name);
    printf("Sex = %c\nScore = %f\n\n",boy1.sex,boy1.score);
    printf("Number = %d\nName = %s\n",(*pstu).num,(*pstu).name);
    printf("Sex = %c\nScore = %f\n\n",(*pstu).sex,(*pstu).score);
    printf("Number = %d\nName = %s\n",pstu->num,pstu->name);
    printf("Sex = %c\nScore = %f\n\n",pstu->sex,pstu->score);
}
```

程序的运行结果为

```
Number = 102
Name = Zhang ping
Sex = M
Score = 78.500000

Number = 102
Name = Zhang ping
Sex = M
Score = 78.500000

Number = 102
Name = Zhang ping
Sex = M
Score = 78.500000
```

本例程序定义了一个结构 stu，定义了 stu 类型结构变量 boy1 并作了初始化赋值，还定义了一个指向 stu 类型结构的指针变量 pstu。在 main 函数中，pstu 被赋予 boy1 的地址，因此 pstu 指向 boy1。然后在 printf 语句内用三种形式输出 boy1 的各个成员值。从运行结果可以看出：

结构变量.成员名

(*结构指针变量).成员名

结构指针变量->成员名

这三种用于表示结构成员的形式是完全等效的。

（2）指向结构数组的指针 指针变量可以指向一个结构数组，这时结构指针变量的值是整个结构数组的首地址。结构指针变量也可指向结构数组的一个元素，这时结构指针变量的值是该结构数组元素的首地址。

设 ps 为指向结构数组的指针变量，则 ps 也指向该结构数组的 0 号元素，ps+1 指向 1 号元素，ps+i 则指向 i 号元素。这与普通数组的情况是一致的。

例 1-46 用指针变量输出结构数组。

【程序代码】

```
struct stu
{
    int num;
    char *name;
    char sex;
    float score;
}boy[5]={{101,"Zhou ping","M",45},{102,"Zhang ping","M",62.5},
         {103,"Liou fang","F",92.5},{104,"Cheng ling","F",87},
         {105,"Wang ming","M",58}};

main()
{
    struct stu *ps;
    printf("No\tName\t\t\tSex\tScore\t\n");
    for(ps=boy;ps<boy+5;ps++)
    printf("%d\t%s\t\t%c\t%f\t\n",ps->num,ps->name,ps->sex,ps->
score);
}
```

在程序中，定义了 stu 结构类型的外部数组 boy 并作了初始化赋值。在 main 函数内定义 ps 为指向 stu 类型的指针。在循环语句 for 的表达式 1 中，ps 被赋予 boy 的首地址，然后循环 5 次，输出 boy 数组中各成员值。

应该注意的是，一个结构指针变量虽然可以用来访问结构变量或结构数组元素的成员，但是，不能使它指向一个成员。也就是说，不允许取一个成员的地址来赋予它。因此，下面的赋值是错误的。

```
ps=&boy[1].sex;
而只能是:ps=boy;          //赋予数组首地址
或者是:ps=&boy[0];        //赋予0号元素首地址
```

（3）结构指针变量作函数参数 在 ANSI C 标准中允许用结构变量作函数参数进行整体传送。但是这种传送要将全部成员逐个传送，特别是成员为数组时将会使传送的时间和空间开销很大，严重地降低了程序的效率。因此最好的办法就是使用指针，即用指针变量作函数参数进行传送。这时由实参传向形参的只是地址，从而减少了时间和空间的开销。

例 1-47 计算一组学生的平均成绩和不及格人数。用结构指针变量作函数参数编程。

【程序代码】

```
struct stu
{
    int num;
    char *name;
    char sex;
    float score;}boy[5]={{101,"Li ping","M",45},
    {102,"Zhang ping","M",62.5},{103,"He fang","F",92.5},
    {104,"Cheng ling","F",87},{105,"Wang ming","M",58}};

main()
{
    struct stu *ps;
    void ave(struct stu *ps);
    ps=boy;
    ave(ps);
}

void ave(struct stu *ps)
{
    int c=0,i;
    float ave,s=0;
    for(i=0;i<5;i++,ps++)
    {
        s+=ps->score;
        if(ps->score<60) c+=1;
    }
    printf("s=%f\n",s);
    ave=s/5;
    printf("average=%f\ncount=%d\n",ave,c);
}
```

本程序中定义了函数 ave，其形参为结构指针变量 ps。boy 被定义为外部结构数组，因此在整个源程序中有效。在 main 函数中定义说明了结构指针变量 ps，并把 boy 的首地址赋予它，使 ps 指向 boy 数组。然后以 ps 作实参调用函数 ave。在函数 ave 中完成计算平均成绩和统计不及格人数的工作并输出结果。

由于本程序全部采用指针变量作运算和处理，故速度更快，程序效率更高。

8. 枚举类型

在实际问题中，有些变量的取值被限定在一个有限的范围内。例如，一个星期内只有七天，一年只有十二个月，一个班每周有六门课程等。如果把这些量说明为整型、字符型或其他类型显然是不妥当的。为此，C 语言提供了一种称为“枚举”的类型。在“枚举”类型的定义中列举出所有可能的取值，被说明为该“枚举”类型的变量取值不能超过定义的范围。应该说明的是，枚举类型是一种基本数据类型，而不是一种构造类型，因为它不能再分解为任何基本类型。

(1) 枚举类型的定义和枚举变量的说明

1) 枚举类型定义的一般形式为

enum 枚举名{枚举值表};

在枚举值表中应罗列出所有可用值。这些值也称为枚举元素。

例如：

```
enum weekday{Monday,Tuesday,Wednesday,Thursday,Friday,Saturday,Sunday};
```

该枚举名为 weekday，枚举值共有 7 个，即一周中的七天。凡被说明为 weekday 类型变量的取值只能是七天中的某一天。

2) 枚举变量的说明。如同结构一样，枚举变量也可用不同的方式说明，即先定义后说明、同时定义说明或直接说明。

设有变量 a、b、c 被说明为上述的 weekday，可采用下述任一种方式：

```
enum weekday{sun,mon,tue,wed,thu,fri,sat};
enum weekday a,b,c;
```

或者为 enum weekday {sun, mon, tue, wed, thu, fri, sat} a, b, c;

或者为 enum {sun, mon, tue, wed, thu, fri, sat} a, b, c;

(2) 枚举类型变量的赋值和使用　枚举类型在使用中有以下规定：

1) 枚举值是常量，不是变量。不能在程序中用赋值语句再对它赋值。

例如对枚举 weekday 的元素再作以下赋值：

```
sun = 5;mon = 2;sun = mon;
```

都是错误的。

2) 枚举元素本身由系统定义了一个表示序号的数值，从 0 开始顺序定义为 0，1，2…。如在 weekday 中，sun 值为 0，mon 值为 1，…，sat 值为 6。

例 1-48　枚举元素使用。

【程序代码】

```
main()
{
    enum weekday{sun,mon,tue,wed,thu,fri,sat} a,b,c;
    a = sun;
    b = mon;
    c = tue;
    printf("% d,% d,% d",a,b,c);
}
```

说明：

只能把枚举值赋予枚举变量，不能把元素的数值直接赋予枚举变量。如“a = sum; b =

mon;”是正确的。而“a=0; b=1;”是错误的。如一定要把数值赋予枚举变量，则必须用强制类型转换。如：a=（enum weekday）2;

其意义是将顺序号为2的枚举元素赋予枚举变量a，相当于：a=tue;

还应该说明的是枚举元素不是字符常量也不是字符串常量，使用时不要加单、双引号。

例1-49　枚举元素的使用。

【程序代码】

```
main()
{
    enum body{a,b,c,d } month[31],j;
    int i;
    j=a;
    for(i=1;i<=30;i++)
    {
        month[i]=j;
        j++;
        if(j>d) j=a;
    }
    for(i=1;i<=30;i++)
    {
        switch(month[i])
        {
            case a:printf("%2d%c\t",i,"a");break;
            case b:printf("%2d%c\t",i,"b");break;
            case c:printf("%2d%c\t",i,"c");break;
            case d:printf("%2d%c\t",i,"d");break;
            default:break;
        }
    }
    printf("\n");
}
```

程序的运行结果为

1a	2b	3c	4d	5a	6b	7c	8d	9a	10b
11a	12b	13c	14d	15a	16b	17c	18d	19a	20b
21a	22b	23c	24d	25a	26b	27c	28d	29a	30b

9. 类型定义符typedef

C语言不仅提供了丰富的数据类型，而且还允许由用户自己定义类型说明符，也就是说允许由用户为数据类型取“别名”。类型定义符typedef即可用来完成此功能。例如，有整型量a、b，其说明如下：“int a，b;”，其中int是整型变量的类型说明符。int的完整写法为

integer，为了增加程序的可读性，可把整型说明符用 typedef 定义为：typedef int INTEGER

这以后就可用 INTEGER 来代替 int 作整型变量的类型说明了。

例如：INTEGER a，b；

它等效于：int a，b；

用 typedef 定义数组、指针、结构等类型将带来很大的方便，不仅使程序书写简单而且使意义更为明确，因而增强了可读性。

例如：typedef char NAME [20]；表示 NAME 是字符数组类型，数组长度为 20。然后可用 NAME 说明变量，如：NAME a1，a2，s1，s2；

完全等效于：char a1 [20]，a2 [20]，s1 [20]，s2 [20]

又如：

```
typedef struct stu
{  char name[20];
   int age;
   char sex;
}STU;
```

定义 STU 表示 stu 的结构类型，然后可用 STU 来说明结构变量：

```
STU body1,body2;
```

typedef 定义的一般形式为

typedef 原类型名 新类型名

其中原类型名中含有定义部分，新类型名一般用大写表示，以便于区别。

有时也可用宏定义来代替 typedef 的功能，但是宏定义是由预处理完成的，而 typedef 则是在编译时完成的，后者更为灵活方便。

任务2 系统总体设计

1.2.1 系统的组成

本系统功能由硬件和软件两大部分协调完成。

系统硬件采用模块化设计，以单片机控制器为核心，与 LED 信号灯电路等组成单片机控制的信号灯系统，主要包括单片机主控模块、LED 信号灯电路模块等。其中单片机主控模块包括单片机、电源电路、时钟电路和复位电路，主要完成外围硬件的控制以及一些运算功能，LED 信号灯电路完成信号灯闪烁功能。信号灯控制系统的硬件组成框图如图 1-40 所示。

模块化程序设计（Modular design）具有明显优点：把一个多功能的复杂程序划分为若干个简单的、功能单一的程序模块，有利于程序的设计与调试以及程序的优化与分工，提高了程序的可读性和可靠性，使程序结构层次一目了然。所以，进行程序设计的学习，首先要树立起模块化的程序设计思想。

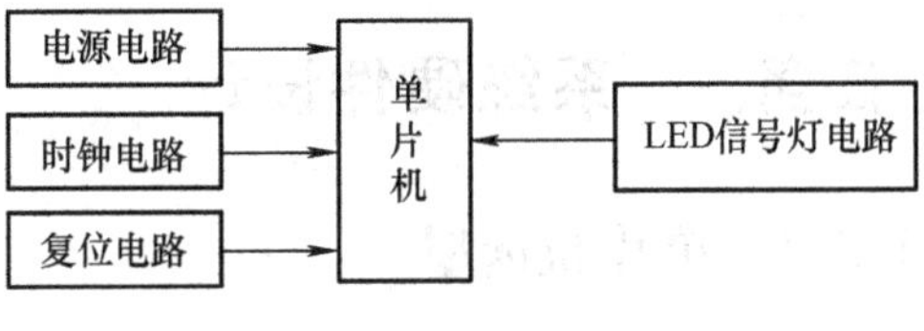

图 1-40 信号灯控制系统的硬件组成框图

单片机系统的应用程序一般由包含多个模块的主函数和其他函数组成，应用软件采用模块化设计方法。信号灯控制系统的应用程序主要由主函数、延时函数等模块组成，其软件结构框图如图 1-41 所示。

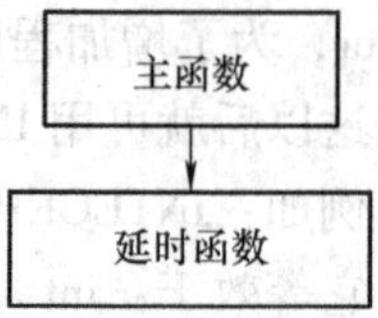

图 1-41 信号灯控制系统的软件结构框图

1.2.2 系统的工作原理

发光二极管简称为 LED，它由镓（Ga）与砷（AS）、磷（P）的化合物制成，当电子与空穴复合时能辐射出可见光。二极管在电路及仪器中可作为指示灯，或者组成文字或数字显示。磷砷化镓二极管发红光，磷化镓二极管发绿光，碳化硅二极管发黄光。

发光二极管是一种把电能转换成光能的半导体器件，其内部是一个 PN 结，在正向偏置的条件下导通时会发射出一定波长的光。发光二极管的发光功率近似地与导通电流成正比。发光二极管的发光效果图如图 1-42 所示。

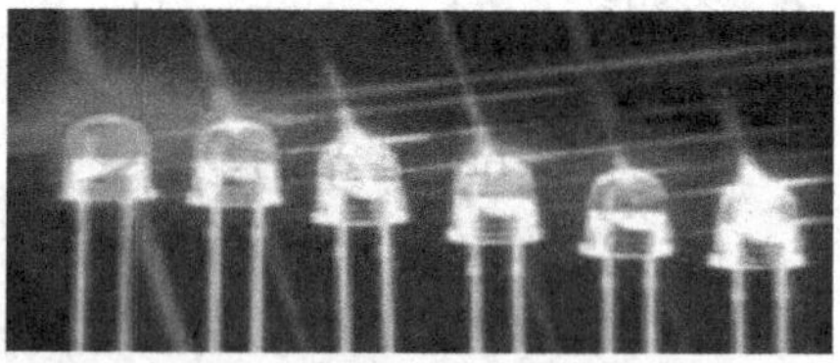

图 1-42 发光二极管的发光效果图

与白炽灯和氖灯相比，发光二极管的特点是：工作电压很低（有的仅一点几伏），工作电流很小（有的仅零点几毫安即可发光），抗冲击和抗振性能好，可靠性高，寿命长；通过调制流过电流的强弱可以方便地调制发光的强弱。由于有这些特点，发光二极管在一些光电控制设备中作为光源，在许多电子设备中作为信号显示器。例如，把它的管心做成条状，用 7 条条状的发光管组成 7 段式半导体数码管，每个数码管可显示 0 ~ 9 十个数字。

发光二极管有很多种类，如图 1-43 所示，其电气符号及文字符号如图 1-44 所示，当在它的 A 和 K 两个电极上加以合适的电压，它就会亮起来。这里说“合适的电压”，是因为不同的发光二极管的工作电压并不相同，一般在 1.6 ~ 2.8V 之间，而工作电流一般在 2 ~ 30mA 之间，但在实际工作中其选择范围一般是 4 ~ 10mA 之间。

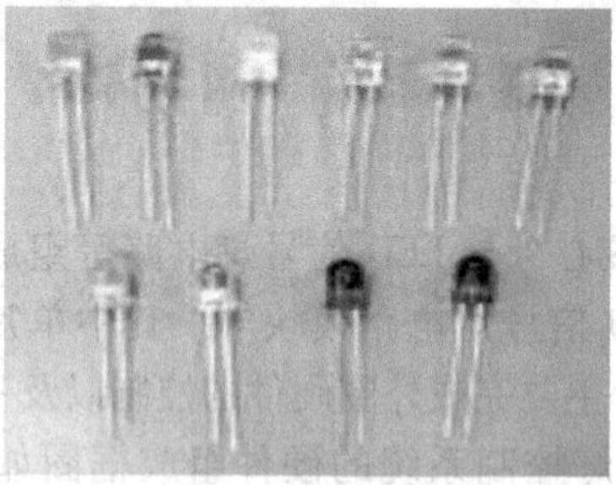

图 1-43 发光二极管的实物图

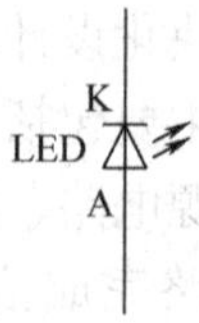

图 1-44 发光二极管的电气符号及文字符号

任务 3 系统硬件设计

1.3.1 单片机选型

我国目前常用的单片机有如下几类：

1）Intel 公司的 MCS-51 系列、MCS-96 系列。

2）Atmel 公司的 AT89 系列（MCS-51 内核）。

3）Microchip 公司的 PIC 系列。

4）Motorola 公司的 68HC××系列。

5）Zilog 公司的 Z86 系列。

6）Philips 公司的 87、80 系列（MCS-51 内核）。

7）Siemens 公司的 SAB80 系列（MCS-51 内核）。

8）NEC 公司的 78 系列。

在大部分的工控或测控设备中，8 位的 MCS-51 系列单片机能够满足大部分的控制要求，加之 MCS-51 系列单片机的价格优势，使 MCS-51 系列单片机成为单片机应用主流。

MCS-51 系列单片机包括许多类型，它们的内部结构基本相同。AT89S52 是目前应用比较广泛的 MCS-51 系列兼容单片机中的代表产品。

鉴于此，本项目选用 AT89S52 单片机作为主控制器。

注意：在后面的项目中，如无特殊说明，均以 AT89S52 单片机作为主控制器。

下面介绍 AT89S52 单片机的主要性能特点和引脚结构。

1. AT89S52 的主要性能特点

- 与 MCS-51 系列单片机产品兼容。
- 8KB 在系统可编程 Flash 存储器。
- 1000 次擦写周期。
- 全静态操作：0～33Hz。
- 三级加密程序存储器。
- 32 个可编程 I/O 口线。
- 3 个 16 位定时器/计数器。
- 8 个中断源。
- 全双工 UART（通用异步收发传输器）串行通道。
- 低功耗空闲和掉电模式。
- 掉电后中断可唤醒。
- 看门狗定时器。
- 双数据指针。
- 掉电标识符。

AT89S52 单片机是一种低功耗、高性能的 CMOS 8 位微控制器，具有 8KB 在系统可编程 Flash 存储器。它采用 Atmel 公司的高密度非易失性存储器技术制造，与工业 80C51 产品指令和引脚完全兼容。片上 Flash（闪存）允许程序存储器在系统可编程，亦适于常规编程器。在单芯片上拥有灵巧的 8 位 CPU 和在系统可编程 Flash，使得 AT89S52 单片机能为众多嵌入式控制应用系统提供高灵活、超有效的解决方案。另外，AT89S52 单片机可降至 0Hz 静态逻辑操作，支持两种软件可选择节电模式。空闲模式下，CPU 停止工作，允许 RAM、定时器/计数器、串行口、中断继续工作。掉电保护方式下，RAM 内容被保存，振荡器被冻结，单片机一切工作停止，直到下一个中断或硬件复位为止。

2. AT89S52 芯片的引脚结构

AT89S52 芯片的引脚结构如图 1-45 所示。

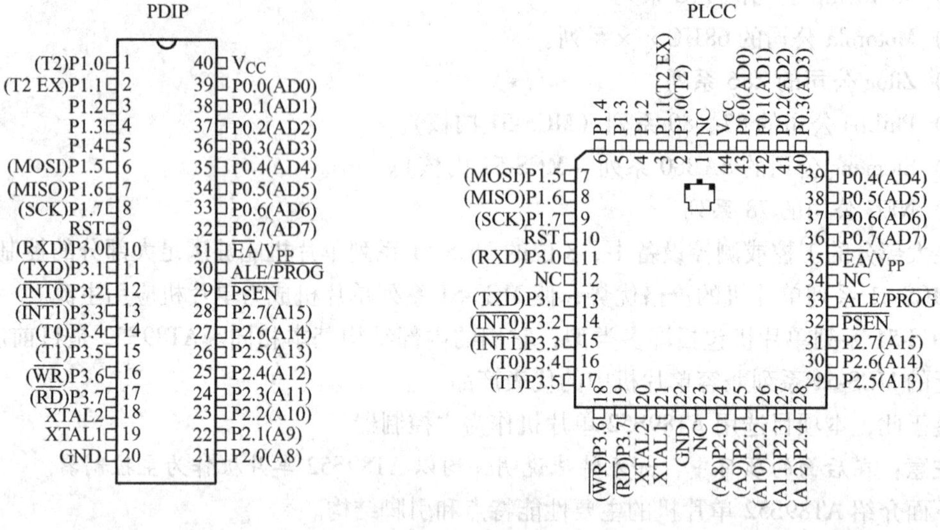

图 1-45　AT89S52 芯片的引脚

1.3.2　主控模块设计

电源、时钟信号以及复位电路是单片机工作的基本条件，缺一不可。单片机系统的主控模块电路包括电源电路、时钟电路、复位电路。

1. 电源电路模块设计

电源模块为系统板上的其他模块提供 +5V 电源。系统板可从 USB 接口获取 +5V 电源，即用相应配套的 USB 线从计算机主机上获取 +5V 直流电源。

2. 时钟电路模块设计

单片机的时钟信号用来为单片机芯片内部的各种操作提供时间基准。

时钟电路为单片机产生时钟脉冲序列，作为单片机工作的时间基准，典型的晶体振荡频率为 12MHz。

MCS-51 系列单片机的时钟信号可以由两种方式产生：一种是内部时钟方式，利用芯片内部的振荡电路；另一种方式为外部时钟方式。

由于 AT89S52 单片机芯片内有时钟振荡电路，因此本项目中采用内部时钟方式，只要在单片机的 XTAL1 和 XTAL2 引脚外接石英晶体和微调电容，就构成了自激振荡器并在单片机内部产生时钟脉冲信号，具体电路设计如图 1-46 所示。图中电容 C_1 和 C_2 的作用是稳定频率和快速起振，其值为 5 ~ 30pF，在此选择 30pF；晶振 X 的振荡频率范围在 1.2 ~ 12MHz 之间选择，本项目中选择 12MHz。

3. 复位电路模块设计

复位电路使单片机或系统中的其他部件处于某种确定的状态。

当在 AT89S52 单片机的 RST 引脚处引入高电平并保持 2 个机器周期，单片机内部就执行复位操作。在实际应用中，复位操作有两种基本形式：一种是上电复位，另一种是按键复

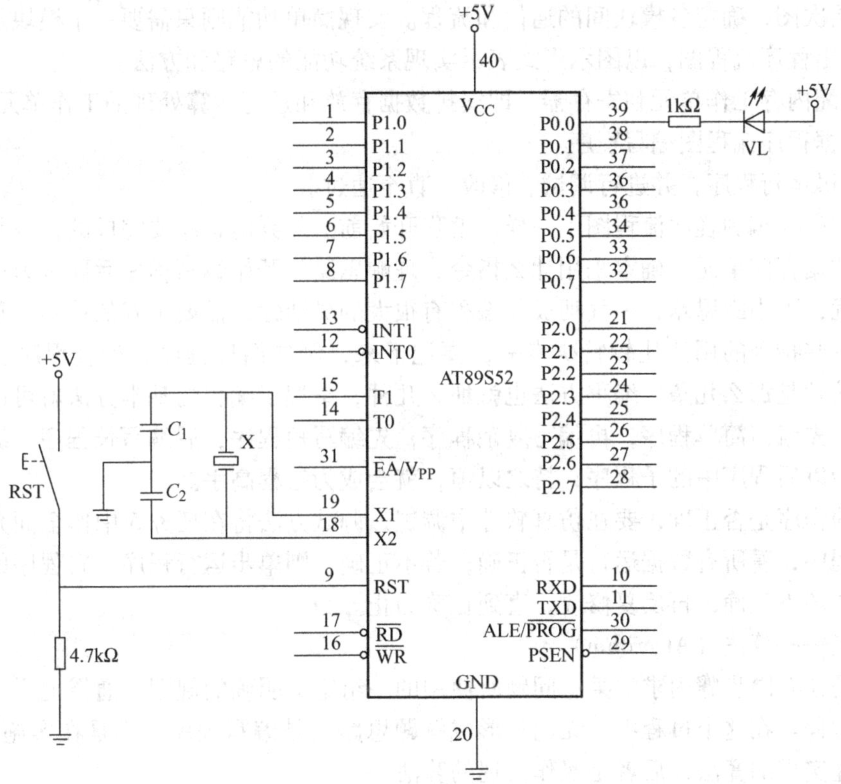

图1-46　单片机控制信号灯系统的电路原理图

位。本项目中采用按键复位方式，具体电路设计如图1-46所示。在单片机运行期间，可以利用此按键完成复位操作。

注意：在后面的项目中，如无特殊说明，主控模块的设计均按图1-46所示的方式设计，不再赘述。

1.3.3　LED信号灯电路设计

LED信号灯电路采用发光二极管（LED），LED的K极通过限流电阻R与单片机的P0口的P0.0引脚连接，LED的A极连接到+5V电源（系统供电电源为+5V），LED上串接的电阻是1kΩ，如果此时LED上的电压是2.0V，那么此时通过LED的电流为（5V－2V）/1000Ω＝3mA。如果需要提高亮度，电流一般会控制在10mA左右，那么此时电阻应该选择（5V－2V）/10mA＝300Ω，实际可以近似选择330Ω。LED模块与单片机的接口电路如图1-46所示。

任务4　系统软件设计

知识点——程序设计的步骤

1）对系统功能进行抽象化处理，提炼成数学模型。

2）确定实现该数学模型的算法。

3）程序模块分析。如果需要实现复杂的功能，往往需要把整个模型分成若干个功能模块，画出层次图，确定各模块间的通信和流程。实现简单功能则只需要一个模块足以。

4）画出程序流程图，以图示形式表示实现系统功能的思路和方法。

5）分配内存工作单元和寄存器，即安排数据存放和进行运算处理的工作单元。

6）根据程序流程图编写程序。

7）上机运行程序，并进行调试、修改，直至通过。

编写程序与编制程序流程图不一样，编程开始前必须弄清程序要完成的任务是什么，然后安排好数据存储单元，确定采用什么指令，理顺思路。开始编写程序后要全力以赴，不让任何人打扰，不中断思路，一气呵成。编程有很大的灵活性，需要很好的技巧，首先应该多看实例，有些指令的用法比较特殊专一，要记下来，例如循环程序、查表程序、散转程序等，常用的就是那么几条，编程方法也就那么几种，掌握了编程的基本方法就可以脱离书本自己编程，先编写简单程序，再编写复杂程序，先编写短程序，后编写长程序。编写好的程序又可作为以后程序中的子程序，持之以恒，就会成为编程高手。

编完的程序是否正确，要在仿真软件中调试，调试方法将在任务5中作全面介绍。首先全速运行程序，看所有数据运行是否正确；若不正确，则单步运行程序，看程序的每一步是否正确，若还不正确，再反复修改，直到正确为止。

知识点——算法（Algorithm）

算法是在有限步骤内求解某一问题所使用的一组定义明确的规则。通俗地说，就是计算机解题的过程。在这个过程中，无论是形成解题思路还是编写程序，都是在实施某种算法。前者是推理实现的算法，后者是操作实现的算法。

一个算法应该具有以下5个重要的特征：

1）有穷性，即一个算法必须保证执行有限步之后结束。

2）确切性，即算法的每一步骤必须有确切的定义。

3）输入。一个算法有0个或多个输入，以刻画运算对象的初始情况，所谓0个输入是指算法本身定出了初始条件。

4）输出。一个算法有一个或多个输出，以反映对输入数据加工后的结果。没有输出的算法是毫无意义的。

5）可行性。算法原则上能够精确地运行，而且人们用笔和纸做有限次运算后即可完成。

1.4.1 算法设计

根据图1-46所示系统电路原理图可知：

当P0.0口输出高电平，即P0.0=1时，根据发光二极管的单向导电性可知，这时发光二极管VL熄灭；我们可以使用“VL=1”指令使P0.0口输出高电平。

当P0.0口输出低电平，即P0.0=0时，发光二极管VL亮；我们可以使用“VL=0”指令使P0.0口输出低电平。

1. 延时函数设计

由于单片机指令的执行时间很短，属于微秒级，而要求彩灯的闪烁时间间隔为0.2s，相对于微秒来说，相差太大，所以我们在执行彩灯点亮和熄灭指令时，应插入延时函数来达到要求。

由于发光二极管点亮的时间为0.2s，熄灭的时间也为0.2s，在程序中需要多次执行同样的计算和操作，如果每次都从头开始编制该段程序，不仅麻烦，而且浪费存储空间。对于这种在一个程序中反复出现的程序段，我们采用延时函数来实现。

2. 循环程序结构设计

由于需要控制发光二极管反复地一亮一灭，在程序中需要反复执行该程序段，为了避免在程序中多次的编写，我们采用循环结构来实现该功能，可以通过利用循环结构 while（1）来控制程序的反复执行，以实现发光二极管反复的一亮一灭。

1.4.2　数据结构设计

信号灯控制系统的数据结构设计如表 1-27 所示。

表 1-27　信号灯控制系统的数据结构设计

符　号	存储单元	含　义	备　注
VL	P0.0	控制发光二极管 VL 亮、灭	P0.0 = 0，VL 点亮 P0.0 = 1，VL 熄灭
i	i	延时函数外层循环变量	设置外层循环初始值
j	j	延时函数中层循环变量	设置中层循环初始值
k	k	延时函数内层循环变量	设置内层循环初始值

1.4.3　程序设计

知识点——流程图符号

程序设计流程图符号如表 1-28 所示。

表 1-28　流程图符号

符　号	名　称	表示的功能
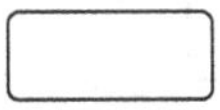	起止框	程序的开始或结束
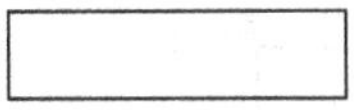	处理框	各种处理操作
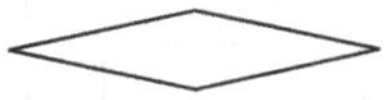	判断框	条件转移操作
	输入/输出框	输入/输出操作
	流程线	描述程序的流向
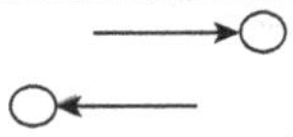	引入/引出连接线	流程的连接

1. 主函数设计

主函数主要完成硬件初始化、调用延时函数等功能。

1）初始化。把 P0.0 口初始化为 0，让发光二极管 VL 点亮。

2）循环闪烁。调用延时函数 delay02s( )，使发光二极管 VL 点亮 0.2s；然后修改 P0.0 的状态为 1，再调用延时函数 delay02s( )，使发光二极管 VL 熄灭 0.2s；最后使程序跳转到开始再重新循环执行，就可以实现发光二极管的循环闪烁。

主函数流程图如图 1-47 所示。

2. 延时函数设计

延时函数用于提供发光二极管 VL 点亮或熄灭的延时时间。延时函数是一种应用较为广泛的小程序，一般采用多条语句循环执行来实现延时。下面具体介绍其原理：

系统所用的石英晶体振荡器的频率为 11.0592MHz，因此，1 个机器周期 = 1/石英频率 ×12，即为 12/11.0592μs。

```
void delay02s(void)
{
    unsigned char i,j,k;  //定义无符号字符型变量 i、j、k
    for(i=20;i>0;i--)
        for(j=20;j>0;j--)
            for(k=230;k>0;k--);
}
```

由于执行每个 for 循环需要两个机器周期，因此执行上面的程序需要的时间为：i×j×2k×机器周期 = 20×20×460×12/11.0592 = 199652.78μs = 199.65278ms = 0.19965278s，即大约为 0.2s。

延时函数流程图如图 1-48 所示。

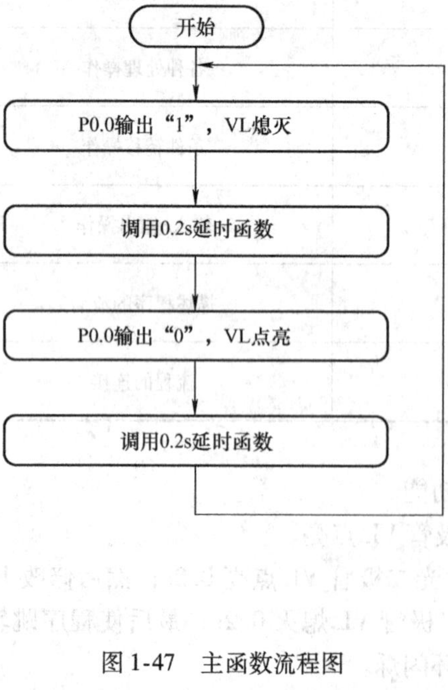

图 1-47 主函数流程图

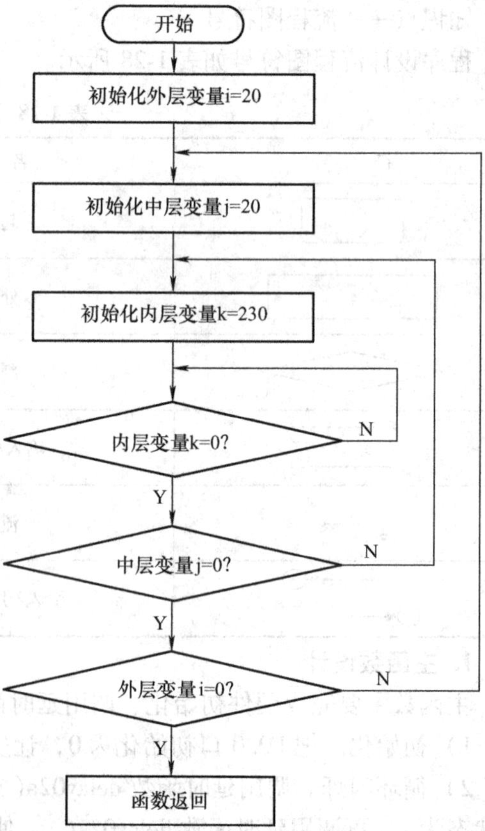

图 1-48 延时函数流程图

1.4.4 C语言源程序

```
//************************************************************
//项目名称:设计信号灯控制系统
//功能描述:在单片机的 P0.0 口上接一个发光二极管 VL,使 VL 不停
//         地一亮一灭,时间间隔为 0.2s,循环往复。
//************************************************************
#include <AT89X51.H>                    //包含"51 寄存器定义"头文件
sbit VL = P0^0;                          //定义端口 P0.0

//************************************************************
//函数名称:delay02s()
//函数功能:延时 0.2s
//************************************************************
void delay02s(void)
{
    unsigned char i,j,k;                 //定义无符号字符型变量 i、j、k
    for(i =20;i >0;i - -)                //外层循环
        for(j =20;j >0;j - -)            //中层循环
            for(k =230;k >0;k - -);      //内层循环
}

//************************************************************
//函数名称:main()
//函数功能:主函数
//************************************************************
void main(void)
{
    while(1)
        {
            VL =0;                       //当 P0.0 =0 时,发光二极管 VL 点亮
            delay02s();                  //调用延时 0.2s 函数 delay02s()
            VL =1;                       //当 P0.0 =1 时,发光二极管 VL 熄灭
            delay02s();                  //调用延时 0.2s 函数 delay02s()
        }
}
```

1.4.5 汇编语言源程序

```
;************************************************************
;项目名称:设计信号灯控制系统
```

```
;功能描述:在单片机的 P0.0 口上接一个发光二极管 VL,使 VL 不停
;         地一亮一灭,时间间隔为 0.2s,循环往复。
;*****************************************************

;*****************************************************
;功能:主程序
;*****************************************************
ORG 0000H
START:CLR   P0.0                    ;当 P0.0=0 时,发光二极管 VL 点亮
LCALL DELAY200ms                    ;调用延时子程序,VL 点亮 0.2s
SETB  P0.0                          ;当 P0.0=1 时,发光二极管 VL 熄灭
LCALL DELAY200ms                    ;调用延时子程序,VL 熄灭 0.2s
LJMP  START                         ;跳转到程序开始,VL 一亮一灭,循环往复

;*****************************************************
;功能:延时 0.2s 子程序 DELAY200ms
;*****************************************************
DELAY200ms:  MOV   R5,#20     ;外层循环结构开始,设置外层循环变量初始值
LOOP1:       MOV   R6,#20     ;中层循环结构开始,设置中层循环变量初始值
LOOP2:       MOV   R7,#230    ;内层循环结构开始,设置内层循环变量初始值
             DJNZ  R7,$       ;内层循环结束判断条件,直到 R7=0 为止
             DJNZ  R6,LOOP2   ;中层循环结束判断条件,直到 R6=0 为止
             DJNZ  R5,LOOP1   ;外层循环结束判断条件,直到 R5=0 为止
             RET              ;子程序返回

             END              ;程序结束
```

任务 5　系统仿真调试

随着单片机技术的不断发展，以单片机 C 语言为主流的高级语言也不断被更多的单片机爱好者和工程师所喜爱。使用 C51 肯定要使用到编译器，以便把写好的 C 程序编译为机器码，这样单片机才能执行编写好的程序。

KEIL μVision2 是众多单片机应用开发软件中优秀的软件之一，它支持众多公司的 MCS-51 架构的芯片，它集编辑、编译、仿真等于一体，同时还支持 PLM、汇编和 C 语言的程序设计，它的界面和常用的微软 VC++的界面相似，界面友好，易学易用，在调试程序、软件仿真方面也有很强大的功能。

下面介绍 Keil μVision2 软件的使用方法。

进入 Keil μVision2 后，启动界面如图 1-49 所示。

图 1-49　Keil μVision2 的启动界面

几秒钟后出现编辑界面，如图 1-50 所示。

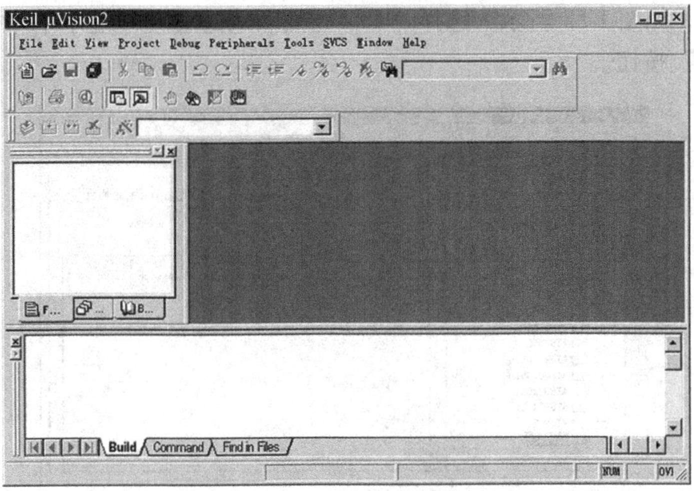

图 1-50　Keil μVision2 的编辑界面

学习程序设计语言、学习某种程序软件，最好的方法是直接操作实践。下面通过简单的编程、调试，引导大家学习 Keil μVision2 软件的基本使用方法和基本的调试技巧。

1）建立一个新工程。单击“Project”，在弹出的下拉菜单中选中“New Project…”选项，如图 1-51 所示。

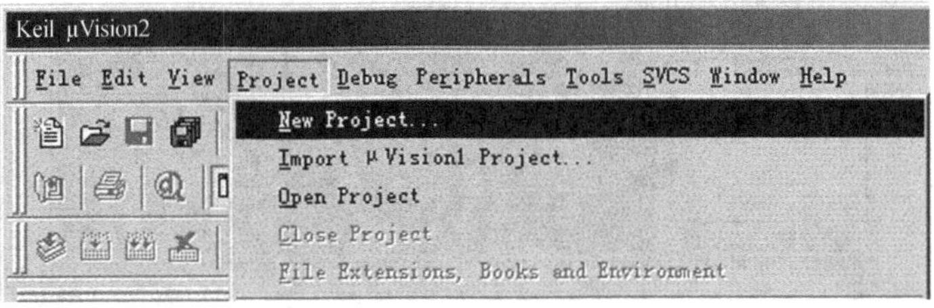

图 1-51　New Project 菜单选项

2）然后选择你要保存的路径，输入工程文件的名字，如保存到 C51 目录里，工程文件的名字为 C51，如图 1-52 所示，然后单击“保存”按钮。

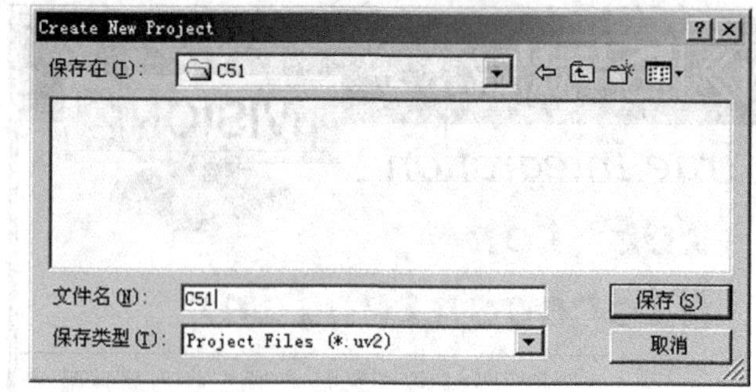

图 1-52 保存文件窗口

3）这时会弹出一个对话框，要求你选择单片机的型号，你可以根据你使用的单片机来选择，Keil μVision2 几乎支持所有的 51 核的单片机，这里还是以大家用得比较多的 Atmel 的 89C52 来说明，如图 1-53 所示，选择 89C52 之后，右边栏是对这个单片机的基本的说明，然后单击“确定”按钮。

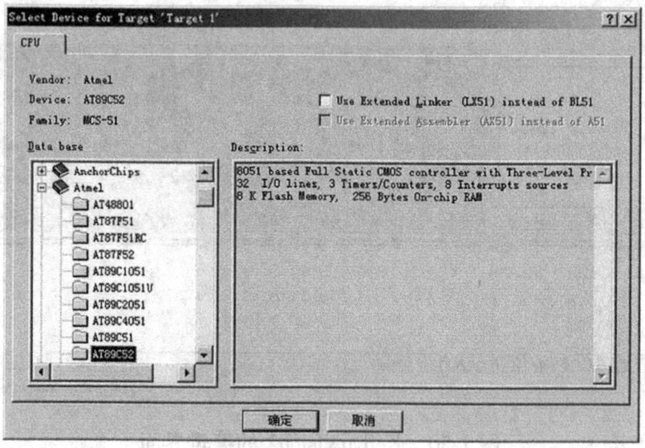

图 1-53 选择芯片型号

4）完成上一步骤后，编程界面如图 1-54 所示。

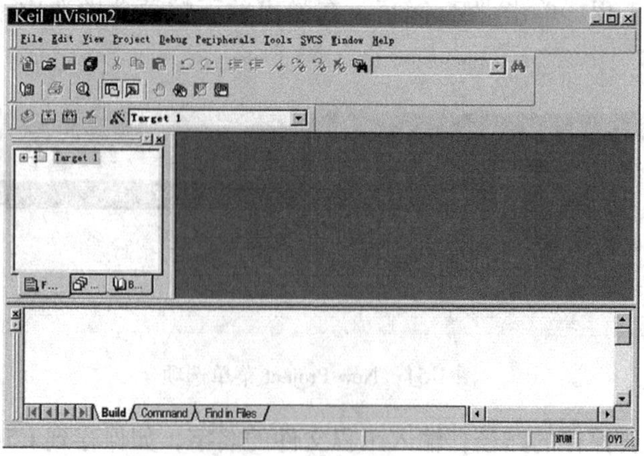

图 1-54 Keil μVision2 的编程界面

到现在为止，我们还没有编写一句程序，下面开始编写我们的第一个程序。

5）在图1-55中，单击“File”，再在下拉菜单中单击“New…”选项。

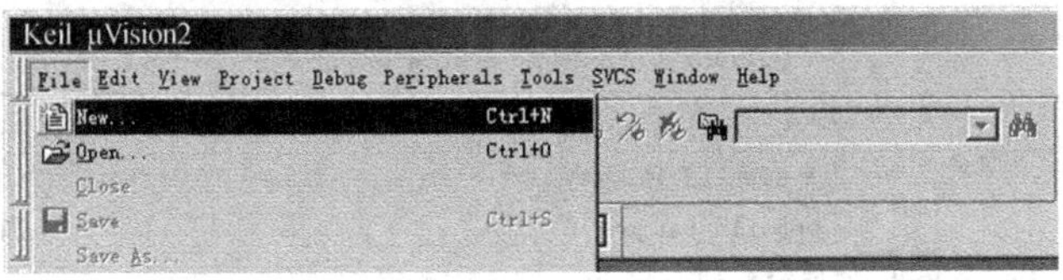

图1-55 File菜单的“New”选项

新建文件后的编程界面中将出现名为Text1的编程窗口，如图1-56所示。

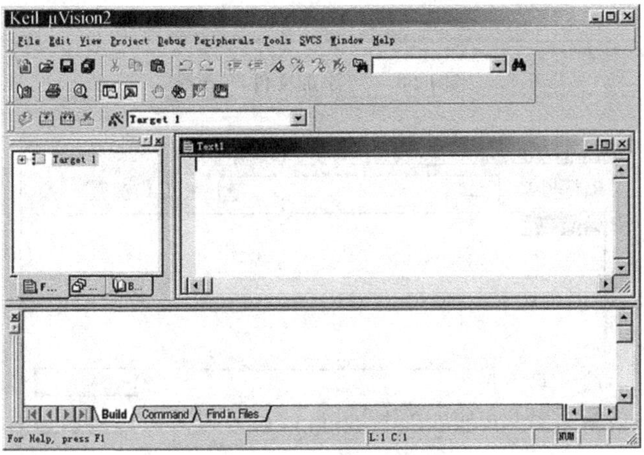

图1-56 编程窗口

此时光标在编程窗口里闪烁，这时就可以输入用户的应用程序了，但建议首先保存该空白的文件，单击“File”，再在下拉菜单中单击“Save As”选项，系统将打开“Save As”对话框，如图1-57所示，在“文件名”栏右侧的编辑框中，输入欲使用的文件名，同时，必须输入正确的扩展名。**注意：**如果用C语言编写程序，则扩展名为（.c）；如果用汇编语言编写程序，则扩展名必须为（.asm）。然后，单击“保存”按钮。

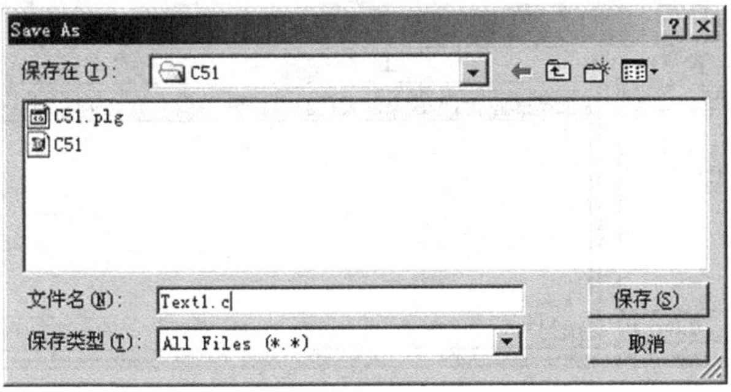

图1-57 “Save As”对话框

6）回到编辑界面后，单击“Target 1”前面的“+”号，然后在“Source Group 1”上单击右键，弹出的菜单如图1-58所示。

然后单击“Add Files to Group‘Source Group 1’”，系统将打开添加文件对话框，如图1-59所示。

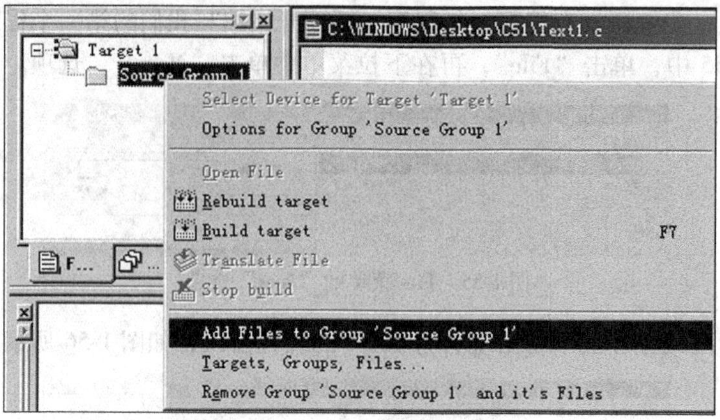

图 1-58　“添加文件”选择

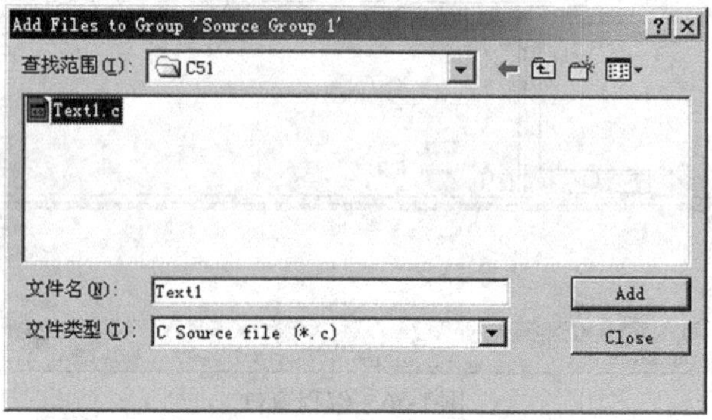

图 1-59　添加文件对话框

选中 Test1. c，然后单击“Add”按钮，即可添加文件，如图 1-60 所示。

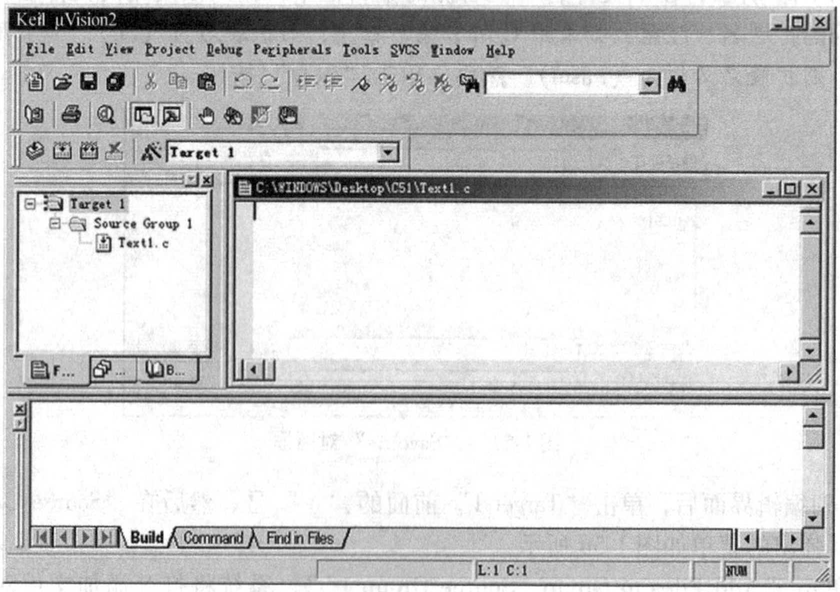

图 1-60　“添加文件”成功窗口

此时，“Source Group1” 文件夹中多了一个子项 “Text1. c”，子项的多少与所增加的源程序的多少相同。

7）编辑程序。在编程窗口中输入如下的 C 语言源程序：

```
#include <reg52.h>                    //包含单片机头文件
#include <stdio.h>
void main(void)                       //主函数
{
    SCON=0x52;
    TMOD=0x20;
    TH1 =0xf3;
    TR1 =1;                           //此行及以上 3 行为 printf 函数所必需
    printf("Hello I am KEIL. \n");    //打印程序执行的信息
    printf("I will be your friend. \n");
    while(1);
}
```

在输入上述程序时，读者已经看到了事先保存待编辑的文件的好处了吧，即 Keil μVision2 会自动识别关键字，并以不同的颜色提示用户加以注意，这样会使用户少犯错误，有利于提高编程效率。程序输入完毕后，如图 1-61 所示。

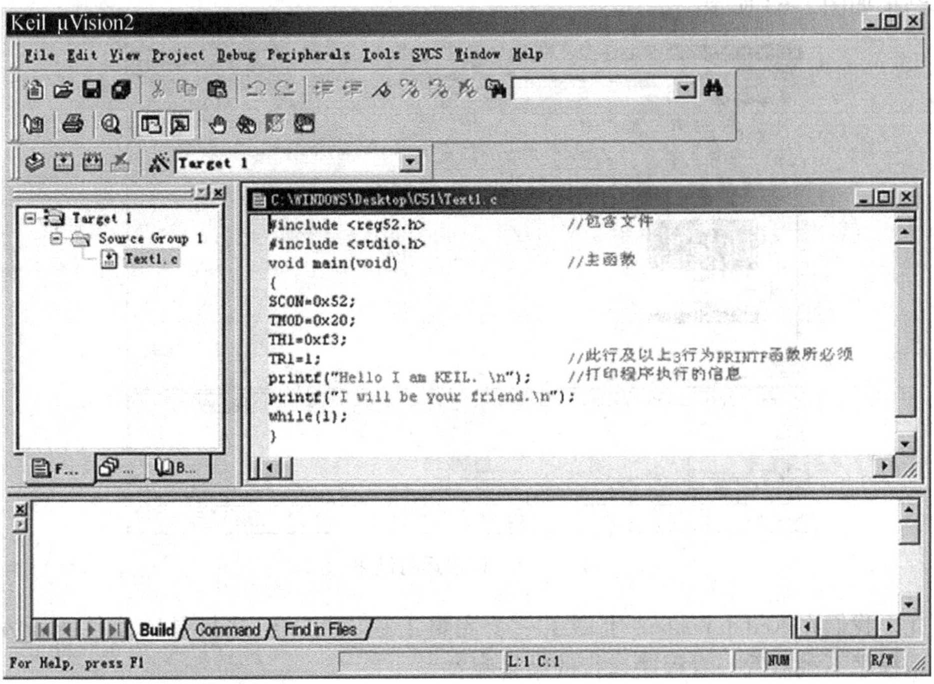

图 1-61　输入程序之后的程序编辑界面

8）编译程序。在图 1-61 中，在 “Source Group1” 上单击右键，在弹出的菜单中单击 “Built Target” 选项（或者使用快捷键 F7），编译成功后，如图 1-62 所示。

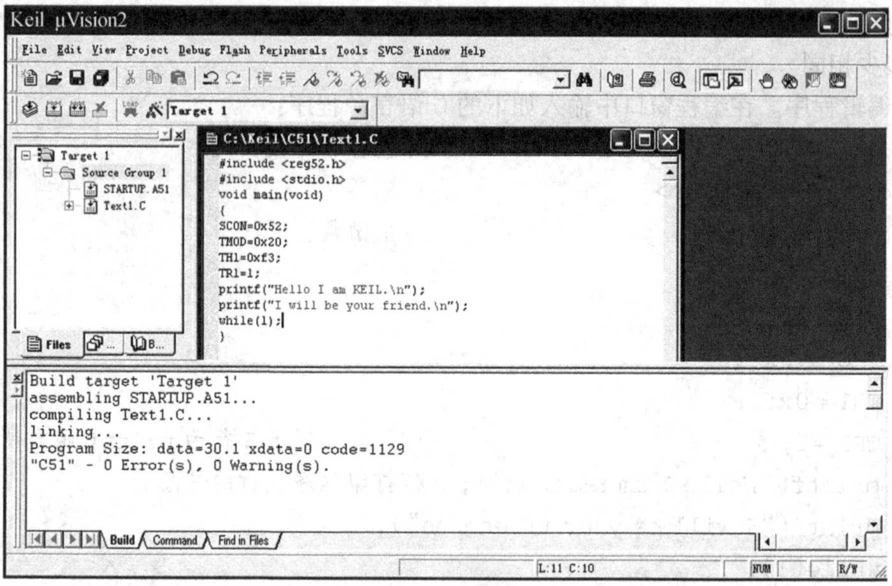

图1-62 编译程序

9）调试程序。在图1-62中，单击“Debug”，在下拉菜单中单击“Go”（或者使用快捷键F5），然后再单击“Debug”，在下拉菜单中单击“Stop Running”（或者使用快捷键Esc）；再单击“View”，再在下拉菜单中单击“Serial Windows #1”，就可以看到程序运行后的结果，其结果如图1-63所示。

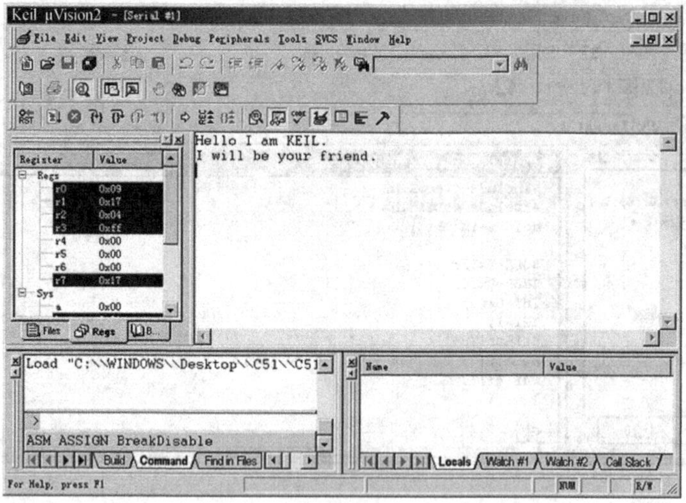

图1-63 程序运行结果

至此，我们在Keil µVision2上做了一个完整工程项目。但这只是纯软件的开发过程，如何使用程序下载器看一看程序运行的结果呢？

10）单击“Project”，再在下拉菜单中单击“Options for Target ‘Target 1’”，如图1-64所示，单击“Output”选项卡中的“Create HEX File”选项，使程序编译后产生HEX代码，供下载器软件使用。把程序下载到AT89C52单片机中。

说明：由于单片机系统的仿真调试步骤基本相同，在后面的项目设计中将不再赘述。

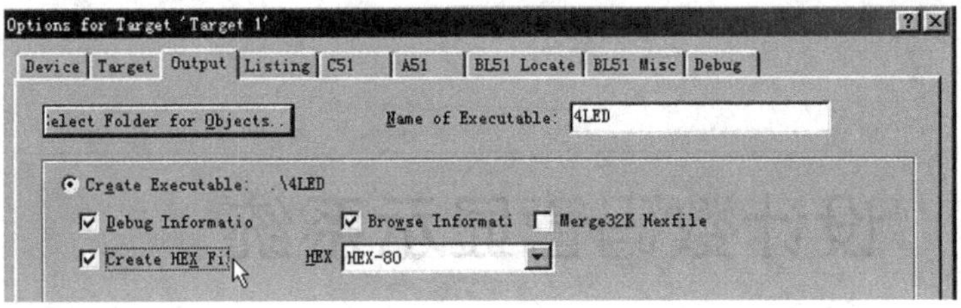

图1-64　下载设置

任务6　能力拓展

1. LED流水灯设计

【控制要求】P0、P2口的LED先从右到左方向依次点亮，再从左到右方向依次点亮，如此循环形成流水灯效果。

2. LED灯精确定时闪烁设计

【控制要求】在单片机的P0.0口上接一个发光二极管VL，使VL不停地一亮一灭，一亮一灭的时间间隔为1s（要求利用定时器T0实现精确的1s定时），循环往复。

任务7　项目考核

项目考核内容如表1-29所示。

表1-29　项目考核内容

考核项目	考核内容	技术要求	得　分
总体设计	①任务分析 ②方案设计 ③软件和硬件功能划分	①任务明确（5分） ②方案设计合理、有新意（10分） ③软件和硬件功能划分合理（5分）	
硬件设计	①片内器件分配 ②电路原理图设计 ③电路板制作	①片内器件分配正确、合理（5分） ②电路原理图设计正确（10分） ③电路板制作：布线正确、整齐、合理（5分）	
软件设计	①算法和数据结构设计 ②流程图设计 ③编程	①算法和数据结构设计正确、合理（5分） ②流程图设计正确、简明（5分） ③编程正确、有新意（10分）	
系统仿真与调试	①调试顺序 ②错误排除 ③调试结果	①调试顺序正确（5分） ②能熟练排除错误（10分） ③调试后运行正确（5分）	
实训报告	①书写 ②内容 ③图形绘制 ④结果分析	①书写规范整齐（5分） ②内容翔实具体（5分） ③图形绘制正确、完整、全面（5分） ④能正确分析实验结果（5分）	
合　计			

项目2 设计数码管显示系统

教学目标

1. 终极目标

制作一个数码管循环显示数字0~9的单片机控制系统。

2. 促成目标

1）掌握单片机查表程序的设计方法。

2）掌握单片机LED显示接口电路的工作原理及其应用。

3）掌握单片机LED显示接口的程序设计方法。

4）初步掌握单片机应用系统分析和软硬件设计的基本方法，建立单片机系统设计的基本概念。

工作任务单

设计一个在数码管上循环显示数字0~9的单片机控制系统，每个数字显示时间间隔为0.2s。

任务1 相关知识

显示器是最常用的输出设备。特别是发光二极管（LED，Light Emitting Diode）构成的数码管和液晶显示器（LCD），由于结构简单、价格便宜、接口容易，得到广泛的应用，尤其在单片机系统中大量使用。本项目主要介绍发光二极管显示器（LED）与单片机的接口设计和相应的程序设计。液晶显示器（LCD）与单片机的接口设计请参见项目6。

2.1.1 数码管的结构

数码管由8个发光二极管（以下简称字段）构成，通过不同的组合可用来显示数字0~9、字符A~F、H、L、P、U、符号“_”及小数点“.”。数码管的外形结构如图2-1a所示，数码管又分为共阴极和共阳极两种结构，分别如图2-1b和图2-1c所示。

所谓共阴极，即是将所有LED的阴极连接到一起，而共阳极则相反，所有的阳极被连接到了一起。但不管哪种结构，其显示设计的原理基本相同，唯一不同的是驱动电路的设计有差异，一般共阴极采用推（Push）电流的方式来驱动，而共阳极结构则采用拉（Pull）电流的方式来驱动。

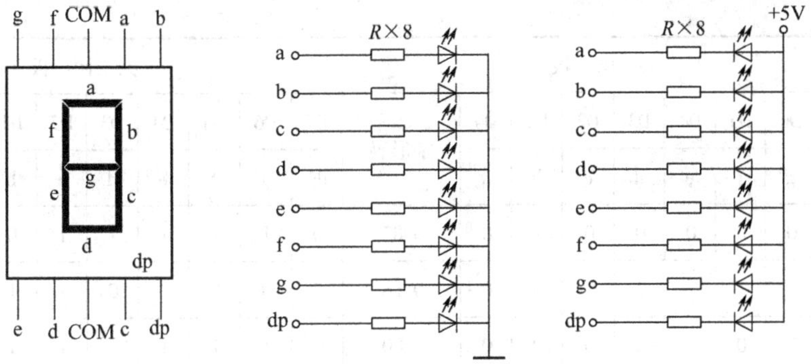

a) 符号和管脚　　b) 共阴极　　c) 共阳极

图 2-1 数码管的内部结构图

2.1.2 数码管的工作原理

共阳极数码管的 8 个发光二极管的阳极（二极管正端）连接在一起。通常，公共阳极接高电平（一般接电源），其他管脚接段驱动电路输出端。当某段驱动电路的输出端为低电平时，则该端所连接的字段导通并点亮，根据发光字段的不同组合可显示出各种数字或字符，此时，要求段驱动电路能吸收额定的段导通电流，还需根据外接电源及额定段导通电流来确定相应的限流电阻。

2.1.3 数码管的字形编码

要使数码管显示出相应的数字或字符，必须使段数据口输出相应的字形编码。对照图 2-1，字形码各位定义为：数据线 D0 与 a 字段对应，D1 与 b 字段对应……以此类推。

如使用共阳极数码管，数据为 0 表示对应字段亮，数据为 1 表示对应字段暗；如使用共阴极数码管，数据为 0 表示对应字段暗，数据为 1 表示对应字段亮。例如，要显示“0”，共阳极数码管的字形编码应为 11000000B（即 0xC0）；共阴极数码管的字形编码应为 00111111B（即 0x3F）……以此类推，可求得数码管字形编码见表 2-1。

表 2-1 数码管字形编码表

显示字符	共阳极									共阴极								
	D7	D6	D5	D4	D3	D2	D1	D0	字形码	D7	D6	D5	D4	D3	D2	D1	D0	字形码
	dp	g	f	e	d	c	b	a		dp	g	f	e	d	c	b	a	
0	1	1	0	0	0	0	0	0	0xC0	0	0	1	1	1	1	1	1	0x3F
1	1	1	1	1	1	0	0	1	0xF9	0	0	0	0	0	1	1	0	0x06
2	1	0	1	0	0	1	0	0	0xA4	0	1	0	1	1	0	1	1	0x5B
3	1	0	1	1	0	0	0	0	0xB0	0	1	0	0	1	1	1	1	0x4F
4	1	0	0	1	1	0	0	1	0x99	0	1	1	0	0	1	1	0	0x66
5	1	0	0	1	0	0	1	0	0x92	0	1	1	0	1	1	0	1	0x6D

（续）

显示字符	共阳极									共阴极								
	D7	D6	D5	D4	D3	D2	D1	D0	字形码	D7	D6	D5	D4	D3	D2	D1	D0	字形码
	dp	g	f	e	d	c	b	a		dp	g	f	e	d	c	b	a	
6	1	0	0	0	0	0	1	0	0x82	0	1	1	1	1	1	0	1	0x7D
7	1	1	1	1	1	0	0	0	0xF8	0	0	0	0	0	1	1	1	0x07
8	1	0	0	0	0	0	0	0	0x80	0	1	1	1	1	1	1	1	0x7F
9	1	0	0	1	0	0	0	0	0x90	0	1	1	0	1	1	1	1	0x6F
A	1	0	0	0	1	0	0	0	0x88	0	1	1	1	0	1	1	1	0x77
b	1	0	0	0	0	0	1	1	0x83	0	1	1	1	1	1	0	0	0x7C
C	1	1	0	0	0	1	1	0	0xC6	0	0	1	1	1	0	0	1	0x39
d	1	0	1	0	0	0	0	1	0xA1	0	1	0	1	1	1	1	0	0x5E
E	1	0	0	0	0	1	1	0	0x86	0	1	1	1	1	0	0	1	0x79
F	1	0	0	0	1	1	1	0	0x8E	0	1	1	1	0	0	0	1	0x71
H	1	0	0	0	1	0	0	1	0x89	0	1	1	1	0	1	1	0	0x76
L	1	1	0	0	0	1	1	1	0xC7	0	0	1	1	1	0	0	0	0x38
P	1	0	0	0	1	1	0	0	0x8C	0	1	1	1	0	0	1	1	0x73
U	1	1	0	0	0	0	0	1	0xC1	0	0	1	1	1	1	1	0	0x3E
-	1	0	1	1	1	1	1	1	0xBF	0	1	0	0	0	0	0	0	0x40
.	0	1	1	1	1	1	1	1	0x7F	1	0	0	0	0	0	0	0	0x80
不显示	1	1	1	1	1	1	1	1	0xFF	0	0	0	0	0	0	0	0	0x00

2.1.4 LED 数码管的显示方式

根据 LED 数码管显示的硬件设计方法的不同，LED 数码管显示驱动分为静态法和动态法两种方法。

1. LED 的静态显示方式

所谓静态显示驱动法，是指每一个 LED 分别对应一个独立的 I/O 驱动口，其点亮和关闭由该 I/O 来进行控制，互不干扰。对于 I/O 驱动能力弱的单片机，必须增加外部的驱动芯片或驱动晶体管等器件。

LED 数码管工作在静态方式时，其公共端应连接一个固定的电平（共阴极接低电平，共阳极接高电平）。

图 2-2 所示为两位共阳极 LED 数码管与单片机连接。此种设计一般应用在对单个 LED 的驱动或 LED 数量较少且所选的单片机 I/O 口比较充裕的情况下，比如一些项目的

LED 指示灯、产品的设计中只有一个7段数码管需要显示等。由于每一个LED均由独立的I/O口来控制，因此此种显示驱动的软件设计比较简单明了，无需特别的处理，在需要点亮和关闭时设置相应的I/O输出口的电平即可（即“0”或“1”，具体需根据驱动电路的设计来决定）。

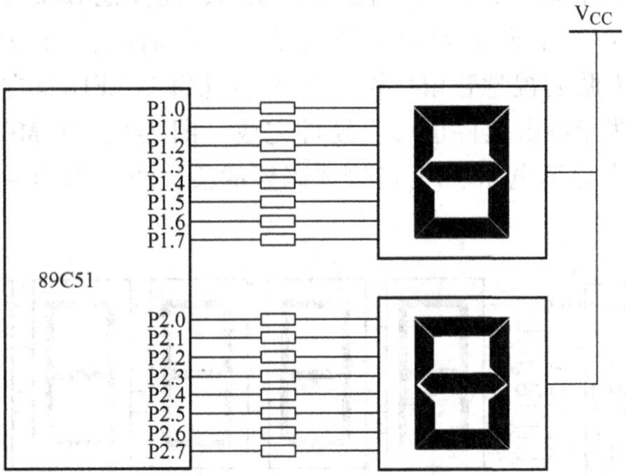

图 2-2 LED 静态显示电路

优点：电路设计简单，编程简单，而且LED的亮度控制容易，只需在驱动端增加相应的电流调节电阻即可方便地实现亮度的调节（对于存在独立驱动的设计，还可以通过调整驱动电压来达到亮度的调节）。

缺点：由于每一个LED灯需要一个I/O口，因此对I/O口的需求较大，不易实现大数量的LED驱动和显示，扩展性能差。

2. LED 的动态显示方式

在LED的位数比较多时，采用静态显示方式要占用大量的I/O，硬件电路比较复杂，为了简化电路，降低成本，可采用动态显示方式。

所谓动态显示，就是一位一位地轮流点亮各位数码管（扫描），对于每一位数码管来说，每隔一段时间点亮一次。数码管的点亮既跟点亮时的导通电流有关，也跟点亮时间和间隔时间的比例有关。调整电流和时间的参数可实现亮度较高、较稳定的显示。若数码管的位数不大于8位，则控制数码管公共极电位只需一个I/O口（称为扫描口），控制各位数码管所显示的字形也需一个8位口（称为段数据口）。

假如要控制8个数码管，依次是1、2、3、4、5、6、7、8号数码管。首先要选择控制哪个数码管（比如第1个），这就是位选，有选择位置的意思。相应的控制线称为位选线。

然后，假如要让第1个数码管显示“3”，就要控制第一个数码管的“a、b、c、d、e、f、g、dp”，也就是让a=0、b=0、c=0、d=0、e=1、f=1、g=0、dp=1（当数码管为共阳极接法时）或者a=1、b=1、c=1、d=1、e=0、f=0、g=1、dp=0（当数码管为共阴极接法时），这就是段选，即选择数码管的哪一笔段。相应的控制线称为段选线。

动态显示的硬件接法是将所有数码管相对应的段选线并在一起，分别接到一个 8 位的 I/O接口上，而位选线则分开接到各自的控制 I/O 线上。

由于各 LED 的段选线是并到一起的，如果不加控制，则在送显示字形时各 LED 会显示同样的内容，为解决这一问题，应使 LED 在每一个时间段内只显示一位，即在此期间只使一位 LED 的位选线有效，则只有一位 LED 显示，而其他 LED 不显示。通过程序或硬件电路控制，各 LED 在一个显示周期内分别显示一段时间，当一个显示周期足够短时（小于 100ms），由于人眼的视觉暂留特性，使人感觉每个 LED 总在亮，这就是动态扫描显示方式，完成这种功能可由软件也可由硬件完成。图 2-3 是用 MCS-51 单片机设计的一个 5 位共阴极 LED 动态显示电路。P1 口接数码管的段选线，P2.0 ~ P2.4 通过非门接数码管的位选线。

图 2-3 LED 动态显示电路

任务 2 系统总体设计

2.2.1 系统的组成

数码管显示系统功能由硬件和软件两大部分协调完成。

系统硬件采用模块化设计，以单片机为核心，与数码管显示电路等组成单片机控制的数码管显示系统，主要包括主控模块、数码管显示模块等。其中主控模块主要完成外围硬件的控制以及一些运算功能，数码管显示模块完成字符、数字的显示功能。数码管显示系统硬件组成框图如图 2-4 所示。

系统软件采用模块化设计方法。数码管显示系统的应用程序主要由主函数、延时函数等模块组成，其软件结构框图如图 2-5 所示。

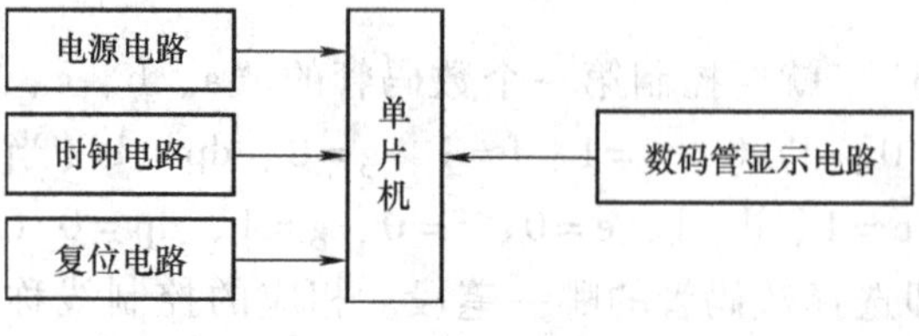

图 2-4 数码管显示系统硬件组成框图

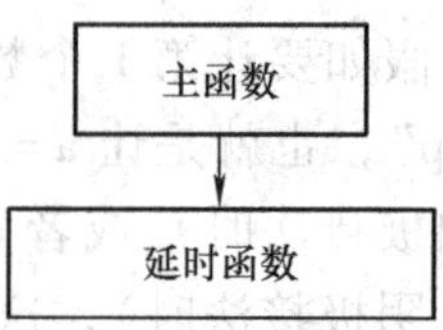

图 2-5 数码管显示系统的软件结构框图

2.2.2 系统的工作原理

数码管由8个发光二极管构成，可以用来显示数字、字符等，它在家电及工业控制中有着很广泛的应用，例如用来显示温度、数量、重量、日期及时间等，具有显示醒目、直观的优点。数码管实物图如图2-6所示。

图2-6 数码管实物图

本项目的数码管采用共阳极接法（将8个LED的阳极连接到一起组成公共端COM，接正极），它的COM引脚为公共端，用来控制数码管显示的打开或关闭，即起到“使能”作用。当数码管特定的段加上电压后，这些特定的段就会发亮，以形成我们眼睛看到的字样。例如：显示一个“3”字，那么应当是a亮、b亮、c亮、d亮、e不亮、f不亮、g亮、dp不亮。当相应字段为低电平“0”时，可以点亮该字段；当相应字段为高电平“1”时，该字段不亮。

任务3 系统硬件设计

2.3.1 主控模块设计

本项目采用ATMEL公司生产的AT89S52单片机，主控模块的具体设计请参见项目1，这里不再赘述。

2.3.2 数码管显示模块设计

本项目中选用8段共阳极数码管，数码管的a、b、c、d、e、f、g、dp段分别与单片机P0口的P0.0、P0.1、P0.2、P0.3、P0.4、P0.5、P0.6、P0.7相连，用来控制显示数字的形状。数码管的公共使能端COM连接PNP型晶体管C8550的集电极，晶体管C8550主要用于信号的放大，以驱动数码管工作。晶体管C8550的基极通过限流电阻接到单片机P2口的P2.0，通过控制晶体管C8550的基极电平来打开或关闭数码管的显示，起到“使能”作用。晶体管C8550的发射极接+5V电源。数码管显示模块与单片机的接口电路如图2-7所示。

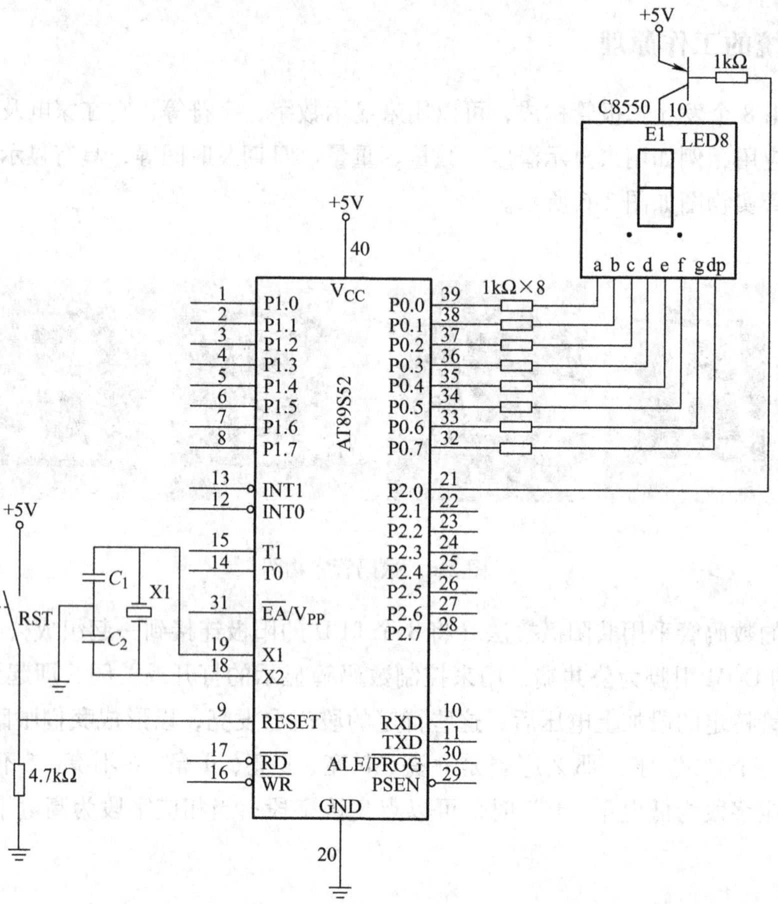

图 2-7 数码管显示模块与单片机的接口电路原理图

任务 4 系统软件设计

2.4.1 算法设计

对于数码管而言，要想显示数字或字母，首先应该选中该数码管，然后相应字段被点亮。例如：显示一个“3”字，那么应当是 a 亮、b 亮、c 亮、d 亮、e 不亮、f 不亮、g 亮、dp 不亮。对于共阳极数码管，对应到单片机的 P0 口，P0. 7 为高电平“1”，P0. 6 为低电平“0”，P0. 5 为高电平“1”，P0. 4 为高电平“1”，P0. 3 为低电平“0”，P0. 2 为低电平“0”，P0. 1 为低电平“0”，P0. 0 为低电平“0”，即当把 10110000（0xb0）送给 P0 口时，可以显示“3”字。其他数字的显示依此类推，那么可以列出共阳极数码管显示数字的段码表如表 2-2 所示。

如表 2-2 所示，由于数码管显示的数字“0～9”的字形码“0xc0，0xf9，0xa4，0xb0，0x99，0x92，0x82，0xf8，0x80，0x90”没有规律可循，只能采用查表的方式来完成我们所需的要求。在程序设计中可以设计一个变量，每隔一定时间在“0～9”变化，然后按照这个数据去查找段码表，把查到的数据送到 P0 口。

表 2-2　数码管显示数字的段码表

段名称	dp	g	f	e	d	c	b	a	对应段码
对应引脚	P0.7	P0.6	P0.5	P0.4	P0.3	P0.2	P0.1	P0.0	
数字 0	1	1	0	0	0	0	0	0	0xc0
数字 1	1	1	1	1	1	0	0	1	0xf9
数字 2	1	0	1	0	0	1	0	0	0xa4
数字 3	1	0	1	1	0	0	0	0	0xb0
数字 4	1	0	0	1	1	0	0	1	0x99
数字 5	1	0	0	1	0	0	1	0	0x92
数字 6	1	0	0	0	0	0	1	0	0x82
数字 7	1	1	1	1	1	0	0	0	0xf8
数字 8	1	0	0	0	0	0	0	0	0x80
数字 9	1	0	0	1	0	0	0	0	0x90

所谓表格，是指在程序中定义的一串有序的常数，如平方表、字形码表、键码表等。因为程序一般都是固化在程序存储器（通常是只读存储器 ROM 类型）中，因此可以说表格是预先定义在程序的数据区中，然后和程序一起固化在 ROM 中的一串常数。

在程序设计中，有时需要预先把非线性数据以表格的形式存放在存储器中，然后使用程序读出，这种能读出数据表格的程序就称为查表程序。查表程序的关键是表格的定义和如何实现查表。

表格的定义可以用数组来实现，查表的实现可以用访问数组元素来实现。按照数字 0 ~ 9 的顺序，把每个数字的字形编码按顺序排列好，再用数组 “unsigned char code table [ ] = {0xc0, 0xf9, 0xa4, 0xb0, 0x99, 0x92, 0x82, 0xf8, 0x80, 0x90}” 建立表格，最后利用 “P0 = table [dispcount]” 实现查表。

注：有时需要把一些数据表存放在数组中，通常这些数据是不用在程序中改变数值的，这时就要把这些数据在程序编写时就赋给数组变量。因为 MCS-51 单片机的内部 RAM 很有限，通常会把 RAM 分给参与运算的变量或数组，而那些程序中不变数据则应存放在内部程序存储器中，以节省宝贵的 RAM。

2.4.2　数据结构设计

数码管显示系统的数据结构设计如表 2-3 所示。

表 2-3　数码管显示系统的数据结构设计

符　号	存储单元	含　义	备　注
P0	P0	控制数码管显示的字形	
P2.0	P2.0	数码管使能信号	P2.0 = 0，使能信号有效 P2.0 = 1，使能信号无效
table [ ]	table [ ]	存储数码管字形码的数组	
dispcount	dispcount	数码管字形码数组索引值	

（续）

符　号	存储单元	含　义	备　注
i	i	延时函数外层循环变量	设置外层循环初始值
j	j	延时函数中层循环变量	设置中层循环初始值
k	k	延时函数内层循环变量	设置内层循环初始值

2.4.3 程序设计

1. 主函数设计

主函数主要完成硬件初始化、函数调用等功能。

1）初始化。设置数码管使能信号有效，P2.0 = 0，即 P2 = 0xfe。

2）循环显示。利用“while(1)”实现数字 0 ~ 9 的循环显示。

3）字符显示。利用“for( )”循环实现每轮数字 0 ~ 9 的显示。

首先将数码管字形码数组索引值 dispcount 赋初值 0，然后判断 dispcount 是否小于 10：

如果 dispcount 小于 10，则访问数组查表，将 table［dispcount］送给 P0 口，即可在数码管上显示相应的数字，然后调用延时函数 delay02s( )，使数码管能够稳定显示相应的数字，再使数码管字形码数组索引值 dispcount 自加 1，为下一个数字的显示做准备，并跳转到判断 dispcount 是否小于 10。

如果 dispcount 不小于 10，说明本轮数字 0 ~ 9 显示完毕，则进入下一轮数字 0 ~ 9 的循环显示。

主函数流程图如图 2-8 所示。

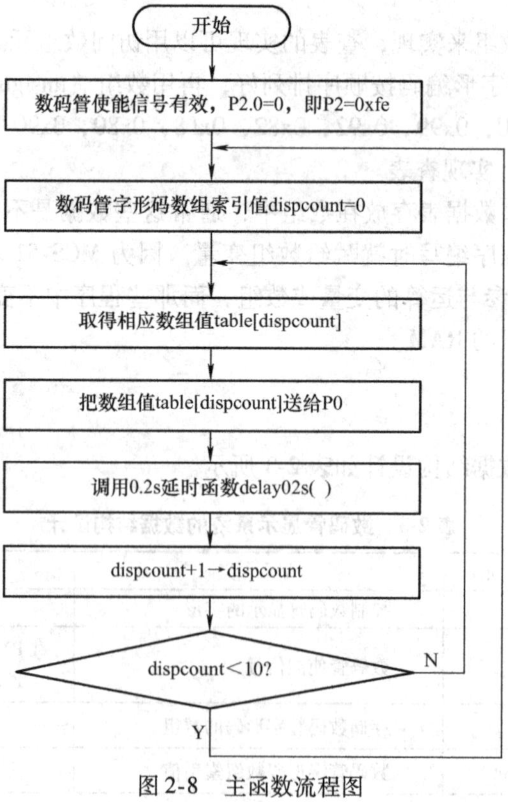

图 2-8　主函数流程图

2. 延时函数设计

延时函数设计请参考项目1，这里不再赘述。

2.4.4 C语言源程序

```
//*******************************************************
//项目名称:设计数码管显示系统
//功能描述:在数码管上循环显示数字0～9
//*******************************************************
#include <AT89X51.H>                    //包含"51寄存器定义"头文件

//程序中不变数据存放在内部的CODE存储区,以节省宝贵的RAM
//定义数组:存储数码管字形码
unsigned char code table[] = {0xc0,0xf9,0xa4,0xb0,0x99,0x92,0x82,0xf8,
   0x80,0x90};
//定义变量:数码管字形码数组索引值dispcount
unsigned char dispcount;

//*******************************************************
//函数名称:delay02s()
//函数功能:延时0.2s
//*******************************************************
void delay02s(void)
{
   unsigned char i,j,k;                 //定义无符号字符型变量i、j、k
   for(i=20;i>0;i--)                    //外层循环
      for(j=20;j>0;j--)                 //中层循环
         for(k=230;k>0;k--);            //内层循环
}

//*******************************************************
//函数名称:main()
//函数功能:主函数
//*******************************************************
void main(void)                         //主函数入口
{
   P2=0xfe;                             //P2.0=0,数码管使能信号有效
   while(1)                             //进入下一轮数码管循环显示0～9
   {
      //判断每轮数码管循环显示0～9是否显示完毕
```

```
        for(dispcount=0;dispcount<10;dispcount++)
        {
            //控制数码管显示字形值 table[dispcount]送给 P0
            P0=table[dispcount];
            delay02s();     //调用延时函数 delay02s()
        }
    }
}
```

2.4.5 汇编语言源程序

```
;**************************************************************
;项目名称:设计数码管显示系统
;功能描述:在数码管上循环显示数字 0~9
;**************************************************************

;**************************************************************
;功能:主程序
;**************************************************************
        ORG 0000H
        MOV     P2,#0FEH        ;P2.0=0,数码管使能信号有效
START:  MOV     R1,#00H         ;将数码管数据表索引寄存器 R1 赋初值 00H

NEXT:   MOV     A,R1            ;把字形码的变址地址送给累加器 A
        MOV     DPTR,#TABLE     ;取得表首地址
        MOVC A, @A+DPTR         ;查表,取得显示的字形码
        MOV     P0,A            ;P0 用于数码管的字形控制
        LCALL   DELAY200ms      ;调用延时子程序 DELAY200ms
        INC     R1              ;下一个字形码的变址寄存器
        CJNE    R1,#10,NEXT     ;判断 0~9 是否显示完毕
        LJMP    START           ;进入下一轮循环显示 0~9

;**************************************************************
;功能:延时子程序
;**************************************************************
DELAY200ms:     MOV     R5,#20
LOOP1:          MOV     R6,#20
LOOP2:          MOV     R7,#230
                DJNZ    R7,$
                DJNZ    R6,LOOP2
```

```
            DJNZ     R5,LOOP1
            RET
;**********************************************************
;功能:LED字段码表
;8字LED的连接方法:
;P0.7,P0.6,P0.5,P0.4,P0.3,P0.2,P0.1,P0.0
; DP   G    F    E    D    C    B    A
;**********************************************************
TABLE:DB 0C0H,0F9H,0A4H,0B0H,99H,92H,82H,0F8H,80H,90H
    END
```

任务5 系统仿真调试

系统仿真调试过程课程请参见项目1，这里不赘述。

任务6 能力拓展

1. 数码管字幕显示

【控制要求】用8位数码管从右向左移动显示“－－HELLO－－”。

2. 数码管左移右移显示

【控制要求】P0口接动态数码管的字形码笔段，P2口接动态数码管的数位选择端，P1.0接一个开关，当开关接高电平时，显示“12345678”字样；当开关接低电平时，显示“87654321”字样。

任务7 项目考核

项目考核内容如表2-4所示。

表2-4 项目考核内容

考核项目	考核内容	技术要求	得分
总体设计	①任务分析 ②方案设计 ③软件和硬件功能划分	①任务明确（5分） ②方案设计合理、有新意（10分） ③软件和硬件功能划分合理（5分）	
硬件设计	①片内器件分配 ②电路原理图设计 ③电路板制作	①片内器件分配正确、合理（5分） ②电路原理图设计正确（10分） ③电路板制作：布线正确、整齐、合理（5分）	
软件设计	①算法和数据结构设计 ②流程图设计 ③编程	①算法和数据结构设计正确、合理（5分） ②流程图设计正确、简明（5分） ③编程正确、有新意（10分）	

（续）

考核项目	考核内容	技术要求	得分
系统仿真与调试	①调试顺序 ②错误排除 ③调试结果	①调试顺序正确（5分） ②能熟练排除错误（10分） ③调试后运行正确（5分）	
实训报告	①书写 ②内容 ③图形绘制 ④结果分析	①书写规范整齐（5分） ②内容翔实具体（5分） ③图形绘制正确、完整、全面（5分） ④能正确分析实验结果（5分）	
合计			

项目3 设计按键识别系统

教学目标

1. 终极目标

制作一个单片机控制的矩阵键盘识别系统。

2. 促成目标

1）掌握单片机键盘接口电路的工作原理及应用。

2）掌握单片机键盘接口的程序设计方法。

3）初步掌握单片机应用系统分析方法和软硬件设计的基本方法，建立单片机系统设计的基本概念。

工作任务单

设计一个单片机控制的矩阵键盘识别系统。

每按下一个按键，在数码管上显示相应的键号“0～F”，按键布局如图3-1所示。

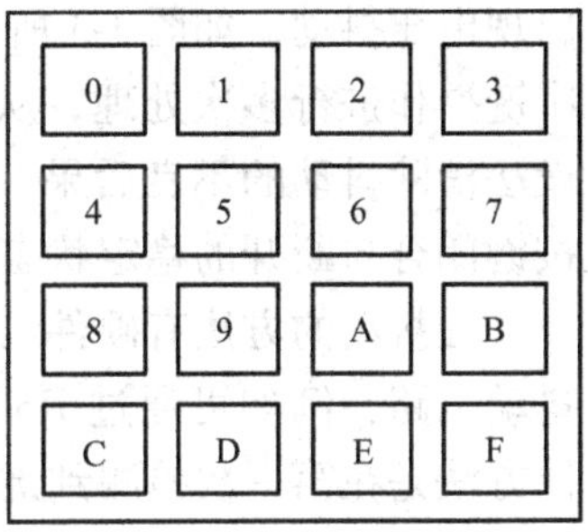

图3-1 按键布局图

任务1 相关知识

键盘是计算机最常用的输入设备，是实现人机对话的纽带，按其结构形式可分为非编码键盘和编码键盘。

编码键盘采用硬件方法产生键码。每按下一个键，键盘能自动生成键盘代码，键数较多，且具有去抖动功能。这种键盘使用方便，但硬件较复杂，PC（个人计算机）所用键盘即为编码键盘。

非编码键盘仅提供按键开关工作状态，其键码由软件确定，这种键盘键数较少，硬件简单，广泛应用于各种单片机应用系统。按照键盘与单片机的连接方式可分为独立式键盘与矩阵式键盘。

本项目主要介绍非编码键盘的设计与应用。

3.1.1 独立式键盘

独立式键盘相互独立，每个按键占用一根I/O口线，每根I/O口线上按键的工作状态不会影响其他按键的工作状态。这种按键的软件程序简单，但占用I/O口线较多（一根口线只能接一个键)，适用于键盘应用数量较少的系统中。

图 3-2 为 4 个独立式按键的应用电路。下面介绍其键盘程序的设计流程。

(1) 键闭合测试　检查是否有键闭合的程序如下：

```
int KCS()
{
    P1 = 0xFF;
    A = P1;
    A = A~;
    A = A&&0x0F;
    return A;
}
```

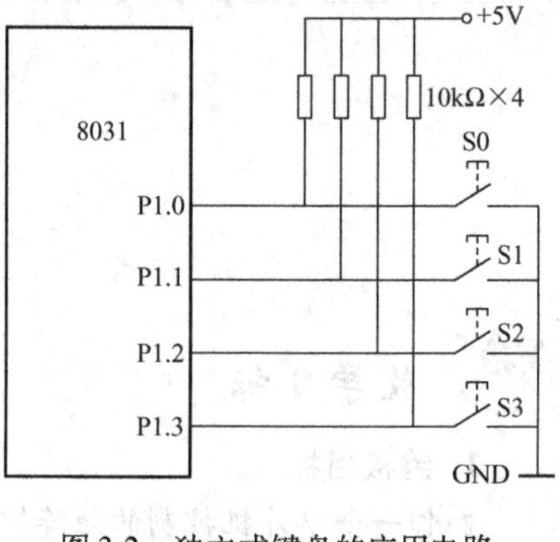

图 3-2　独立式键盘的应用电路

若有键闭合，则 A≠0；若无键闭合，则 A = 0。

(2) 去抖动　由于按键闭合时的机械弹性作用，按键闭合时不会马上稳定接通，按键断开时也不会马上断开，由此在按键闭合与断开的瞬间会出现电压抖动，如图 3-3 所示。键盘抖动的时间一般为 5 ~ 10ms，抖动现象会引起 CPU 对一次键操作进行多次处理，从而可能产生错误，因此必须设法消除抖动的不良后果。通过去抖动处理，可以得到按键闭合与断开的稳定状态。

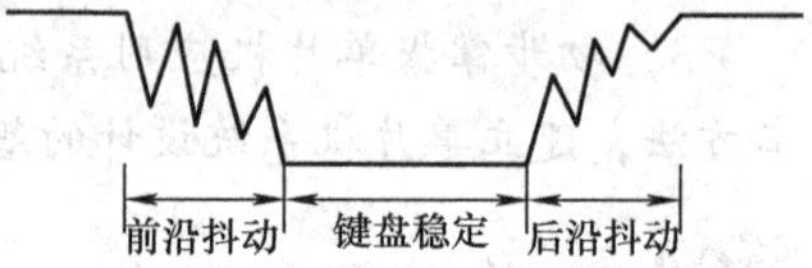

图 3-3　键抖动示意图

去抖动的方法有硬件与软件两种：硬件方法是加去抖动电路，例如可通过 RS 触发器实现硬件去抖动；软件方法是在第一次检测到键盘按下后，执行一段 10ms 的延迟函数后再确认该键是否确实按下，躲过抖动，待信号稳定之后，再进行键扫描。去抖动通常多采用软件方法。

(3) 采用查询方式确定键位　若某键闭合，则相应单片机引脚输入低电平。

(4) 键释放测试　键盘闭合一次只能进行一次键功能操作，因此必须等待按键释放后再进行键功能操作，否则按键闭合一次系统会连续多次重复相同的键操作（对于开关式按键，可不必等待键释放）。

3.1.2　矩阵式键盘

矩阵式键盘又称行列式键盘，如图 3-4 所示。

在图 3-4 中，P1 口的 8 根口线分别作为 4 根行线与 4 根列线，在其行、列交汇点接有 16 个键盘。与独立式键盘相比，单片机口线资源利用率提高了一倍。

若需要更多的键盘，可采用接口扩展的方式，如图 3-5 所示。图中利用 8155 芯片进行键盘扩展，利用 PA 口作为输出口，8 根口线作为列线，利用 PC 口作为输入口，4 根口线作为行线，由此产生 32 键的矩阵式键盘。这种键盘采用扫描方式检测按键闭合情况及识别确定键码，因此又称为扫描方式键盘。

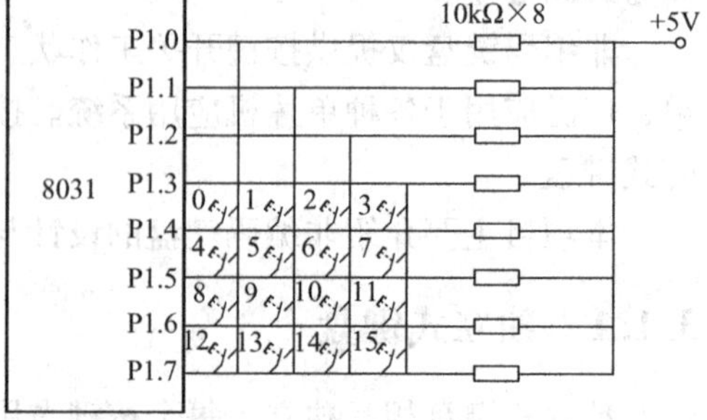

图 3-4　矩阵式键盘

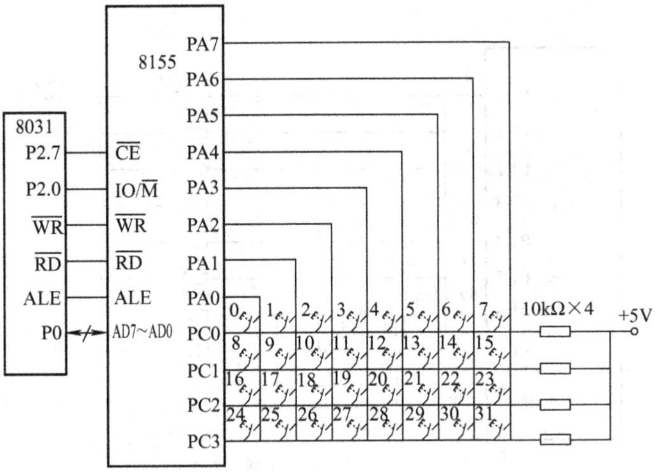

图 3-5　32 键矩阵式键盘的应用电路

1. 扫描方式键盘的程序设计流程

（1）键闭合测试　在图 3-5 中，键盘的行线一端经电阻接 +5V 电源，另一端通过 8155 PC 口接单片机。各列线的一端通过 8155 PA 口连至单片机，另一端悬空。首先由 PA 口向所有列线输出低电平，然后再由 PC 口输入各行线状态。若行线状态皆为高电平，则表示无键闭合；若行线状态中有低电平，则表明有键闭合。

（2）去抖动　仍采用软件延时的方法。

（3）键位识别　为了准确判断闭合键的位置，要对每个按键进行编码。根据矩阵式键盘的结构，采用行扫描的键位识别方法。使某条列线为低电平，如果这条列线上没有闭合键，则各行线的状态都为高电平；如果列线上有键闭合，则相应的那条行线即变为低电平，于是就可以根据行线号与列线号计算出闭合键的键码。扫描时由第一列开始，即由 PA 口先输出 0xFE，然后由 PC 口输入行线状态，判断哪一行有键闭合，若无键闭合，再输出 0xFD 检测下一列各行键闭合状态，由此一直扫描下去。

根据图 3-5 中各键的编号情况，各键的键码可按如下公式计算：

键码 = 行首键号 + 列号

（4）键释放测试　与独立式键盘测试相似，这里不再赘述。

2. 键盘扫描的中断控制方式

在单片机系统中，CPU 除了对键盘进行处理外，还要进行数据处理、结果输出显示及其他各种控制，因此键盘处理不应占用 CPU 过多的时间，但又必须保证 CPU 能够检测到键盘的工作。为提高 CPU 的工作效率，可采用中断扫描方式。当无键闭合时，CPU 处理自己的工作；当有键闭合时，产生中断请求，CPU 转去执行键盘扫描函数并执行相应的功能。

图 3-6 即为采用中断方式的键盘扫描电路。与图 3-4 相比，本电路采用 4 输入“与门”，用于产生键盘中断，其输入端与各行线相连，输出端接至 8031 单片机的外部中断输入端 $\overline{INT0}$。当无键盘闭合时，与门各输入端均为高电平，输出端为高电平；当有键闭合时，$\overline{INT0}$为低电平，于是向 CPU 申请中断，若 CPU 开放中断，则会响应该键盘中断，转去执行

键盘扫描函数。

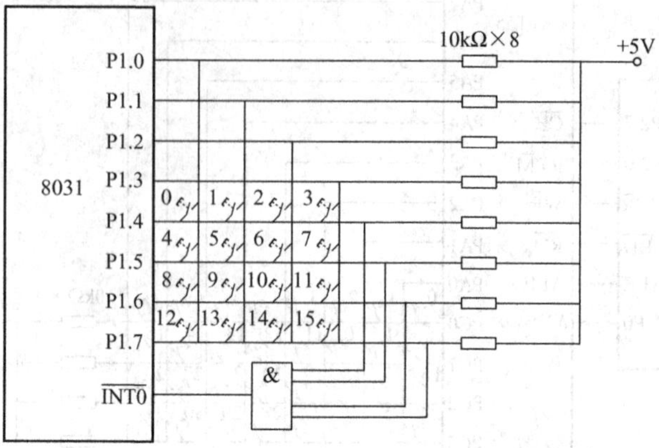

图 3-6　采用中断方式的键盘扫描电路

任务 2　系统总体设计

3.2.1　系统的组成

按键识别系统功能由硬件和软件两大部分协调完成。

系统硬件采用模块化设计，以单片机控制器为核心，与数码管显示电路、键盘电路等组成单片机控制的矩阵键盘识别系统，主要包括单片机主控模块、数码管显示模块、键盘模块等。其中主控模块主要完成外围硬件的控制以及一些运算功能，数码管显示模块完成字符、数字的显示功能；键盘模块主要完成按键处理功能。按键识别系统的硬件组成框图如图 3-7 所示。

系统软件采用模块化设计方法。按键识别系统的应用程序主要由主函数、按键扫描函数等模块组成，其软件结构框图如图 3-8 所示。

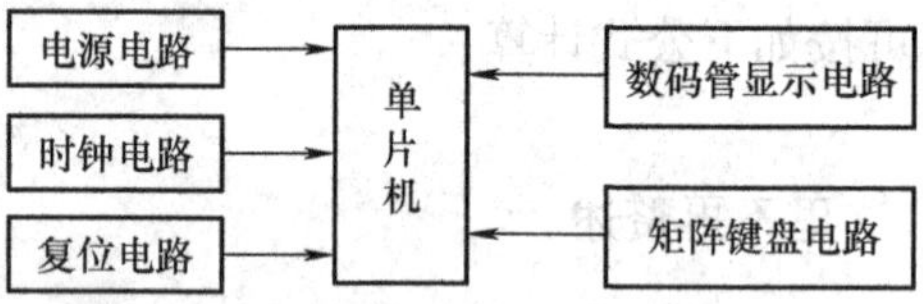

图 3-7　按键识别系统硬件组成框图

图 3-8　按键识别系统软件结构框图

3.2.2　系统的工作原理

按照键盘与单片机的连接方式可分为独立式键盘与矩阵式键盘。

在键盘中按键数量较多时，为了减少 I/O 口的占用，通常将按键排列成矩阵形式，如图 3-9 所示。矩阵式键盘是一种常见的输入装置，在日常的生活中，矩阵式键盘在计算机、电话、手机、微波炉等各式电子产品上已经被广泛应用。在矩阵式键盘中，每条水平线和垂直线在交叉处不直接连通，而是通过一个按键加以连接。这样，一个端口（如 P1 口）就可以构成4×4=16个按键，比之直接将端口线用于键盘多出了一倍，而且线数越多，区别越明显，比如再多加一条线就可以构成20键的键盘，而直接用端口线则只能多出一键（9键）。

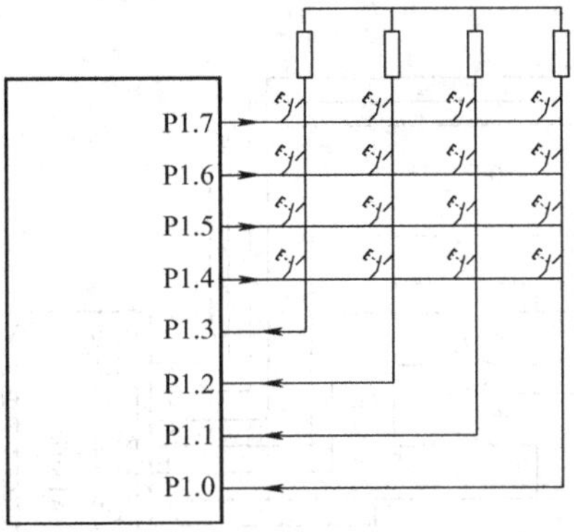

图3-9 矩阵式键盘的电路连接图

矩阵式结构的键盘显然比独立式键盘要复杂一些，识别也要复杂一些，图3-4中，列线通过电阻接正电源，并将行线所接的单片机的I/O口作为输出端，而列线所接的I/O口则作为输入端。这样，当按键没有按下时，所有的输出端都是高电平，代表无键按下。行线输出是低电平，一旦有键按下，则输入线就会被拉低，这样，通过读入输入线的状态就可得知是否有键被按下了。确定矩阵式键盘上何键被按下可采用“行扫描法”。

行扫描法又称为逐行（或列）扫描查询法，是一种最常用的按键识别方法。

（1）判断键盘中有无键按下　将全部行线P1.7～P1.4置低电平，然后检测列线的状态。只要有一列的电平为低，则表示键盘中有键被按下，而且闭合的键位于低电平线与4根行线相交叉的4个按键之中。若所有列线均为高电平，则键盘中无键按下。

（2）判断闭合键所在的位置　在确认有键按下后，即可进入确定具体闭合键的过程。其方法是：依次将行线置为低电平，即在置某根行线为低电平时，其他线为高电平。在确定某根行线位置为低电平后，再逐行检测各列线的电平状态。若某列为低，则该列线与置为低电平的行线交叉处的按键就是闭合的按键。

（3）去除键抖动　当检测到有键按下后，延时一段时间再做下一步的检测判断，以去除键抖动。

任务3　系统硬件设计

3.3.1　主控模块设计

本项目采用ATMEL公司生产的AT89S52单片机，主控模块的具体设计参见项目1。

3.3.2　键盘模块设计

本项目需要的按键数较多（为16个），通过前面的分析可知，需要采用矩阵式键盘。

AT89S52单片机的P1口用作键盘I/O口，键盘的列线接到P1口的低4位，键盘的行线接到P1口的高4位。列线P1.0～P1.3分别接有4个上拉电阻到正电源+5V，同时把列线

P1.0~P1.3 设置为输入线，行线 P1.4~P1.7 设置为输出线。4 根行线和 4 根列线形成 16 个相交点。矩阵键盘模块与单片机的接口电路如图 3-10 所示。

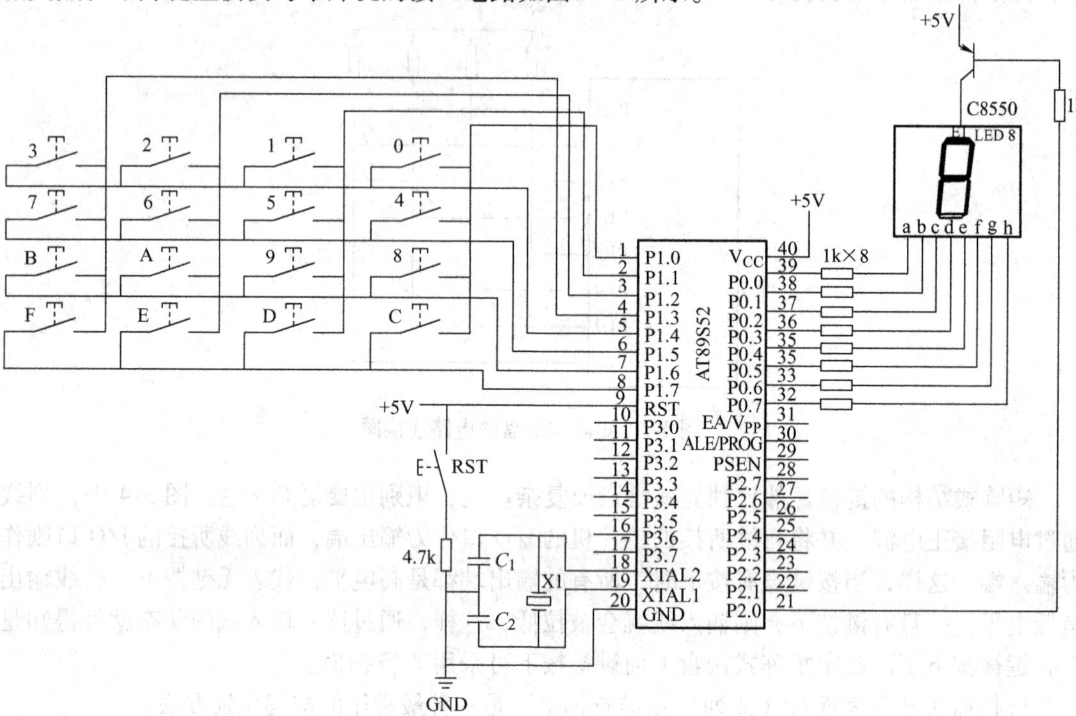

图 3-10 键盘模块与单片机的接口电路原理图

任务 4 系统软件设计

3.4.1 算法设计

检测当前是否有键被按下的方法是：若行线 P1.4~P1.7 输出全为“0”，读取列线 P1.0~P1.3 的状态；若 P1.0~P1.3 输出为全“1”，则无键闭合，否则有键闭合。

若有键被按下，应识别出是哪一个键闭合，方法是对键盘的行线进行扫描。行线 P1.4~P1.7 按表 3-1 所述的 4 种组合依次输出。

表 3-1 矩阵键盘行线扫描

P1.7	P1.6	P1.5	P1.4	P1 口行线值	作　用
1	1	1	0	0xEF	扫描第一行
1	1	0	1	0xDF	扫描第二行
1	0	1	1	0xBF	扫描第三行
0	1	1	1	0x7F	扫描第四行

在每组行线 P1.4~P1.7 输出时，读取列线 P1.0~P1.3，若全为“1”，则表示为“0”这一行没有键闭合，否则有键闭合。列线扫描如表 3-2 所示。由此得到闭合键的行值和列值，然后可采用计算法或查表法将闭合键的行值和列值转换成所定义的键值。

表 3-2 矩阵键盘列线扫描

P1 口行线值	作 用	P1.3	P1.2	P1.1	P1.0	P1 口列线值	P10x 口值	按键判断
0xEF	扫描第一列	1	1	1	0	0x×E	0xEE	0
	扫描第二列	1	1	0	1	0x×D	0xED	1
	扫描第三列	1	0	1	1	0x×B	0xEB	2
	扫描第四列	0	1	1	1	0x×7	0xE7	3
0xDF	扫描第一列	1	1	1	0	0x×E	0xDE	4
	扫描第二列	1	1	0	1	0x×D	0xDD	5
	扫描第三列	1	0	1	1	0x×B	0xDB	6
	扫描第四列	0	1	1	1	0x×7	0xD7	7
0xBF	扫描第一列	1	1	1	0	0x×E	0xBE	8
	扫描第二列	1	1	0	1	0x×D	0xBD	9
	扫描第三列	1	0	1	1	0x×B	0xBB	A
	扫描第四列	0	1	1	1	0x×7	0xB7	B
0x7F	扫描第一列	1	1	1	0	0x×E	0x7E	C
	扫描第二列	1	1	0	1	0x×D	0x7D	D
	扫描第三列	1	0	1	1	0x×B	0x7B	E
	扫描第四列	0	1	1	1	0x×7	0x77	F

为了保证按键每闭合一次 CPU 仅处理一次，必须去除按键释放时的抖动。

每个按键有它的行值和列值，行值和列值的组合就是识别这个按键的编码。矩阵的行线和列线分别通过两并行口与 CPU 通信。每个按键的状态同样需变成数字量“0”和“1”，开关的一端（列线）通过电阻接 V_{CC}，而接地是通过程序输出数字“0”实现的。

键盘处理程序的任务是：确定有无键按下，判断是哪一个键按下，键的功能是什么；还要消除按键在闭合或断开时的抖动。两个并行口中，一个并行口输出扫描码，使按键逐行动态接地，另一个并行口输入按键状态，由行扫描值和回馈信号共同形成键编码而识别按键，通过软件查表，查出该键的功能。

3.4.2 数据结构设计

按键识别系统的数据结构设计如表 3-3 所示。

表 3-3 按键识别系统的数据结构设计

符 号	存储单元	含 义	备 注
P0	P0	控制数码管显示的字形	
P1	P1	控制矩阵键盘行线和列线	P1.0～P1.3 控制列线 P1.4～P1.7 控制行线
P2.0	P2.0	数码管使能信号	P2.0=0，使能信号有效 P2.0=1，使能信号无效
ledcode [ ]	ledcode [ ]	存储数码管字形码的数组	

3.4.3 程序设计

1. 主函数设计

主函数主要完成硬件初始化、程序调用等功能。

（1）初始化 设置第一个数码管使能信号有效，P2.0=0，即 P2=0xfe；把控制数码管显示的字形的P0口置为0x8C，上电显示“P”。

（2）判断键盘中有无键按下

1）将行线P1.4置低电平，即P1＝0xef，再调用按键扫描函数检测列线的状态。

2）将行线P1.5置低电平，即P1＝0xdf，再调用按键扫描函数检测列线的状态。

3）将行线P1.6置低电平，即P1＝0xbf，再调用按键扫描函数检测列线的状态。

4）将行线P1.7置低电平，即P1＝0x7f，再调用按键扫描函数检测列线的状态。

在确定某根行线位置为低电平后，再逐行检测各列线的电平状态。若某列为低，则该列线与置为低电平的行线交叉处的按键就是闭合的按键。若所有列线均为高电平，则无按键按下。

行线都扫描完后，跳转到程序开始处进行循环扫描。

主函数流程图如图3-11所示。

2. 按键扫描函数设计

在置某根行线为低电平时，其他行线为高电平，然后确认有无键按下。判断方法是：只要有一列的电平为低，则表示键盘中有键被按下，而且闭合的键位于低电平线与4根行线相交叉的4个按键之中。

读入P1口的值，判断列线P1.0是否为低电平，若是，则表明0号键被按下，把键号值0显示在数码管上；若不是，再判断列线P1.1、P1.2、P1.3是否为低电平，处理过程与前面所述一致，不再赘述。

按键扫描函数流程图如图3-12所示。

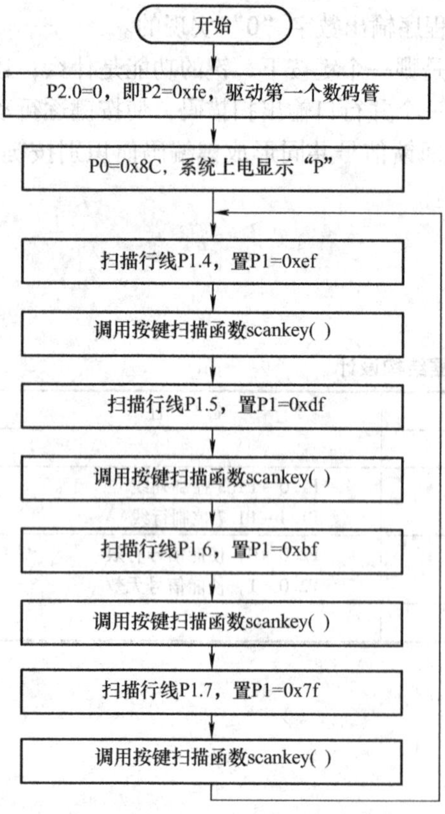

图3-11　主函数流程图

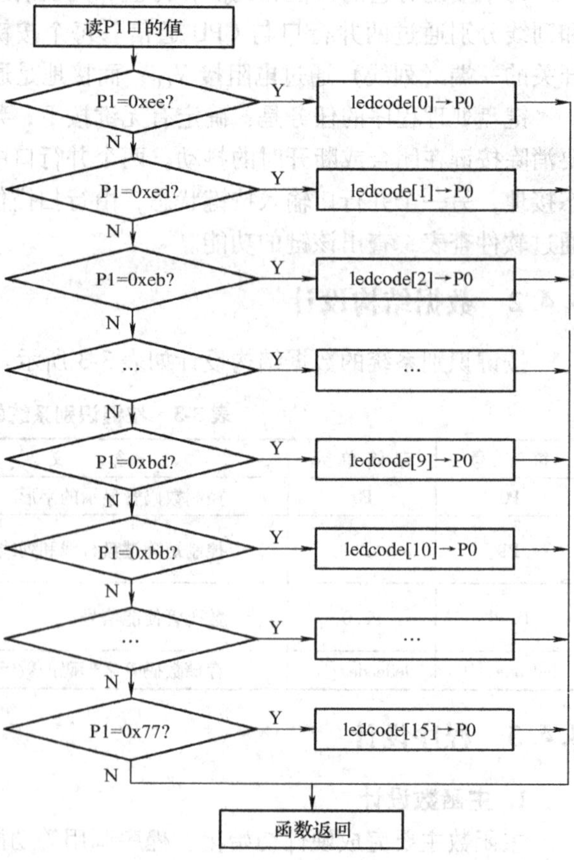

图3-12　按键扫描函数流程图

3.4.4 C语言源程序

```
//*************************************************************
//项目名称:按键识别系统
//功能描述:每按下一个按键,在数码管上显示相应的键号"0~F"
//*************************************************************
#include <reg51.h>           //包含"51寄存器定义"头文件

//*************************************************************
//数码管的连接方法
//P0.7,P0.6,P0.5,P0.4,P0.3,P0.2,P0.1,P0.0
// DP   G    F    E    D    C    B   A
//*************************************************************
//程序中不变数据存放在片内的CODE存储区,以节省RAM
//定义数组:存储数码管字形码
unsigned char code ledcode[] = {0xc0,0xf9,0xa4,0xb0,0x99,0x92,0x82,
0xf8,0x80,0x90,0x88,0x83,0xc6,0xa1,0x86,0x8e};

//*************************************************************
//功能:函数声明
//*************************************************************
void scankey(void);          //按键扫描函数scankey()

//*************************************************************
//函数名称:main()
//函数功能:主函数
//*************************************************************
void main(void)              //主函数入口地址
{
    P2 = 0xfe;               //用第一个数码管显示,P2.0 = 0,即P2 = 0xfe
    P0 = 0x8C;               //系统上电,数码管显示"P"
    while(1)
    {
        P1 = 0xef;           //将第一行线P1.4置低电平,即P1 = 0xef
        scankey();           //调用按键扫描函数scankey()
        P1 = 0xdf;           //将第二行线P1.5置低电平,即P1 = 0xdf
        scankey();           //调用按键扫描函数scankey()
        P1 = 0Xbf;           //将第三行线P1.6置低电平,即P1 = 0xbf
        scankey();           //调用按键扫描函数scankey()
        P1 = 0x7f;           //将第四行线P1.7置低电平,即P1 = 0x7f
        scankey();           //调用按键扫描函数scankey()
```

```
    }
}

//************************************************************
//函数名称:scankey()
//函数功能:按键扫描函数
//************************************************************
void scankey(void)
{
    switch(P1)
    {
        case 0xee:{P0 = ledcode[0];}  break;   //按键"0"
        case 0xed:{P0 = ledcode[1];}  break;   //按键"1"
        case 0xeb:{P0 = ledcode[2];}  break;   //按键"2"
        case 0xe7:{P0 = ledcode[3];}  break;   //按键"3"
        case 0xde:{P0 = ledcode[4];}  break;   //按键"4"
        case 0xdd:{P0 = ledcode[5];}  break;   //按键"5"
        case 0xdb:{P0 = ledcode[6];}  break;   //按键"6"
        case 0xd7:{P0 = ledcode[7];}  break;   //按键"7"
        case 0xbe:{P0 = ledcode[8];}  break;   //按键"8"
        case 0xbd:{P0 = ledcode[9];}  break;   //按键"9"
        case 0xbb:{P0 = ledcode[10];} break;   //按键"a"
        case 0xb7:{P0 = ledcode[11];} break;   //按键"b"
        case 0x7e:{P0 = ledcode[12];} break;   //按键"c"
        case 0x7d:{P0 = ledcode[13];} break;   //按键"d"
        case 0x7b:{P0 = ledcode[14];} break;   //按键"e"
        case 0x77:{P0 = ledcode[15];} break;   //按键"f"
        default:                      break;   //函数退出返回
    }
}
```

3.4.5 汇编语言源程序

```
;************************************************************
;项目名称:按键识别系统
;功能描述:每按下一个按键,在数码管上显示相应的键号"0~F"
;************************************************************
        ORG  0000H
        AJMP  MAIN
        ORG  0030H

;************************************************************
```

```
;功能:主程序
;*************************************************************
MAIN:    CLR      P2.0          ;P2.0=0,用第一个8字数码管显示
         MOV      P0,#8CH       ;系统上电显示"P"
LOOP:    MOV      P1,#0EFH      ;P1.4=0,扫描第一行
         ACALL    SCANKEY       ;调用按键扫描子程序
         MOV      P1,#0DFH      ;P1.5=0,扫描第二行
         ACALL    SCANKEY       ;调用按键扫描子程序
         MOV      P1,#0BFH      ;P1.6=0,扫描第三行
         ACALL    SCANKEY       ;调用按键扫描子程序
         MOV      P1,#07FH      ;P1.7=0,扫描第四行
         ACALL    SCANKEY       ;调用按键扫描子程序
         AJMP     LOOP          ;循环扫描按键

;*************************************************************
;功能:按键扫描子程序
;*************************************************************
SCANKEY:    MOV     A,P1              ;读 P1 口
            CJNE    A,#0EEH,NEXT2     ;判断"0"键是否按下
            MOV     A,#00H
            AJMP    SENDLED
NEXT2:      CJNE    A,#0EDH,NEXT3     ;判断"1"键是否按下
            MOV     A,#01H
            AJMP    SENDLED
NEXT3:      CJNE    A,#0EBH,NEXT4     ;判断"2"键是否按下
            MOV     A,#02H
            AJMP    SENDLED
NEXT4:      CJNE    A,#0E7H,NEXT5     ;判断"3"键是否按下
            MOV     A,#03H
            AJMP    SENDLED
NEXT5:      CJNE    A,#0DEH,NEXT6     ;判断"4"键是否按下
            MOV     A,#04H
            AJMP    SENDLED
NEXT6:      CJNE    A,#0DDH,NEXT7     ;判断"5"键是否按下
            MOV     A,#05H
            AJMP    SENDLED
NEXT7:      CJNE    A,#0DBH,NEXT8     ;判断"6"键是否按下
            MOV     A,#06H
            AJMP    SENDLED
```

```
NEXT8:      CJNE    A,#0D7H,NEXT9         ;判断"7"键是否按下
            MOV     A,#07H
            AJMP    SENDLED
NEXT9:      CJNE    A,#0BEH,NEXT10        ;判断"8"键是否按下
            MOV     A,#08H
            AJMP    SENDLED
NEXT10:     CJNE    A,#0BDH,NEXT_A        ;判断"9"键是否按下
            MOV     A,#09H
            AJMP    SENDLED
NEXT_A:     CJNE    A,#0BBH,NEXT_B        ;判断"A"键是否按下
            MOV     A,#0AH
            AJMP    SENDLED
NEXT_B:     CJNE    A,#0B7H,NEXT_C        ;判断"B"键是否按下
            MOV     A,#0BH
            AJMP    SENDLED
NEXT_C:     CJNE    A,#7EH,NEXT_D         ;判断"C"键是否按下
            MOV     A,#0CH
            AJMP    SENDLED
NEXT_D:     CJNE    A,#7DH,NEXT_E         ;判断"D"键是否按下
            MOV     A,#0DH
            AJMP    SENDLED
NEXT_E:     CJNE    A,#7BH,NEXT_F         ;判断"E"键是否按下
            MOV     A,#0EH
            AJMP    SENDLED
NEXT_F:     CJNE    A,#77H,SCAN_RE        ;判断"F"键是否按下
            MOV     A,#0FH
SENDLED:    MOV     DPTR,#LEDCODE
            MOVC    A,@A+DPTR
            MOV     P0,A
SCAN_RE:    RET                           ;子程序返回

;*****************************************************
;功能:LED 字段码表
;8 字 LED 的连接方法
;P0.7,P0.6,P0.5,P0.4,P0.3,P0.2,P0.1,P0.0
; DP   G    F    E    D    C    B    A
;*****************************************************
LEDCODE:DB 0C0H,0F9H,0A4H,0B0H,99H,92H,82H,0F8H,80H,90H
DB 88H,83H,C6H,A1H,86H,8EH
```

任务5　系统仿真调试

系统仿真调试过程参见项目1。

任务6　能力拓展

1. 多路开关状态指示

【控制要求】 单片机AT89S52的P0.0～P0.3连接4个发光二极管VL1～VL4，P1.0～P1.3连接4个开关S1～S4，编程将开关的状态反映到发光二极管上：开关闭合，对应的灯亮；开关断开，对应的灯灭。

2. 一键多功能按键识别技术

【控制要求】 开关S1接在P1.0引脚上，在AT89S52单片机的P0口接有四个发光二极管，上电的时候，VL1接在P0.0引脚上的发光二极管在闪烁，当每一次按下开关S1的时候，VL2接在P0.1引脚上的发光二极管在闪烁，再按下开关S1的时候，VL3接在P0.2引脚上的发光二极管在闪烁，再按下开关S1的时候，VL4接在P0.3引脚上的发光二极管在闪烁，再按下开关S1的时候，又轮到VL1在闪烁了，如此轮流下去。

任务7　项目考核

项目考核内容如表3-4所示。

表3-4　项目考核内容

考核项目	考核内容	技术要求	得　分
总体设计	①任务分析 ②方案设计 ③软件和硬件功能划分	①任务明确（5分） ②方案设计合理、有新意（10分） ③软件和硬件功能划分合理（5分）	
硬件设计	①片内器件分配 ②电路原理图设计 ③电路板制作	①片内器件分配正确、合理（5分） ②电路原理图设计正确（10分） ③电路板制作：布线正确、整齐、合理（5分）	
软件设计	①算法和数据结构设计 ②流程图设计 ③编程	①算法和数据结构设计正确、合理（5分） ②流程图设计正确、简明（5分） ③编程正确、有新意（10分）	
系统仿真与调试	①调试顺序 ②错误排除 ③调试结果	①调试顺序正确（5分） ②能熟练排除错误（10分） ③调试后运行正确（5分）	
实训报告	①书写 ②内容 ③图形绘制 ④结果分析	①书写规范整齐（5分） ②内容翔实具体（5分） ③图形绘制正确、完整、全面（5分） ④能正确分析实验结果（5分）	
合　计			

项目4 设计报警器系统

教学目标

1. 终极目标

制作一个单片机控制的报警器系统。

2. 促成目标

1）理解中断的基本概念。

2）理解 MCS-51 单片机中断系统的结构和特点。

3）掌握中断系统的处理过程和使用方法。

4）掌握中断控制的程序设计方法。

工作任务单

设计一个单片机控制的报警器系统。

当按钮 SB 按下时，单片机输出 1kHz 和 500Hz 的音频信号驱动蜂鸣器发出报警信号，要求 1kHz 信号响 100ms，500Hz 信号响 200ms，交替进行。

任务1 相关知识

中断是指计算机（包括单片机）在执行某一程序的过程中，由于计算机系统内、外的某种原因，而必须中止原来程序的执行，转去执行相应的处理程序，待处理结束之后，再回来继续执行被中止的原程序的过程。采用了中断技术后的计算机，可以解决 CPU 与外设之间速度匹配的问题，使计算机可以及时处理系统中许多随机的参数和信息，同时，它也提高了计算机处理故障与应变的能力。中断响应过程示意图如图 4-1 所示。

计算机在执行主程序过程中，若有符合响应条件的中断请求，则 CPU 将停止主程序的执行，响应中断去执行中断服务程序，执行完后再返回原来主程序停止的地方（断点）继续执行主程序。

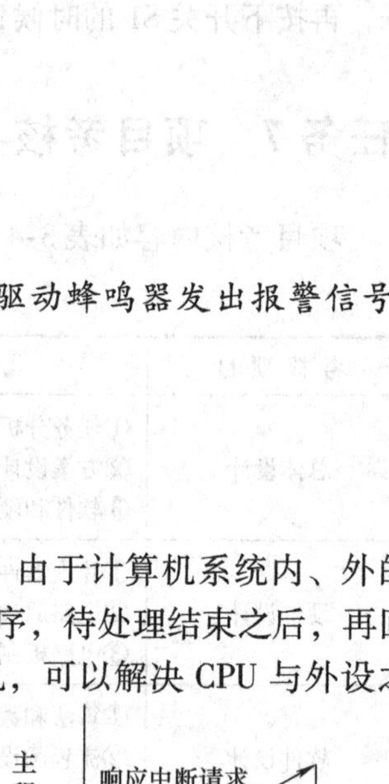

图 4-1 中断响应过程流程图

4.1.1 中断系统的结构

MCS-51 单片机的中断系统内部结构如图 4-2 所示。

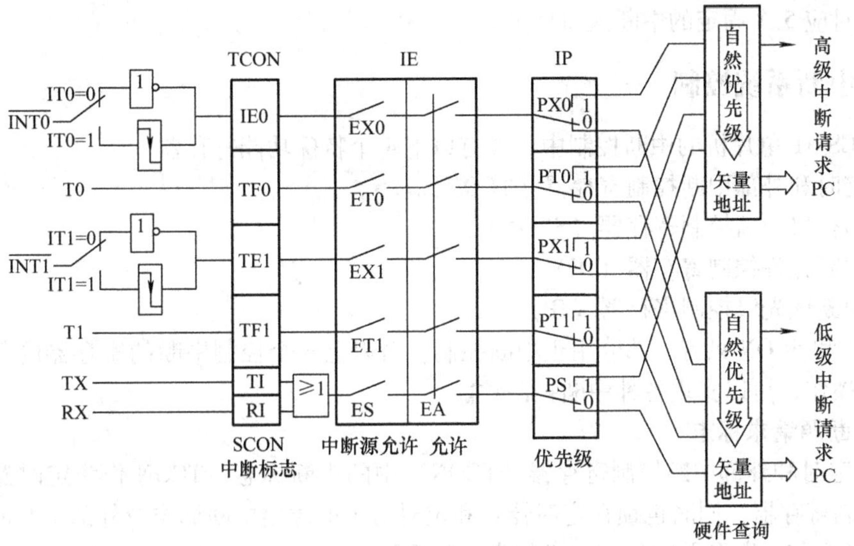

图4-2 MCS-51单片机的中断系统内部结构示意图

1. 中断源与中断标志

引起中断的原因或者是能发出中断申请的来源，称为中断源。中断可以人为设定，也可以是为响应突发性随机事件而设置。中断源一般指I/O设备、实时控制系统中的随机参数和信息故障源等。

MCS-51单片机有如下5个中断源：

$\overline{INT0}$——外部中断0中断请求，由P3.2脚输入。

$\overline{INT1}$——外部中断1中断请求，由P3.3脚输入。

TF0——定时器0溢出中断请求。

TF1——定时器1溢出中断请求。

RI或TI——串行中断请求。当接收或发送完一串行帧数据时，内部串行口中断请求标志位RI（SCON.0）或TI（SCON.1）置位（由硬件自动执行），请求中断。

对于8052系列单片机，片内有3个定时器/计时器，所以它有6个中断源。

2. 中断控制寄存器

中断的响应主要由中断控制寄存器控制。为了使每个中断源都能独立地被允许或禁止，方便用户灵活使用，它在每个中断信号的通道中设置了一个中断屏蔽触发器。只有该触发器有效，它所对应的中断请求信号才能进入CPU，此中断被开放；否则，此中断被屏蔽，即使其对应的中断标志位置1，CPU也不会响应中断。中断允许寄存器IE即用于执行对各中断源的打开与屏蔽（关断）。

3. 中断优先级

MCS-51单片机中有5个中断源。当两个或两个以上的中断源同时向CPU申请中断时，CPU必须确定首先响应哪个中断，即不同的中断源有不同的优先级。每一个中断请求可编程控制为高优先级中断或低优先级中断，能实现两级中断嵌套。一个正在执行的低优先级中断服务程序可以被高优先级中断请求所中断，但不能被另一个低优先级中断请求所中断。5个中断源的排列顺序由中断优先级控制寄存器（IP）和顺序查询逻辑电路共同决定，5个中断源分别对应5个固定的中断入口地址。

4.1.2 中断系统控制

在MCS-51单片机的中断控制中，具有以下4个特殊功能寄存器：

1）定时和外部中断控制寄存器（TCON）。

2）串行口中断控制寄存器（SCON）。

3）中断允许控制寄存器（IE）。

4）中断优先级控制寄存器（IP）。

TCON和SCON只有一部分用于中断控制。对以上4个控制中断的寄存器的各位进行置位或复位操作，可以实现各种中断控制功能。

1. 中断源请求标志

（1）定时和外部中断控制寄存器（TCON）中的中断标志　TCON作为定时器0和定时器1的控制寄存器，同时也锁存定时器0和定时器1的溢出中断标志及外部中断的中断标志等。TCON中与中断有关的位的定义如表4-1所示。

表4-1　TCON中各位的定义

位地址	0x8F	0x8E	0x8D	0x8C	0x8B	0x8A	0x89	0x88
位符号	TF1	TR1	TF0	TR0	IE1	IT1	IE0	IT0

TCON.7（TF1）——定时器1的溢出中断标志。T1被启动计数后，从初值做加1计数，当计满溢出后由硬件置位TF1，同时向CPU发出中断请求，此标志一直保持到CPU响应中断后才由硬件自动清0。也可以由软件查询该标志，并且由软件清0。

TCON.5（TF0）——定时器0溢出中断标志。其操作功能和意义与TF1类同。

TCON.3（IE1）——外部中断1的中断请求标志。当P3.3引脚信号有效时，IE1=1，外部中断1向CPU申请中断，当执行完后，由片内硬件自动清0。

TCON.2（IT1）——外部中断1的中断触发方式控制位。当IT1=0时，外部中断1被控制为电平触发方式，在这种方式下，CPU在每个机器周期的S_5P_2期间对外部中断1（P3.3）引脚采样，若为低电平，则认为有中断申请，随即使IE1标志置位；若为高电平，则认为无中断申请，或中断申请已撤除，随即使IE1标志复位。当IT1=1时，外部中断1被控制为边沿触发方式。CPU在每个机器周期的S_5P_2期间对外部中断1（P3.3）引脚采样，如果在相继的两个周期采样过程中，一个机器周期采样到该引脚为高电平，接着的下一个机器周期采样到该引脚为低电平，则使IE1置1，直到CPU响应该中断时，才由硬件使IE1清0。

TCON.1（IE0）——外部中断0的中断请求标志。其操作功能和意义与IE1类同。

TCON.0（IT0）——外部中断0的中断触发方式控制位。其操作功能和意义与IT1类同。

（2）串行中断控制寄存器（SCON）中的中断标志　SCON是串行口控制寄存器，寄存器地址为0x98，其低两位TI和RI锁存串行口的发送中断标志和接收中断标志。SCON中各位的定义如表4-2所示。

表4-2　SCON中各位的定义

位地址	0x9F	0x9E	0x9D	0x9C	0x9B	0x9A	0x99	0x98
位符号	SM0	SM1	SM2	REN	TB8	RB8	TI	RI

SCON.1（TI）——串行口发送中断标志。CPU 将一个数据写入发送缓冲器 SBUF 时，就启动发送，每发送完一个串行帧数据后，硬件将使 TI 置位。但 CPU 响应中断时并不清除 TI，必须在中断服务程序中由软件清除。

SCON.0（RI）——串行接收中断标志。在串行口允许接收时，每接收完一个串行帧数据，硬件将使 RI 置位。同样，CPU 在响应中断时不会清除 RI，必须在中断服务程序中由软件清除。

MCS-51 单片机系统复位后，TCON 和 SCON 均清 0，应用时要注意各位的初始状态。

2. 中断允许控制

计算机中断系统有两种不同类型的中断：一类称为非屏蔽中断，另一类称为可屏蔽中断。对非屏蔽中断，用户不能用软件的方法加以禁止，一旦有中断申请，CPU 必须予以响应。对可屏蔽中断，用户可以通过软件方法来控制是否允许某个中断源的中断，允许中断称为中断开放，不允许中断称为中断屏蔽。MCS-51 系列单片机的 5 个中断源都是可屏蔽中断，中断系统内部设有一个专用寄存器 IE，寄存器地址为 0xA8，用于控制 CPU 对各中断源的开放或屏蔽。IE 中各位的定义如表 4-3 所示。

表 4-3 IE 中各位的定义

位地址	0xAF	0xAE	0xAD	0xAC	0xAB	0xAA	0xA9	0xA8
位符号	EA	/	/	ES	ET1	EX1	ET0	EX0

IE.7（EA）——总中断允许控制位。EA = 1，开放所有中断，各中断源的允许和禁止可通过相应的中断允许位单独加以控制；EA = 0，禁止所有中断。

IE.4（ES）——串行口中断（包括串行发、串行收）允许位。ES = 1，允许串行口中断；ES = 0，禁止串行口中断。

IE.3（ET1）——定时器 1 中断允许位。ET1 = 1，允许定时器 1 中断；ET1 = 0，禁止定时器 1 中断。

IE.2（EX1）——外部中断 1 中断允许位。EX1 = 1，允许外部中断 1 中断；EX1 = 0，禁止外部中断 1 中断。

IE.1（ET0）——定时器 0 中断允许位。ET0 = 1，允许定时器 0 中断；ET0 = 0，禁止定时器 0 中断。

IE.0（EX0）——外部中断 0 中断允许位。EX0 = 1，允许外部中断 0 中断；EX0 = 0，禁止外部中断 0 中断。

8051 单片机系统复位后，IE 中各中断允许位均被清 0，即禁止所有中断。

由此可知，MCS-51 系列单片机对中断实行两级控制，总控制位为 EA，每一个中断源还有各自的控制位来控制对该中断源开放或屏蔽。首先要使 EA = 1，其次还要自身的控制位置“1”。

例如，首先开放总中断“EA = 1”，然后开放 T1 中断“ET1 = 1”，这 2 条位操作指令也可合并为 1 条指令：IE = 0x88。

3. 中断优先级控制

在 MCS-51 系列单片机中有两个中断优先级，每个中断源都可以通过编程确定为高优先级中断或低优先级中断，从而实现二级嵌套。同一优先级别中的中断源可能不止一个，即存在中断优先权排队的问题。

专用寄存器 IP 为中断优先级寄存器，寄存器地址为 0xB8，锁存各中断源优先级控制位。IP 中的每一位均可由软件来置 1 或清 0，置 1 表示高优先级，清 0 表示低优先级。各位的定义如表 4-4 所示。

表 4-4 中断优先级寄存器各位的定义

位地址	0xBF	0xBE	0xBD	0xBC	0xBB	0xBA	0xB9	0xB8
位符号	/	/	/	PS	PT1	PX1	PT0	PX0

IP. 4（PS）——串行口中断优先级控制位。PS = 1，设定串行口为高优先级中断；PS = 0，设定串行口为低优先级中断。

IP. 3（PT1）——定时器 1 中断优先级控制位。PT1 = 1，设定定时器 1 中断为高优先级中断；PT1 = 0，设定定时器 1 中断为低优先级中断。

IP. 2（PX1）——外部中断 1 中断优先级控制位。PX1 = 1，设定外部中断 1 为高优先级中断；PX1 = 0，设定外部中断 1 为低优先级中断。

IP. 1（PT0）——定时器 0 中断优先级控制位。PT0 = 1，设定定时器 0 中断为高优先级中断；PT0 = 0，设定定时器 0 中断为低优先级中断。

IP. 0（PX0）——外部中断 0 中断优先级控制位。PX0 = 1，设定外部中断 0 为高优先级中断；PX0 = 0，设定外部中断 0 为低优先级中断。

当系统复位后，IP 低 5 位全部清 0，所有中断源均设定为低优先级中断。

如果几个同一优先级的中断源同时向 CPU 申请中断，CPU 通过内部硬件查询逻辑，按自然优先级顺序确定先响应哪个中断请求。自然优先级由硬件形成，见表 4-5。

表 4-5 MCS-51 单片机的中断源自然查询顺序

中 断 源	同级自然优先级
外部中断 0	先 ↓ 后
定时器 0 中断	
外部中断 1	
定时器 1 中断	
串行口中断	

4.1.3 中断系统响应

中断处理过程可分为：中断请求、中断响应、中断服务和中断返回。

1. 中断请求与响应中断条件

在单片机执行某一程序过程中，若发现有中断请求（相应中断请求标志位为 1），CPU 将根据具体情况决定是否响应中断，这主要由中断允许寄存器来控制：

1）中断总允许位 EA = 1。

2）申请中断的中断源允许位置 1。

满足以上基本条件，CPU 一般会响应中断，如果有下列任何一种情况存在，那么中断响应会受到阻断：

1）CPU 正在响应同级或高优先级的中断。

2）当前指令未执行完。

3）正在执行中断返回指令或访问专用寄存器 IE 和 IP 的指令。

2. 中断响应

若中断请求符合响应条件，则 CPU 将响应中断请求。中断响应过程包括保护断点和将程序转向中断服务程序的入口地址。首先，中断系统通过硬件自动生成长调用指令，该指令将自动把断点地址压入堆栈保护（不保护累加器 A、状态寄存器 PSW 和其他寄存器的内容），然后，将对应的中断入口地址装入程序计数器 PC（由硬件自动执行），使程序转向该中断入口地址，执行中断服务程序。MCS-51 系列单片机各中断源的入口地址由硬件事先设定，入口地址分配见表 4-6。

表 4-6　MCS-51 单片机的中断入口地址表

中　断　源	入 口 地 址
外部中断 0	0x0003
定时器 0 中断	0x000B
外部中断 1	0x0013
定时器 1 中断	0x001B
串行口中断	0x0023

使用时，通常在这些中断入口地址处存放一条绝对跳转指令，使程序跳转到用户安排的中断服务程序的起始地址上去。

3. 中断服务

中断服务程序从中断入口地址开始执行，到返回指令为止，一般包括两部分内容：一是保护现场；二是完成中断源请求的服务。

通常主程序和中断服务程序都会用到累加器 A、状态寄存器 PSW 及其他一些寄存器，当 CPU 进入中断服务程序用到上述寄存器时，会破坏原来存储在寄存器中的内容，一旦中断返回，将会导致主程序的混乱，因此，在进入中断服务程序后，一定要先保护现场，然后，执行中断处理程序，在中断返回之前再恢复现场。

4. 中断返回

在 C51 程序中，中断服务程序是由中断函数来实现的，中断处理结束后会自动返回主程序。

4.1.4　中断系统应用

中断系统应用的主要问题是应用程序的编制，编写应用程序大致包括两大部分：中断初始化和中断服务程序。具体要求如下：

1. 中断初始化

中断初始化通常在产生中断请求前完成，通常放在主程序中，与主程序其他初始化内容一起完成设置。

（1）设置堆栈指针 SP　由于中断涉及保护断点 PC 地址和现场数据，而且要用堆栈实现保护，因此要设置适宜的堆栈深度。当要求有一定深度时，通常可设置 SP = 0x60 或 = 0x50，深度分为 32B 和 48B。

（2）定义中断优先级　根据中断源的轻重次序，可以划分高优先级和低优先级。用“IP = 0xXX”指令设置。

（3）定义外中断触发方式　在一般情况下，最好定义为边沿触发方式。如果外部中断信号无法适用边沿触发方式，必须采用电平触发方式时，应该在硬件电路上和中断服务程序中采取撤除中断请求信号的措施。

（4）开放中断　要同时置位 EA 和需要开放中断的中断允许控制位。可以用“IE = 0xXX”指令设置。

2. 中断服务函数

中断服务函数的内容如下：

1）中断服务入口地址设置一条跳转指令，转移到中断服务程序的实际入口地址。MCS-51 单片机相邻两个中断入口地址间只有 8B 的空间，8B 只能容纳一个有 3 ~ 8 条指令的很短程序，一般情况下中断服务程序都超过 8B 长度。所以，必须跳转到其他比较合适的地址空间。最好用 goto 指令，这样很方便地将中断服务程序不受限制地安排在 64KB 任何地方。

2）根据需要保护现场。保护现场不是中断服务程序的必需部分，它是保护 ACC、PSW 和 DPTR 等特殊功能寄存器的内容。在这里需要读者注意的是：保护现场数据越少越好，数据保护越多，堆栈负担越重，堆栈深度设置越深。

3）中断源请求中断服务要求的运行，这是中断服务程序的主体。

4）如果是外部中断电平触发方式，则应有中断信号撤除操作。如果是串行中断，则应有对 RI、TI 清 0 指令。

5）中断源恢复现场。与保护现场相对应，注意“先进后出、后进先出”的操作顺序。

中断管理和控制程序一般都包含在主程序中，根据需要通过几条指令来完成。中断服务程序是一种具有特定功能的独立程序段，可根据中断源的具体要求进行服务。下面通过实例来说明其具体应用。

例 4-1　若规定外部中断 0 为电平触发方式，高优先级，试写出有关的初始化程序。

【分析】一般可采用位操作指令来实现。

【程序代码】

```
EA =1          //开中断
EX0 =1         //允许外部中断 0 中断
PX0 =1         //外部中断 0 定为高优先级
IT0 =0         //电平触发
```

例 4-2　若规定外部中断 1 为边沿触发方式，低优先级，在中断服务函数中将寄存器 B 的内容左循环移一位，B 的初值设为 0x01。试编写主函数与中断服务函数。

【程序代码】

```
#include <reg51.h>                    //51 芯片引脚定义头文件
void main()
{
    EA =1;                            //开中断
```

```
    EX1 =1;                         //允许外部中断1中断
    PX1 =0;                         //设为低优先级
    IT1 =1;                         //边沿触发
    B =0x01;                        //设B的初值
    while(1);                       //等待外部中断1
}

int external_interrupt_1() interrupt 2
{
    B =B< <1;                       //B左循环移一位
    return B;
}
```

任务2 系统总体设计

报警器系统功能由硬件和软件两大部分协调完成。

系统硬件采用模块化设计，以单片机控制器为核心，与按键电路、音频报警电路等组成单片机控制的报警器系统，主要包括单片机主控模块、按键模块、音频报警模块等。其中单片机主控模块主要完成外围硬件的控制以及一些运算功能；按键模块主要完成外部中断功能；音频报警模块主要完成报警音频信号的输出。报警器系统硬件组成框图如图4-3所示。

系统软件采用模块化设计方法。报警器系统的应用程序主要由主函数、外部中断1服务函数、延时函数等模块组成，其软件结构框图如图4-4所示。

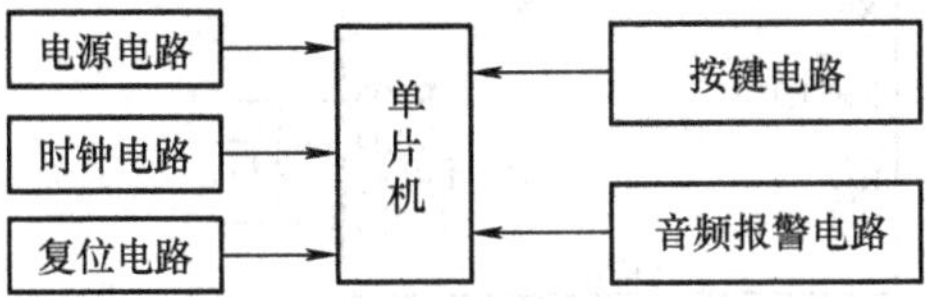

图4-3 报警器系统硬件组成框图

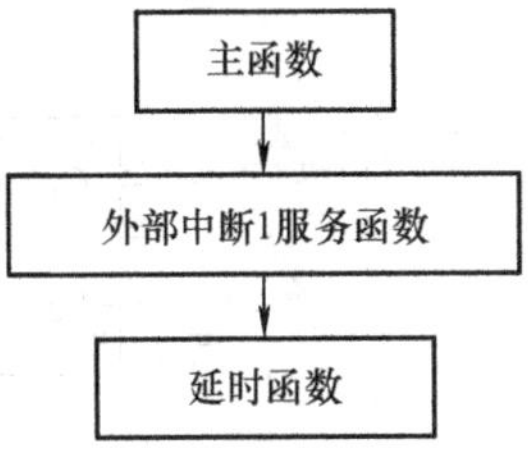

图4-4 报警器系统软件结构框图

任务3 系统硬件设计

4.3.1 主控模块设计

本项目采用ATMEL公司生产的AT89S52单片机，主控模块的具体设计参见项目1。

4.3.2 按键模块设计

一般的按键从实物来看，是一个四端口器件，如图4-5所示，但它其实是一个二端口器件。

在按下塑料柱子之前，两个触点之间是不导通的，按下的时候就导通。提供外部电路的不同接法，就可以使其中一个端口在按下和不按下的时候产生电平变化，而单片机正是通过检测这种变化来完成对按键输入信息的获得。

图 4-5 按键实物图

按键 SB_1 的一端接地 GND，另一端接 P3 口的 P3.3（INT1，外部中断 1 请求输入端），如图 4-6 所示。P3 口内部接有上拉电阻，所以在按键 SB_1 按下之前，端口 P3.3 保持在高电平；当按键 SB_1 按下时，端口 P3.3 通过按键 SB_1 接到 GND，这个时候就是低电平。所以，通过检测端口的状态变化，可以判断按键 SB_1 是否按下。

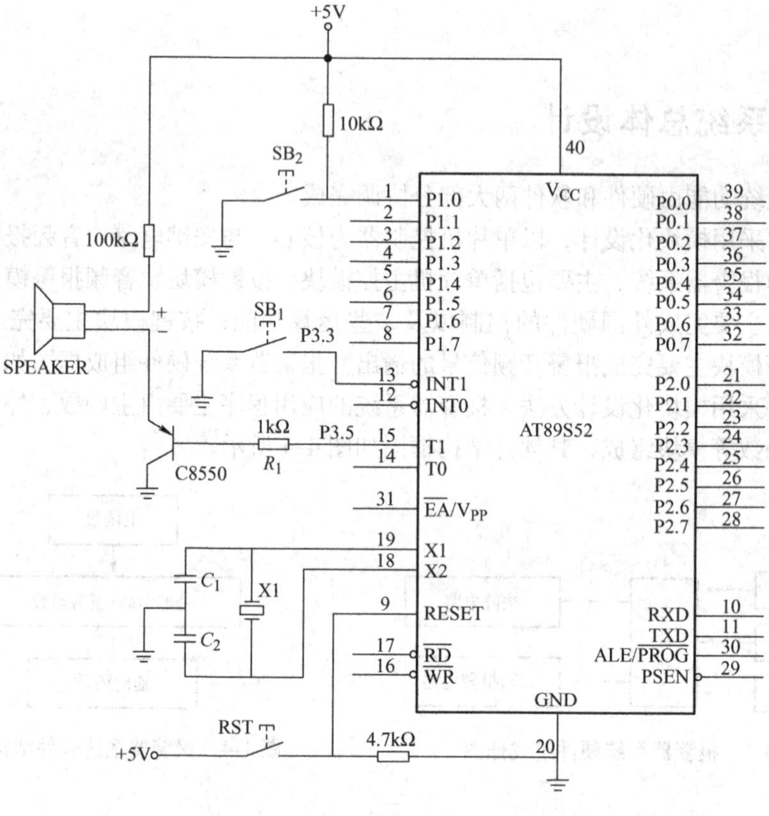

图 4-6 报警器与单片机的接口电路原理图

4.3.3 音频报警模块设计

蜂鸣器是一种一体化结构的电子鸣响器，采用直流电压供电，广泛应用于计算机、打印机、复印机、报警器、电子玩具、汽车电子设备、电话机、定时器等电子产品中作为发声器件。

蜂鸣器主要分为压电式蜂鸣器和电磁式蜂鸣器两种类型。

1）压电式蜂鸣器主要由多谐振荡器、压电蜂鸣片、阻抗匹配器及共鸣箱、外壳等组成。有的压电式蜂鸣器外壳上还装有发光二极管。多谐振荡器由晶体管或集成电路构成。接通电源（1.5~15V直流工作电压）后，多谐振荡器起振，输出1.5~2.5kHz的音频信号，阻抗匹配器推动压电蜂鸣片发声。

压电蜂鸣片由锆钛酸铅或铌镁酸铅压电陶瓷材料制成，在陶瓷片的两面镀上银电极，经极化和老化处理后，再与黄铜片或不锈钢片粘在一起。

2）电磁式蜂鸣器由振荡器、电磁线圈、磁铁、振动膜片及外壳等组成。接通电源后，振荡器产生的音频信号电流通过电磁线圈，使电磁线圈产生磁场。振动膜片在电磁线圈和磁铁的相互作用下，周期性地振动发声。

在本项目中，选用无源电磁式蜂鸣器来实现报警发声，如图4-7所示。

蜂鸣器和普通扬声器相比，最重要的一个特点是，只要按照极性要求加上合适的直流电压，就可以发出固有频率的声音。

电磁式蜂鸣器的发声原理是电流通过电磁线圈，使电磁线圈产生磁场来驱动振动膜发声，因此需要一定的电流才能驱动它，单片机I/O引脚输出的电流较小，单片机输出的TTL电平基本上驱动不了蜂鸣器，因此需要增加一个电流放大电路。单片机一般通过一个晶体管C8550（见图4-8）来放大电流，驱动蜂鸣器，电路如图4-6所示。

图4-7 蜂鸣器实物图

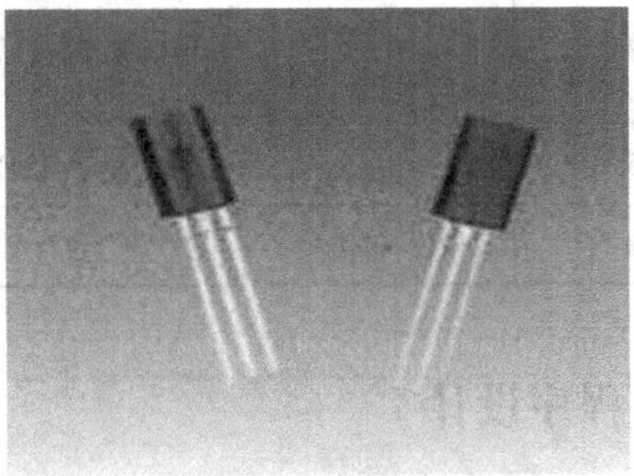

图4-8 晶体管C8550实物图

蜂鸣器的正极接到V_{CC}（+5V）电源上面，蜂鸣器的负极接到晶体管的发射极E，晶体管的基极B经过限流电阻R_1后由单片机的P3.5引脚控制。

当P3.5输出高电平时，晶体管C8550截止，没有电流流过线圈，蜂鸣器不发声；当P3.5输出低电平时，晶体管C8550导通，蜂鸣器的电流形成回路，发出声音。因此，可以通过程序控制P3.5引脚的电平来控制蜂鸣器是否发出声音。音频报警器与单片机的接口电路如图4-6所示。

任务4 系统软件设计

4.4.1 算法设计

当按键SB_1未按下时，P3.3口线（INT1，外部中断1请求输入端）为高电平；当按键SB_1按下时，P3.3口线为低电平。单片机在相继的两个周期采样过程中，一个机器周期采样到该引脚为高电平，接着的下一个机器周期采样到该引脚为低电平时，则使外部中断1的中断请求标志 IE1 置 1，产生中断。

改变单片机 P3.5 引脚的输出波形的频率，就可以调整控制蜂鸣器的音调，产生各种不同音色、音调的声音。另外，改变 P3.5 输出电平的高低电平占空比，则可以控制蜂鸣器的声音大小。

在中断服务程序中，调用延时函数并对 P3.5 引脚电平取反，产生特定频率的报警音频信号。

报警音频信号产生的方法：500Hz 信号的周期为 1/(500Hz) = 2ms，信号电平为每 2ms/2 = 1ms 取反 1 次；1kHz 的信号周期为 1/(1kHz) = 1ms，信号电平每 1ms/2 = 500μs 取反 1 次。1ms 正好为 500μs 的 2 倍，可以利用延时 500μs 的延时函数来实现延时，1ms 正好调用 2 次延时函数。

4.4.2　数据结构设计

报警器系统的数据结构设计如表 4-7 所示。

表 4-7　报警器控制系统数据结构设计

符　号	存储单元	含　义	备　注
P3.3	P3.3	控制按钮 SB_1 通、断	P3.3 = 0，SB_1 接通 P3.3 = 1，SB_1 断开
P3.5	P3.5	输出 1kHz 和 500Hz 的音频信号	
count	count	设置计数次数	

4.4.3　程序设计

1. 主函数设计

主函数主要完成对外部中断 1 进行初始化以及对相关的特殊功能寄存器进行初始化设置。堆栈指针初始化，栈底设置为 0x60；开放总中断，设置 EA 位；允许外部中断 1 中断，设置 EX1 位。设置 IT1 位，使外部中断 1 工作于边沿触发方式下。

外部中断 1 对应的外部中断源是 $\overline{INT1}$ 引脚，即 P3.3，当外部中断 1 允许且为边沿触发方式时，只要在 P3.3 引脚上出现负的下降沿，外部中断 1 的标志位 IE1 就被置位，CPU 将在下一个机器周期的 S_1 状态时响应该中断。

主函数流程图如图 4-9 所示。

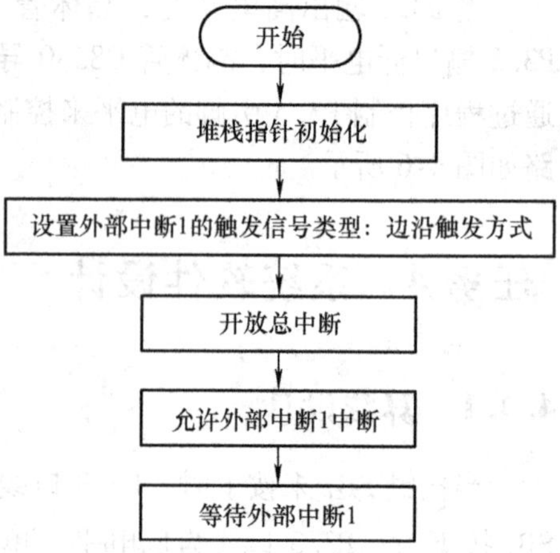

图 4-9　主函数流程图

2. 外部中断 1 服务函数设计

CPU 响应了外部中断 1 的中断请求后转至中断服务函数执行。其主要功能就是将 P3.5 的值取反、延时，再取反、再延时，从而实现 P3.5 口线交替输出 1kHz 和 500Hz 的音频信号来驱动蜂鸣器报警。

外部中断 1 服务函数流程如图 4-10 所示。

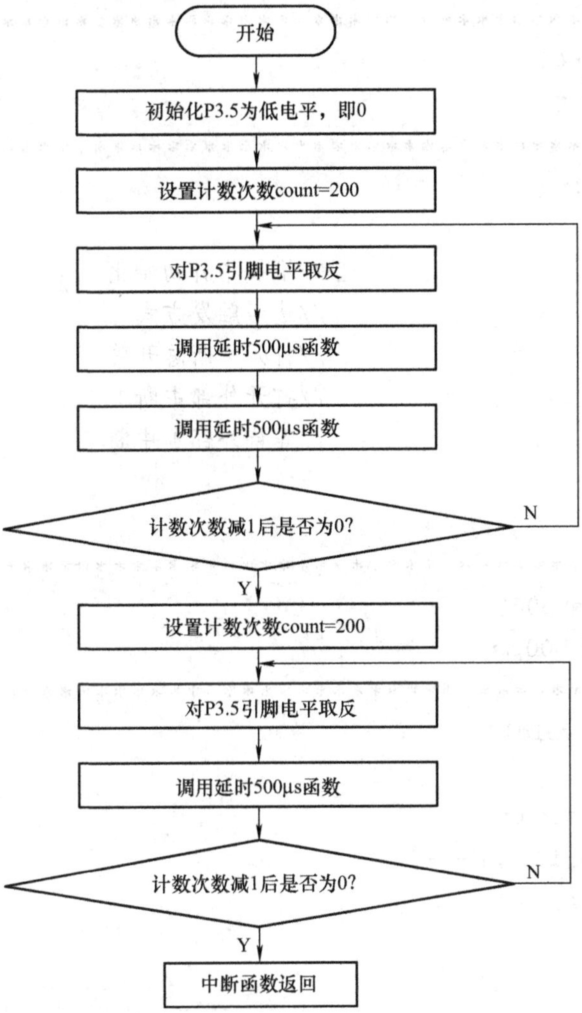

图4-10　外部中断1服务函数流程图

3. 延时函数设计

延时函数模块设计请参考项目1。

4.4.4　C语言源程序

```
//****************************************************************
//项目名称:设计报警器系统
//功能描述:按钮 SB1 按下时,单片机输出 1kHz 和 500Hz 报警信号
//****************************************************************
#include <AT89X51.H>              //包含"51 寄存器定义"头文件
#include <INTRINS.H>
bit flag;
unsigned char count;              //设置计数次数
```

```
//*******************************************************************
//函数名称:main()
//函数功能:主函数
//*******************************************************************
void main(void)
{
    SP=0x60;                        //堆栈指针初始化
    IT1=1;                          //边沿触发方式
    EA=1;                           //打开中断总开关
    EX1=1;                          //打开外部中断1
    While(1);                       //等待外部1中断
}

//*******************************************************************
//函数名称:delay500()
//函数功能:延时500μs
//*******************************************************************
void delay500(void)
{
    unsigned char I;
    for(i=250;i>0;i--)
    {  _nop_();}
}

//*******************************************************************
//函数名称:intersvr1()
//函数功能:外部中断1服务函数(中断编号:2)
//*******************************************************************
void intersvr1(void)  interrupt  2  using 1
{
    P3^5=0;                         //初始化P3.5引脚为低电平
    P3_5=~P3_5;                     //P3.5引脚电平取反

//输出500Hz的音频信号
//500Hz信号的周期为1/500s=2ms,信号每2ms/2=1ms取反1次
    for(count=200;count>0;count--)
    {
        P3_5=~P3_5;                 //对P3.5引脚电平取反
        dely500();                  //调用延时500μs函数delay500()
```

```
        dely500();                    //调用延时500μs 函数 delay500()
    }

//输出1kHz 的音频信号
//1kHz 的信号周期为1/(1kHz) =1ms, 信号每1ms/2 =500μs 取反1次
    for (count=200; count>0; count--)
     {
        P3_5 = ~P3_5;                 //P3.5 引脚电平取反
        delay500();                   //调用延时500μs 函数 delay500()
    }
}
```

4.4.5 汇编语言源程序

```
;***************************************************
;项目名称:单片机控制的报警器系统设计
;功能描述:按钮SB1 按下时,单片机输出1kHz 和500Hz 报警信号
;***************************************************
ORG   0000H
AJMP  MAIN
ORG   0013H
AJMP  INT_1

;***************************************************
;功能:主程序
;***************************************************
        ORG    0100H
MAIN:   MOV    SP, #60H            ;堆栈指针初始化
        SETB   IT1                 ;边沿触发方式
        SETB   EA                  ;打开中断总开关
        SETB   EX1                 ;外部中断1允许控制位
        SJMP   $                   ;等待外部1中断

;***************************************************
;功能:外部中断1服务子程序
;***************************************************
        ORG     0200H
INT_1:  MOV     P3.5, #00H
START:  MOV     R2,#200
```

```
DV1:        CPL     P3.5            ;输出 500Hz 的音频信号
            LCALL   DELAY500        ;调用延时 500μs 子程序 DELAY500
            LCALL   DELAY500        ;调用延时 500μs 子程序 DELAY500
            DJNZ    R2,DV1
            MOV     R2,#200

DV2:        CPL     P3.5            ;输出 1kHz 的音频信号
            LCALL   DELAY500        ;调用延时 500μs 子程序 DELAY500
            DJNZ    R2,DV2
            RETI                    ;中断子程序返回

;**********************************************************
;功能:延时 500μs 子程序 DELAY500
;**********************************************************
DELAY500:MOV    R7,#250
LOOP:       NOP
            DJNZ    R7,LOOP
            RET
            END
```

任务5 系统仿真调试

系统仿真调试过程参见项目1。

任务6 能力扩展

1. 外部中断计数

【控制要求】 利用单片机的外部中断功能进行计数，然后将计数值输出到数码管上显示。按下 S_1 键，计数值加1（外部中断0）；按下 S_2 键，计数值减1（外部中断1）；采用3位数码管显示，最大计数值为255。

2. 产生“叮咚”门铃声

【控制要求】 当按下开关（接P1.4）时，单片机产生“叮咚”声，从蜂鸣器（接P3.7）输出。

3. 演奏音乐

【控制要求】 演唱“两只老虎”：单片机的P3.7外接扬声器，利用定时器/计数器与中断唱出音乐“两只老虎”，其乐谱如下：

| 1 2 3 1 | 1 2 3 1 | 3 4 5- | 3 4 5- |

| <u>56</u> <u>54</u> 31 | <u>56</u> <u>54</u> 31 | 1 5 1- | 1 5 1- |

任务 7　项目考核

项目考核内容如表 4-8 所示。

表 4-8　项目考核内容

考核项目	考核内容	技术要求	得　分
总体设计	①任务分析 ②方案设计 ③软件和硬件功能划分	①任务明确（5 分） ②方案设计合理、有新意（10 分） ③软件和硬件功能划分合理（5 分）	
硬件设计	①片内器件分配 ②电路原理图设计 ③电路板制作	①片内器件分配正确、合理（5 分） ②电路原理图设计正确（10 分） ③电路板制作：布线正确、整齐、合理（5 分）	
软件设计	①算法和数据结构设计 ②流程图设计 ③编程	①算法和数据结构设计正确、合理（5 分） ②流程图设计正确、简明（5 分） ③编程正确、有新意（10 分）	
系统仿真与调试	①调试顺序 ②错误排除 ③调试结果	①调试顺序正确（5 分） ②能熟练排除错误（10 分） ③调试后运行正确（5 分）	
实训报告	①书写 ②内容 ③图形绘制 ④结果分析	①书写规范整齐（5 分） ②内容翔实具体（5 分） ③图形绘制正确、完整、全面（5 分） ④能正确分析实验结果（5 分）	
合　计			

项目 5 设计秒表控制系统

教学目标

1. 终极目标

制作一个单片机控制的秒表系统。

2. 促成目标

1）理解定时器/计数器的工作原理。

2）掌握定时器/计数器的工作方式及定时/计数初值的计算。

3）熟悉定时器/计数器的编程结构。

4）掌握定时器/计数器程序的设计方法。

5）了解定时器/计数器的应用领域。

工作任务单

设计一个单片机控制的秒表系统。

产生秒计数器，使秒表从 00.0 计时到 99.9。

任务 1 相关知识

在 MCS-51 单片机的控制应用系统中，常用的定时方法有：软件定时、硬件定时、可编程定时。软件定时是通过执行一个循环程序来进行时间延迟，时间精确，不需要附加其他硬件电路；硬件定时是由硬件电路完成，无需占用 CPU 的时间；可编程定时通过对系统时钟的计数来实现，其计数值通过程序设定，并且通过改变计数值来改变定时的时间，比较方便。

本项目介绍的定时器/计数器为可编程定时器/计数器，通过编程来实现定时控制、延时、信号发生、检测信号等。另外，该定时器/计数器还可以作为串行通信中的波特率发生器。

5.1.1 定时器/计数器的结构

MCS-51 单片机内部有两个 16 位的可编程定时器/计数器，称为定时器/计数器 0(T0) 和定时器/计数器 1(T1)，可以通过编程选择其作为定时器使用或作为计数器使用。此外，工作方式、定时时间、计数值、启动、中断请求等都可以由程序设定，其逻辑结构如图 5-1 所示。

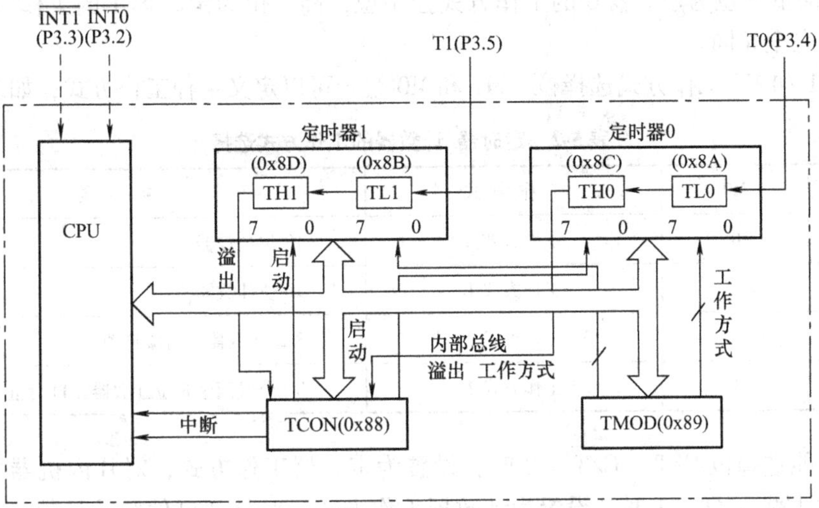

图 5-1 定时/计数器的逻辑结构

从图 5-1 可知，MCS-51 单片机的定时器/计数器主要由定时器 0、定时器 1、定时器工作方式控制寄存器（TMOD）和定时器/计数器的控制寄存器（TCON）组成。

1. 定时器/计数器

定时器0、定时器1 是16 位加法计数器，分别由两个8 位专用寄存器组成：定时器0 由 TH0 和 TL0 组成，定时器 1 由 TH1 和 TL1 组成。TL0、TL1、TH0、TH1 的访问地址依次为 0x8A ~ 0x8D，每个寄存器均可单独访问。定时器 0 或定时器 1 用作计数器时，对芯片引脚 T0（P3.4）或 T1（P3.5）上输入的脉冲计数，每输入一个脉冲，加法计数器就加上 1；当它用作定时器时，对内部机器周期脉冲计数，由于机器周期是定值，当计数值确定时，时间也随之确定。

定时器/计数器具有定时和计数两大功能，其中最为主要的功能是计数器。对外部事件脉冲进行计数时，它作为计数器；对片内机器周期脉冲计数时，作为定时器。由于片内机器周期脉冲的频率是固定的，为 f_{OSC} 的 1/12，当 f_{OSC} = 12MHz 时，1 个机器周期为 1μs；当 f_{OSC} = 6MHz 时，1 个机器周期为 2μs。机器周期脉冲的时间乘以机器周期数即为定时时间。

2. 定时器/计数器工作方式控制寄存器（TMOD）

在启动定时器/计数器工作之前，CPU 必须将一些命令（称为控制字）写入定时/计数器工作方式控制寄存器 TMOD 中，寄存器地址为 0x89，该寄存器中各位的定义如表 5-1 所示。

表 5-1 定时器/计数器工作方式控制寄存器各位的定义

D7	D6	D5	D4	D3	D2	D1	D0
GATE	$C/\overline{T}$	M1	M0	GATE	$C/\overline{T}$	M1	M0
定时器 1 方式控制位				定时器 0 方式控制位			

TMOD 的低 4 位为定时器 0 的工作方式控制位，高 4 位为定时器 1 的工作方式控制位，它们的含义完全相同。

（1）M1 和 M0 工作方式选择位　M1 和 M0 组合可以定义 4 种工作方式，如表 5-2 所示。

表 5-2　定时器/计数器的工作方式选择

M1	M0	工作方式	功　能
0	0	工作方式 0	13 位计数器
0	1	工作方式 1	16 位计数器
1	0	工作方式 2	8 位计数器，初值自动装入
1	1	工作方式 3	T0 分成两个 8 位计数器，T1 停止工作

（2）功能选择位 $C/\overline{T}$　$C/\overline{T}$ =0 时，设置为定时器工作方式，对片内机器周期脉冲计数，用作定时器；$C/\overline{T}$ =1 时，设置为计数器工作方式，对外部事件脉冲计数，负跳变脉冲有效。

（3）门控位 GATE

1）当 GATE =0 时，软件控制位 TR0 或 TR1 置 1 即可启动定时器。

2）当 GATE =1 时，软件控制位 TR0 或 TR1 需置 1，同时还需使（P3.2）或（P3.3）为高电平时才能启动定时器，即允许外部中断、启动定时器。

以 T0 为例，GATE =0 时，TR0 =1，T0 运行；TR0 =0，T0 停止。GATE =1 时，TR0 =1，且 $\overline{INT0}$为高电平时，T0 运行。两个条件中有一个不满足，T0 就无法运行。

TMOD 不能位寻址，只能用字节指令设置高 4 位来定义定时器 1、低 4 位来定义定时器 0 的工作方式。在复位时，TMOD 的所有位均置 0。

3. 定时器/计数器的控制寄存器（TCON）

TCON 的作用是控制定时器的启动、停止并反映定时器的溢出和中断情况，寄存器地址为 0x88。定时器控制字 TCON 的格式及意义如表 5-3 所示。

表 5-3　定时器/计数器控制寄存器 TCON

位地址	0x8F	0x8E	0x8D	0x8C	0x8B	0x8A	0x89	0x88
位符号	TF1	TR1	TF0	TR0	IE1	IT1	IE0	IT0

TCON.7（TF1）——定时器 1 溢出标志位。当定时器 1 计满数产生溢出时，由硬件自动置 TF1 =1。在中断允许时，向 CPU 发出定时器 1 的中断请求，进入中断服务程序后，由硬件自动清 0。在中断屏蔽时，TF1 可作查询测试用，此时只能用软件清 0。

TCON.6（TR1）——定时器 1 运行控制位。由软件置 1 或清 0 来启动或关闭定时器 1。当 GATE =1，且为高电平时，TR1 置 1 启动定时器 1；当 GATE =0 时，TR1 =0，定时器 1 停止。

TCON.5（TF0）——定时器 0 溢出标志位。其功能及操作情况同 TF1。

TCON.4（TR0）——定时器 0 运行控制位。其功能及操作情况同 TR1。

TCON 中的低 4 位用于控制外部中断，与定时/计数器无关，已在上一节中介绍。当系统复位时，TCON 的所有位均清 0。

TCON 的字节地址为 0x88，可以位寻址，清溢出标志位或启动定时器都可以用位操作指令。

4. 定时器/计数器的初始化

由于定时器/计数器的功能是由软件编程确定的，所以，在使用定时器/计数器前必须对其进行初始化。初始化的步骤如下：

1）确定工作方式。对 TMOD 赋值。例如，赋值语句为“TMOD = 0x10”，表明定时器 1 工作在方式 1，且工作在定时器方式。

2）预置定时或计数的初值。直接将初值写入 TH0、TL0 或 TH1、TL1。定时器/计数器的初值因工作方式的不同而不同。假设最大计数值为 M，则各种工作方式下的 M 值如下：

方式 0：$M = 2^{13} = 8\ 192$

方式 1：$M = 2^{16} = 65\ 536$

方式 2：$M = 2^{8} = 256$

方式 3：定时器 0 分成两个 8 位计数器，所以两个定时器的 M 值均为 256。

由于定时器/计数器工作的实质是做“加 1”计数，所以，当最大计数值 M 值已知时，初值 X 可计算如下：

$X = M -$ 计数值

3）根据需要开启定时器/计数器中断。可以直接对 IE 赋值。

4）启动定时器/计数器工作。将 TR0 或 TR1 置 1。当 GATE = 0 时，直接由软件置位启动；当 GATE = 1 时，除软件置位外，还必须在外中断引脚处加上相应的电平值才能启动。指令为：TR1 = 1。

5.1.2　定时器/计数器的工作方式

由上述可知，通过对 TMOD 中 M0、M1 位进行设置，定时器/计数器有 4 种工作方式，下面逐一进行介绍。

1. 工作方式 0

图 5-2 所示为定时器 0 在工作方式 0 时的逻辑电路结构，定时器 1 的结构和操作与定时器 0 完全相同。

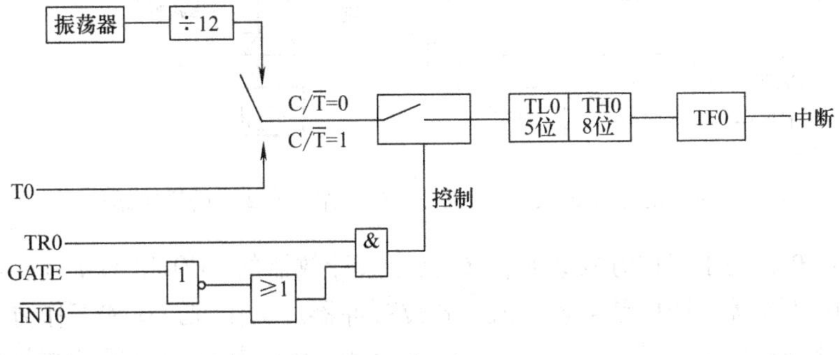

图 5-2　定时器 0（或定时器 1）在工作方式 0 时的逻辑结构

当 M1M0 = 00 时，定时器/计数器工作在工作方式 0，构成一个 13 位定时器/计数器。由 TL0 低 5 位和 TH0 高 8 位组成，TL0 低位计数满时向 TH0 进位，当 13 位计满溢出时，TF0 被置 1。工作方式 0 的定时时间为

$$t = (M - \text{T0 初值}) \times \text{计数周期} = (M - \text{T0 初值}) \times \text{时钟周期} \times 12$$

式中，$M = 2^{13} = 8192$。

2. 工作方式 1

当 M1M0 = 01 时，定时器工作在工作方式 1，其逻辑结构图如图 5-3 所示。

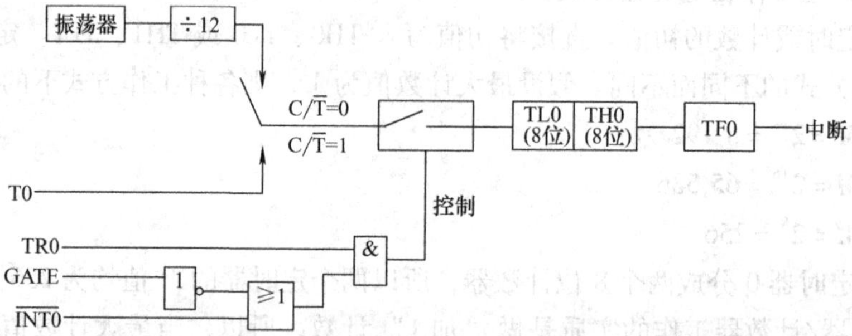

图 5-3　定时器 0（或定时器 1）在工作方式 1 时的逻辑结构

定时器/计数器设定为工作方式 1 时，由 TL0 与 TH0 构成一个 16 位定时/计数器。当 16 位计满溢出时，TF0 置 1。工作方式 1 的电路结构与操作几乎完全与方式 0 相同，唯一差别是二者计数位数不同，工作方式 0 的最大计数值为 $M = 2^{13} = 8\,192$，工作方式 1 的最大计数值为 $M = 2^{16} = 65\,536$。其定时时间为

$$t = (M - \text{T0 初值}) \times \text{计数周期} = (M - \text{T0 初值}) \times \text{时钟周期} \times 12$$

3. 工作方式 2

当 M1M0 = 10 时，定时器/计数器工作于工作方式 2，其逻辑结构如图 5-4 所示。

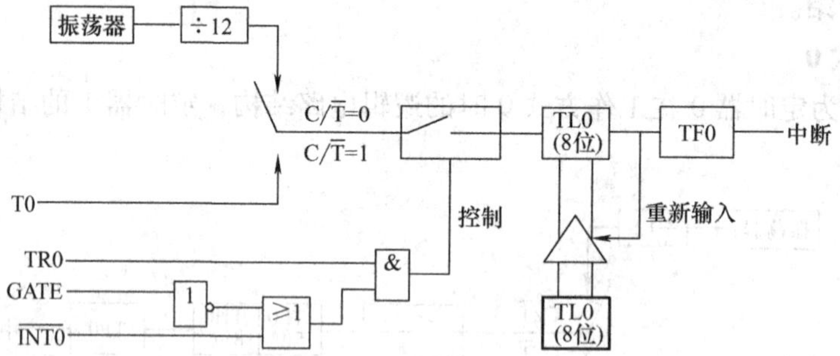

图 5-4　定时器 0（或定时器 1）在工作方式 2 时的逻辑结构

由图 5-4 可知，处于工作方式 2 时，16 位加法计数器的 TH0 和 TL0 具有不同功能，其中，TL0 是 8 位计数器，TH0 是重置初值的 8 位缓冲器。工作方式 0 和工作方式 1 用于循环计数，在每次计满溢出后，计数器都复 0，要进行新一轮计数还须重置计数初值。这不仅导致编程麻烦，而且影响定时时间精度。工作方式 2 具有初值自动装入功能，避免了上述缺

陷，适合用于较精确的定时脉冲信号发生器；缺点是计数范围小。因此，工作方式2适用于需要重复定时且定时范围不大的场合。其定时时间为

$$t=(M-\text{TH0 初值})\times \text{计数周期 T}=(M-\text{TH0 初值})\times \text{时钟周期}\times 12$$

其中，$M=2^8=256$。

处于工作方式2时，16位加法计数器被分割为两部分，TL0用作8位计数器，TH0用来保持初值。在程序初始化时，TL0和TH0由软件赋予相同的初值。一旦TL0计数溢出，定时器T0溢出中断请求标志位TF0将被置位，同时，TH0中的初值装入TL0，进而进入新一轮计数，如此循环不止。

4. 工作方式3

当M1M0=11时，定时器/计数器工作于工作方式3。**注意**：工作方式3仅适用于T0，T1无工作方式3。其逻辑结构如图5-5所示。

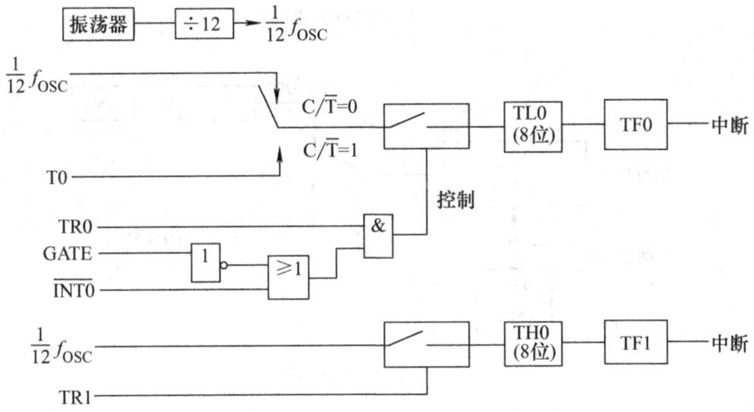

图5-5　定时器0在工作方式3时的逻辑结构

由图5-5可知，在工作方式3时，定时器0被分解为两个独立的8位计数器TL0和TH0。其中，TL0占用原定时器0的控制位、引脚和中断源，即GATE、TR0、TF0和T0（P3.4）引脚。除计数位数不同于工作方式0和工作方式1外，其功能、操作与工作方式0和工作方式1完全相同，可定时亦可计数。TH0占用原定时器1的控制位TF1和TR1，同时还占用了定时器1的中断源，其启动和关闭仅受TR1置1或清0控制。TH0只能对机器周期进行计数，因此，TH0只能用于简单的内部定时，不能用于对外部脉冲进行计数，是定时器0附加的一个8位定时器。

当处于工作方式3时，定时器1仍可设置为工作方式0、工作方式1或工作方式2，如图5-6所示。由于TR1、TF1及T1的中断源已被定时器0占用，此时，定时器1仅由控制位切换其定时或计数功能，当计数器计满溢出时，只能将输出送往串行口。在这种情况下，定时器1一般用作串行口波特率发生器或不需要中断的场合。由于定时器1的TR1被占用，因此其启动和关闭较为特殊，当设置好工作方式时，定时器1即自动开始运行。如果需要停止操作，需送入一个设置定时器1为工作方式3的方式字。

例5-1　设计程序：设处于工作方式0时，定时时间为1ms，时钟振荡频率为6MHz。

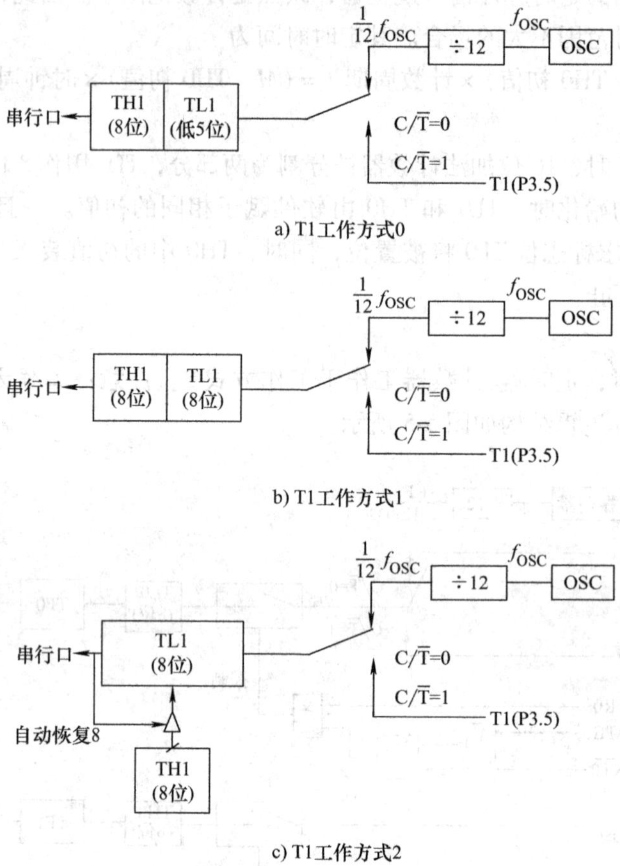

a) T1工作方式0

b) T1工作方式1

c) T1工作方式2

图 5-6 T0 在工作方式 3 情况下的三种 T1 工作方式

解：将数据代入定时时间 t 的计算公式得：

$$t = [(2^{13} - T_C) \times 12/6]\mu s = 1ms = 1000\mu s$$

式中，T_C 为定时器初值，$T_C = 2^{13} - 500 = 7\ 692$。

化成二进制数为：T_C = 0x1E0C = 1 1110 0000 1100

根据 13 位定时器/计数器特性，将高 8 位 1 1110 000 = 0xF0 送至 TH0，将低 5 位 0 1100 = 0x0C 送 TL0，TL0 的高 3 位置"0"，可用下列指令实现：

```
TL0 = 0x0C;          //低 5 位送 TL0 寄存器
TH0 = 0xF0;          //高 8 位送 TH0 寄存器
```

例 5-2 若单片机时钟频率 f_{OSC} 为 12MHz，请计算定时 2ms 所需的定时器初值。

解：由于定时器在工作方式 2 和工作方式 3 时的最大定时时间只有 0.256ms，因此要想获得 2ms 的定时时间，定时器必须工作在工作方式 0 或工作方式 1。

1）若采用工作方式 0，则根据公式可得定时器初值 T_C 为

$$T_C = 2^{13} - 2ms/1\mu s = 6192 = 0x1830$$

注意：这不是定时器工作在方式 0 时的初值，因定时器工作在方式 0 时是 13 位，高字节 8 位，低字节 5 位，所以还要进行适当的变换，因为

0x1830　可写成　　　0001 1000 0011 0000

按13位重新组合成　　　00011000001 10000

这组数就可拼成　　　1100 0001 0001 0000

这样就得到定时器工作在工作方式0时的初值0xC110，即：TH0应装入0xC1，TL0应装入0x10（TL0的高3位置“0”）。

2）若采取方式1，则有：$T_C = 2^{16} - 2ms/1\mu s = 63536 = 0xF830$

即：TH0应装0xF8；TL0应装0x30。

例5-3　设T1作为定时器，以工作方式1工作，定时时间为10ms；T0作为计数器，f_{osc}为6MHz，以工作方式2工作，外界发生一次事件即溢出。

解：T1的时间常数为 $(2^{16} - T_C) \times 2\mu s = 10ms$

得 $$T_C = 0xEC78$$

初始化程序如下：

```
//T1定时工作方式1，T0计数工作方式2，即置TMOD寄存器的内容为00010110
TMOD = 0x16;
TL0 = 0xFF;            //T0时间常数送TL0
TH0 = 0xFF;            //T0时间常数送TH0
TL1 = 0x78;            //T1时间常数(低8位)送TL1
TH1 = 0xEC;            //T1时间常数(高8位)送TH1
TR0 = 1;               //置TR0为1允许T0启动计数
TR1 = 1;               //置TR1为1允许T1启动计数
```

例5-4　设定时器0以工作方式1工作，试编写一个延时1s的函数。

解：若主频频率为6MHz，可求得T0的最大定时时间为

$$t_{max} = 2^{16} \times 2\mu s = 131.072ms$$

我们就用定时器获得100ms的定时时间，再加10次循环得到1s的延时，可算得100ms定时的定时初值：

$$(2^{16} - T_C) \times 2\mu s = 100ms = 100000\mu s$$

得：$T_C = 15536 = 0x3CB0$

延时函数如下：

```
#include <reg51.h>
void delay()
{
    TMOD = 0x01;
    int counter = 0x10;
TIME: TL0 = 0x0B0;
    TH0 = 0x3C;
    SETB  TR1 = 1;
LOOP1:if(TF0 = =1) goto LOOP2;
    else      goto LOOP1;
```

```
LOOP2:counter--;
    if(counter!=0) goto TIME;
}
```

任务 2 系统总体设计

本系统功能由硬件和软件两大部分协调完成。

系统硬件采用模块化设计，以单片机控制器为核心，与秒表显示接口电路等组成单片机控制的秒表系统，主要包括单片机主控模块和秒表显示模块等。其中，单片机主控模块主要完成外围硬件的控制以及一些运算功能，秒表显示模块完成时间的显示功能。秒表控制系统的硬件组成框图如图 5-7 所示。

应用软件采用模块化设计方法。秒表控制系统的应用程序主要由主函数、定时器 0 中断服务函数等组成，其软件结构框图如图 5-8 所示。

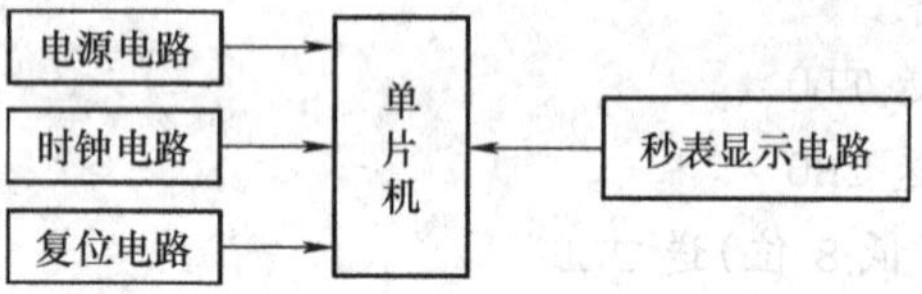

图 5-7 秒表控制系统的硬件组成框图

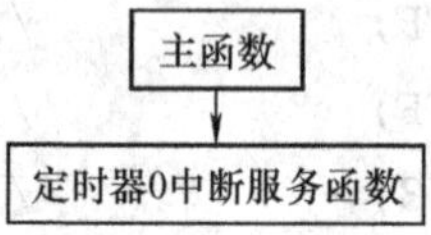

图 5-8 秒表控制系统的软件结构框图

任务 3 系统硬件设计

5.3.1 主控模块设计

本项目采用 ATMEL 公司生产的 AT89S52 单片机，主控模块的具体设计参见项目 1。

5.3.2 秒表显示模块设计

秒表显示模块由 3 个共阳极数码管构成，分别用来显示时间的十位计数单元值、个位计数单元值和 0.1s 计数单元值。由于数码管的位数比较多，数码管采用静态显示方式时，要占用大量的 I/O 口线，硬件电路比较复杂。为了简化电路，降低成本，在本项目中数码管采用动态显示方式。

AT89S52 单片机的 P0 口输出数码管的显示段码，数码管的 a、b、c、d、e、f、g、dp 段分别与单片机 P0 口的 P0.0、P0.1、P0.2、P0.3、P0.4、P0.5、P0.6、P0.7 相连，用来控制显示数字的形状。

数码管的公共使能端 COM 连接晶体管 C8550 的集电极，晶体管 C8550 主要用于信号的放大，以驱动数码管工作。3 个晶体管 C8550 的基极通过限流电阻分别接到单片机 P2 口的 P2.3、P2.4、P2.5，通过控制晶体管 C8550 的基极电平来打开或关闭数码管的显示，起到“使能”作用。晶体管 C8550 的发射极接 +5V 电源。秒表显示模块与单片机的接口电路原理图如图 5-9 所示。

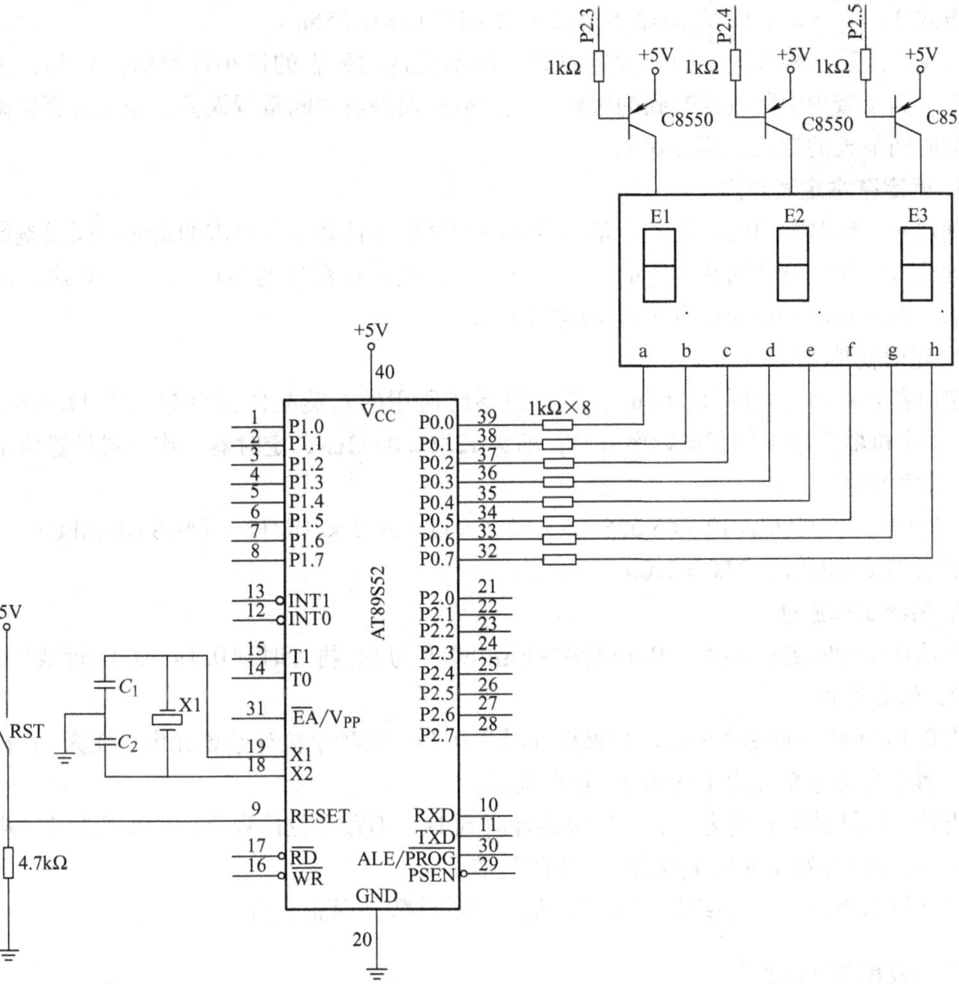

图 5-9　秒表显示模块与单片机的接口电路原理图

任务 4　系统软件设计

5.4.1　算法设计

秒表设计需要采用比较精确的计时，可以利用 MCS-51 单片机内部的可编程定时器/计数器来实现精确的计时。

1. 程序实现方式

单片机的定时/计数可以采用查询方式或者中断方式来实现，本项目采用中断方式。

2. 确定定时器的工作方式

由于秒表的最小计数单位为 0.1s，而单片机的 16 位定时器的最大定时时间分别为（假设单片机系统的晶振频率为 12MHz）：

方式 0：$t_{max}=2^{13}\times12/f_{OSC}=8192\times12/(12\times10^6)\text{s}=8.192\text{ms}$

方式 1：$t_{max}=2^{16}\times12/f_{OSC}=65536\times12/(12\times10^6)\text{s}=65.536\text{ms}$

方式 2：$t_{max}=2^8\times12/f_{OSC}=256\times12/(12\times10^6)\,s=0.256ms$

可见，上述三种方式下的最大定时时间都不能达到秒表的最小计数单位 0.1s，在这种状况下，为了减少中断或定时到的次数，避免响应误差或中间重置误差，使定时更精确，选用定时时间最长的方式，即方式 1。

3. 确定基本定时时间

确定基本定时时间的原则是：基本定时时间尽量长且必须与要求的定时时间成整数倍关系。据此可选择定时器的基本定时时间为 5ms，控制软计数器的累计次数为 20 次，即可实现 0.1s（5ms×20 = 100ms = 0.1s）的定时要求。

4. 定时初值计算

定时器 0 基本定时时间为 5ms，单片机系统所用的石英晶体振荡频率为 11.0592MHz，因此，1 个机器周期 = 1/石英频率 ×12，即为 12/11.0592μs，定时器工作方式设置为工作方式 1，计算初值如下：

$$X=2^{16}-t\times f_{OSC}/12=65\,536-5\times10^{-3}\times11.059\,2\times10^6/12=60928=0xEE00$$

所以 TH0 = 0xEE，TL0 = 0x00。

5. 系统工作原理

当从 0.0 计时到 0.1s 后，0.1s 计数单元由 0 变为 1，再计时到 0.1s，0.1s 计数单元由 1 变为 2，依此类推。

当 0.1s 计数单元变为 9 后，如果再计时到 0.1s，则秒个位计数单元由 0 变为 1；再计时到 1s，秒个位计数单元由 1 变为 2，依此类推。

当秒个位计数单元变为 9 后，如果再计时到 1s，则秒十位计数单元由 0 变为 1；再计时到 10s，秒十位计数单元由 1 变为 2，依此类推。

当计数到 99.9 后，系统计时溢出，重新回零计数，周而复始。

5.4.2　数据结构设计

秒表控制系统的数据结构设计如表 5-4 所示。

表 5-4　秒表控制系统的数据结构设计

符　号	存储单元	含　义	备　注
P0	P0	控制数码管显示字形	
P2.3	P2.3	十位计数单元片选信号	P2.3 = 0，使能信号有效 P2.3 = 1，使能信号无效
P2.4	P2.4	个位计数单元片选信号	P2.4 = 0，使能信号有效 P2.4 = 1，使能信号无效
P2.5	P2.5	小数位计数单元片选信号	P2.5 = 0，使能信号有效 P2.5 = 1，使能信号无效
ledcode [ ]	ledcode [ ]	存储数码管字形码的数组	
js100ms	js100ms	小数位计数单元	
jsgw	jsgw	个位计数单元	
jssw	jssw	十位计数单元	
t0100ms	t0100ms	软计数器	用于产生 0.1s
t0sm	t0sm	数码管号数	

5.4.3　程序设计

1. 主函数设计

主函数主要完成对定时器和有关寄存器及变量进行初始化，然后等待定时器0中断的到来。

1）初始化。计数器小数位js100ms清零，计数器个位jsgw清零，计数器十位jssw清零，系统上电时从00.0开始显示。

设置软计数器t0100ms初值为0x14，即20次。设置数码管号数t0sm初值为0x01。

2）定时器设置。设定定时器0的工作方式为工作方式1，即寄存器TMOD＝0x01；启动定时器0，即TR0＝1；开放定时器0中断及总中断，即设定IE＝0x82。

3）等待中断。定时器0启动计时后，CPU等待定时中断的到来。当定时器0定时5ms后，进入定时器0中断服务函数。

主函数流程图如图5-10所示。

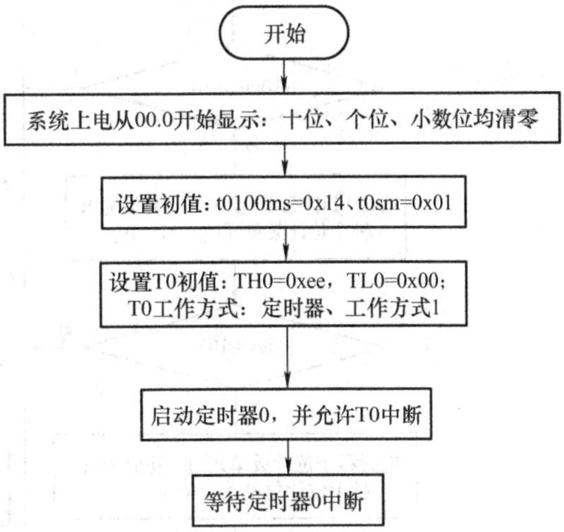

图5-10　主函数流程图

2. 定时器0中断服务函数设计

当定时器0定时5ms后，进入定时器0中断服务函数，重装定时器0初值，即TH0＝0xEE，TL0＝0x00。

首先判断软计数器t0100ms是否到0（即0.1s）。若t0100ms为0，表明0.1s计时到，重置软计数器t0100ms初值为20，然后将0.1s计数单元js100ms加1；若t0100ms不为0，表明0.1s计时未到，则程序转向LED显示代码部分。

再判断0.1s计数单元js100ms是否到10（即1s），若为10，则将0.1s计数单元js100ms清零，然后将秒个位计数单元jsgw加1；若未到10，则程序转向LED显示代码部分。

接着判断秒个位计数单元jsgw是否到10（即10s），若为10，则将秒个位计数单元jsgw清零，然后将秒十位计数单元jssw加1；若未到10，则程序转向LED显示代码部分。

最后判断秒十位计数单元jssw是否到10（即100s），若为10，则系统计数溢出，将秒十位计数单元jssw清零，系统重新回零计数；若未到10，则程序转向LED显示代码部分。

定时器0中断服务函数流程图如图5-11所示。

5.4.4　C语言源程序

```
//**********************************************************
//项目名称:设计秒表控制系统
//功能描述:利用定时器,产生秒计数器,使数码管从00.0计到99.9
//**********************************************************
#include <reg51.h>                //包含"51寄存器定义"头文件
```

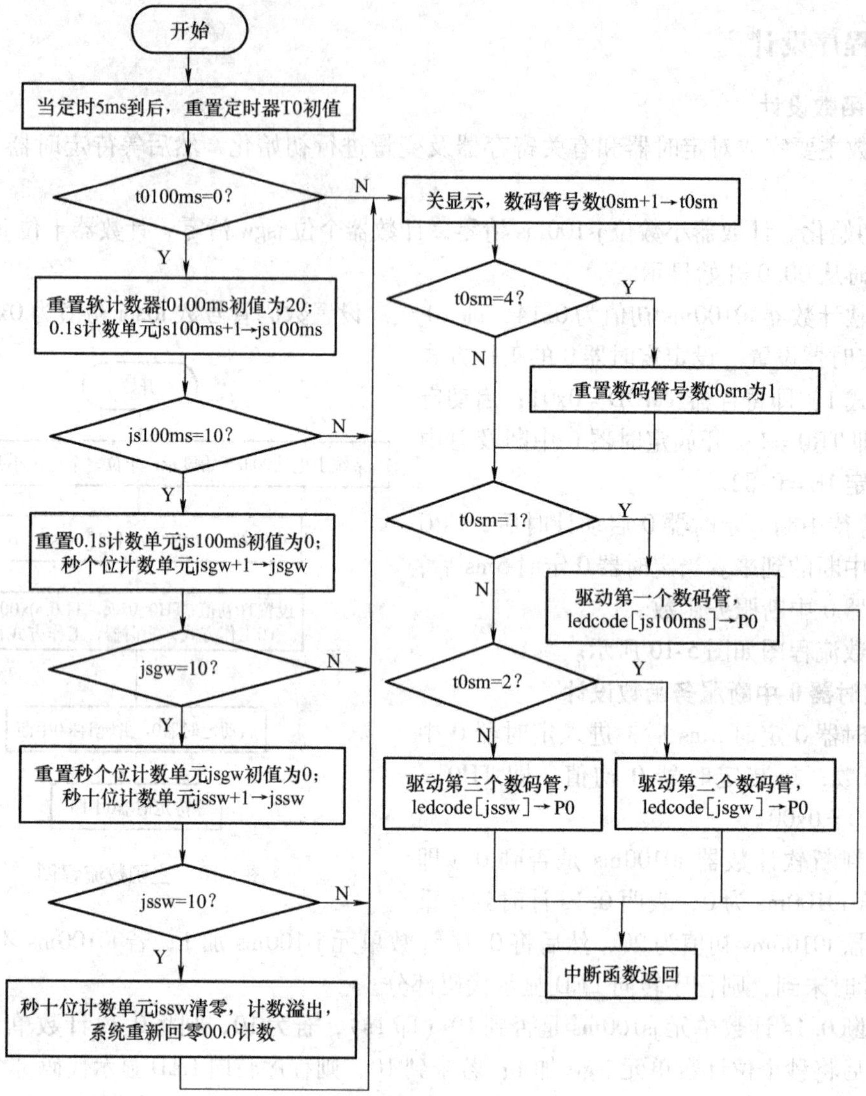

图 5-11　定时器 0 中断服务函数流程图

```
//定义数组:存储数码管字形码
//****************************************************
//功能:8 字数码管的连接方法
//P0.7,P0.6,P0.5,P0.4,P0.3,P0.2,P0.1,P0.0
//  DP   G    F    E     D     C    B    A
//****************************************************
//定义数组:存储数码管字形码
unsigned char code ledcode[ ] = {0xc0,0xf9,0xa4,0xb0,0x99,0x92,0x82,
    0xf8,0x80,0x90};

//定义变量
```

```
//js100ms——小数位计数单元
//jsgw——个位计数单元
//jssw——十位计数单元
//t0100ms——软计数器(用于产生0.1s)
//t0sm——数码管号数
unsigned char js100ms,jsgw,jssw,t0100ms,t0sm;

void time0(void);                    //声明定时器0中断服务函数

//**********************************************************
//函数名称:main()
//函数功能:主函数
//**********************************************************
void main(void)
{
    js100ms=0x00;                    //秒表计数器小数位清零
    jsgw=0x00;                       //秒表计数器个位清零
    jssw=0x00;                       //秒表计数器十位清零
    t0100ms=0x14;                    //软计数器置初值,5ms×20=100ms=0.1s
    t0sm=0x01;                       //扫描第一个数码管,从第一个数码管开始显示
    TH0=0xee;                        //定时5ms,定时器TH0置初值
    TL0=0x00;                        //定时5ms,定时器TL0置初值
    TMOD=0x01;                       //定时器0定时方式设置:定时器,工作方式1
    TR0=1;                           //启动定时器0
    IE=0x82;                         //打开定时器0中断
    while(1)                         //等待定时器0中断
    { }
}

//**********************************************************
//函数名称:time0()
//函数功能:定时器0中断服务函数
//**********************************************************
void time0(void)interrupt 1
{
    TH0=0xee;                        //定时5ms,重新初始化定时器TH0置初值
    TL0=0x00;                        //定时5ms,重新初始化定时器TL0置初值
    t0100ms--;                       //每定时5ms 1次,软计数器t0100ms自减1
    if(t0100ms==0x00)                //判断软计数器t0100ms值是否为0
```

```
    {
        t0100ms = 0x14;                 //软计数器 t0100ms 重置初值 20
        js100ms + +;                    //秒表计数器小数位加 1
        if(js100ms = = 0x0a)            //判断秒表小数位是否计满 10 次
        {
            js100ms = 0x00;             //秒表计数器小数位清零
            jsgw + +;                   //秒表计数器个位加 1
            if(jsgw = = 0x0a)           //判断秒表个位是否计满 10 次
            {
                jsgw = 0x00;            //秒表计数器个位清零
                jssw + +;               //秒表计数器十位加 1
                if(jssw = = 0x0a)       //判断秒表十位是否计满 10 次
                {
                    jssw = 0x00;        //妙表计数器十位清零
                }
            }
        }
    }

  //数码管显示部分
  t0sm + +;                             //数码管号数增 1
  //判断数码管号数是否为 4
  //若数码管号数为 4,重新从第一个数码管开始显示
  if(t0sm = = 0x04)  {t0sm = 0x01;}
  P0 = 0xff;                            //在数码管位选时关掉显示
  switch(t0sm)                          //判断数码管号数 t0sm 的值
  {
  //数码管号数 t0sm 为 1,则驱动数码管小数位计数单元片选信号 P2.5 = 0
  //同时把控制数码管显示字形值 ledcode[s100ms]送给 P0,退出中断
     case 0x01:{P2 = 0xf7;P0 = ledcode[js100ms];}  break;

  //数码管号数 t0sm 为 1,则驱动数码管个位计数单元片选信号 P2.4 = 0
  //同时把控制数码管显示字形值 ledcode[jsgw]送给 P0,并点亮小数点
     case 0x02:{P2 = 0xef;P0 = ledcode[jsgw]&0x7F;} break;

  //数码管号数 t0sm 为 1,则驱动数码管十位计数单元片选信号 P2.3 = 0
  //同时把控制数码管显示字形值 ledcode[jssw]送给 P0,退出中断
     case 0x03:{P2 = 0xdf;P0 = ledcode[jssw];}  break;
```

```
    //缺省值时退出中断服务程序
    default:                                   break;
    }
}
```

5.4.5 汇编语言源程序

```
;*******************************************************
;项目名称:设计秒表控制系统
;功能描述:利用定时器,产生秒计数器,使数码管从00.0计到99.9
;*******************************************************

;*******************************************************
;功能:数据结构定义
;Z
JS100MS     EQU30H    ;计数器小数位0.1s
JSGW        EQU31H    ;计数器的个位
JSSW        EQU32H    ;计数器的十位
T0_100MS    EQU33H    ;软计数器,产生0.1s=5ms×20=100ms
LEDSM       EQU34H    ;数码管号数

;*******************************************************
;功能:主程序
;*******************************************************
        ORG     0000H
        AJMP    MAIN            ;跳转到主程序
        ORG     000BH           ;定时器0中断服务程序入口地址
        AJMP    TIME0_1         ;跳转到定时器0中断服务子程序
MAIN:   ORG     0050H           ;系统上电时从00.0开始显示
        MOV     JS100MS,#00H    ;计数器小数位清零
        MOV     JSGW,#00H       ;计数器个位清零
        MOV     JSSW,#00H       ;计数器十位清零
        MOV     T0_100MS,#14H   ;软计数器置初值,5ms×20=100ms=0.1s
        MOV     LEDSM,#01H      ;扫描第一个数码管
        MOV     TH0,#0EEH       ;定时5ms,定时器0置初值
        MOV     TL0,#00H
        MOV     TMOD,#01H       ;定时器0定时方式设置
        SETB    TR0             ;启动定时器0
        MOV     IE,#82H         ;打开定时器0中断
        SJMP     $              ;等待T0中断
```

```
;**************************************************************
;功能:定时器0中断服务子程序
;**************************************************************
           ORG    0100H
TIME0_1:   MOV    TH0,#0EEH            ;重新初始化 T0
           MOV    TL0,#00H
           DJNZ   T0_100MS,TODISP      ;判断软计数器是否为0
           MOV    T0_100MS,#14H        ;软计数器重置初值
           INC    JS100MS              ;计数器小数位加1
           MOV    A,JS100MS
           CJNE   A,#0AH,TODISP        ;判断小数位是否计满10次
                                       ;小数位计满10次,开始计数个位
           MOV    JS100MS,#00H         ;重新初始化计数器小数位
           INC    JSGW                 ;计数器个位加1
           MOV    A,JSGW
           CJNE   A,#0AH,TODISP        ;个位计数 JSGW 计满10次,开始计数十位
           MOV    JSGW,#00H            ;重新初始化计数器个位
           INC    JSSW                 ;计数器十位加1
           MOV    A,JSSW
           CJNE   A,#0AH,TODISP        ;十位计数 JSSW 计满10次,重新回零计数
           MOV    JSSW,#00H            ;溢出99.9则回到00.0
TODISP:    MOV    P0,#0FFH             ;在位选时关显示
           INC    LEDSM
           MOV    A,LEDSM
           CJNE   A,#04H,TODISP1
           MOV    LEDSM,#01H           ;扫完第三个数码管又从第一个数码管开始
TODISP1:   MOV    A,LEDSM
           CJNE   A,#01H,TODISP2
           MOV    P2,#0DFH             ;P2.5=0,驱动第一个数码管
           MOV    A,JS100MS            ;计数器小数位送给累加器
           MOV    DPTR,#LEDCODE        ;表头地址送给 DPTR
           MOVC   A,@A+DPTR            ;查表
           AJMP   TOP0
TODISP2:   CJNE   A,#02H,TODISP3
           MOV    P2,#0EFH             ;P2.4=0,驱动第二个数码管
           MOV    A,JSGW               ;计数器十位送给累加器
           MOV    DPTR,#LEDCODE        ;表头地址送给 DPTR
           MOVC   A,@A+DPTR            ;查表
```

```
        CLR    ACC.7            ;把dp段(第二个数码管小数点)点亮
        AJMP   TOP0
TODISP3: MOV   P2,#0F7H         ;P2.3=0,驱动第三个数码管
        MOV    A,JSSW           ;计数器十位送给累加器
        MOV    DPTR,#LEDCODE    ;表头地址送给DPTR
        MOVC   A,@A+DPTR        ;查表
TOP0:   MOV    P0,A             ;查表取得的显示编码送到数码管显示单元
        RETI                    ;定时器0中断服务子程序返回

;*********************************************************
;功能:;LED字段码表
;*********************************************************
;功能:8字数码管的连接方法
;P0.7,P0.6,P0.5,P0.4,P0.3,P0.2,P0.1,P0.0
; DP   G    F    E    D    C    B    A
LEDCODE:DB 0C0H,0F9H,0A4H,0B0H,99H,92H,82H,0F8H,80H,90H
END
```

任务5　系统仿真调试

系统仿真调试过程参见项目1。

任务6　能力扩展

1. PWM控制LED渐亮渐灭

【控制要求】利用定时器控制产生占空比可变的PWM波。

按S_1，PWM值增加，则占空比减小，P0口的8个LED渐暗。

按S_2，PWM值减小，则占空比增加，P0口的8个LED渐亮。

当PWM值增加到最大值或最小值时，蜂鸣器将报警。

2. 60s倒计时动态显示

【控制要求】二位数码显示（动态扫描），从60开始，每秒数值减1，减到0后再从60开始，不断循环。

3. 数字钟设计

【控制要求】6位数码管显示，采用动态扫描方式，两位显示时位，两位显示分位，两位显示秒位，初始时间设定为23点58分46秒。

任务7　项目考核

项目考核内容如表5-5所示。

表 5-5 项目考核内容

考核项目	考核内容	技术要求	得分
总体设计	①任务分析 ②方案设计 ③软件和硬件功能划分	①任务明确（5 分） ②方案设计合理、有新意（10 分） ③软件和硬件功能划分合理（5 分）	
硬件设计	①片内器件分配 ②电路原理图设计 ③电路板制作	①片内器件分配正确、合理（5 分） ②电路原理图设计正确（10 分） ③电路板制作：布线正确、整齐、合理（5 分）	
软件设计	①算法和数据结构设计 ②流程图设计 ③编程	①算法和数据结构设计正确、合理（5 分） ②流程图设计正确、简明（5 分） ③编程正确、有新意（10 分）	
系统仿真与调试	①调试顺序 ②错误排除 ③调试结果	①调试顺序正确（5 分） ②能熟练排除错误（10 分） ③调试后运行正确（5 分）	
实训报告	①书写 ②内容 ③图形绘制 ④结果分析	①书写规范整齐（5 分） ②内容翔实具体（5 分） ③图形绘制正确、完整、全面（5 分） ④能正确分析实验结果（5 分）	
合计			

项目 6

设计 LCD 显示系统

教学目标

1. 终极目标

制作一个单片机控制的 LCD 显示字符系统。

2. 促成目标

1）掌握单片机 LCD 显示接口电路的工作原理及应用。

2）掌握单片机 LCD 显示接口的程序设计方法。

3）初步掌握单片机应用系统分析和软硬件设计的基本方法，建立单片机系统设计的基本概念。

工作任务单

设计一个单片机控制的 LCD 显示字符系统。

在 LCD 的第一行显示网站名：www. lzy. edu. cn，在第二行显示联系电话：0830-123456789。

任务 1 相关知识

无论是测量型的仪器仪表，还是信号源型的仪器仪表，都有一个显示器系统。显示器是人与机器沟通的重要界面，早期以阴极射线管（CRT，Cathode Ray Tube）显示器为主，随着科技不断进步，显示技术也发展较快，近年来，液晶显示器（LCD）以其轻薄短小、低耗电量、无辐射危险、平面直角显示以及影像稳定不闪烁等优势，逐渐取代了 CRT 的主流地位。

6.1.1 液晶显示器的优点

1. 显示质量高

由于液晶显示器每一个点在收到信号后就一直保持那种色彩和亮度，恒定发光，而不像阴极射线管（CRT）显示器那样需要不断刷新亮点。因此，液晶显示器画质高而且绝对不会闪烁，把眼睛疲劳降到最低。

2. 没有电磁辐射

传统的 CRT 显示器的显示材料是荧光粉，通过电子束撞击荧光粉而显示，电子束在打到荧光粉上的一刹那间会产生强大的电磁辐射，尽管有许多显示器产品对辐射进行了比较有效的处理，尽可能把辐射量降到最低，但要彻底消除是困难的。相对来说，液晶显示器在防止辐射方面具有先天的优势，因为它根本就不存在辐射。在电磁波的防范方面，液晶显示器也有自己独特的优势，它采用了严格的密封技术将来自驱动电路的少量电磁波封闭在显示器中，而 CRT 显示器为了散发热量，必须尽可能地让内部的电路与空气接触，这样，内部电路产生的电磁波也就大量地向外“泄漏”了。

3. 可视面积大

对于相同尺寸的显示器来说，液晶显示器的可视面积要更大一些。液晶显示器的可视面积跟它的对角线尺寸相关。阴极射线管显示器的显像管前面板四周有 1in（1in＝0.0254m）左右的边框不能用于显示。

4. 应用范围广

最初的液晶显示器由于无法显示细腻的字符，通常应用在电子表、计算器上。随着液晶显示技术的不断发展和进步，字符显示开始细腻起来，同时也支持基本的彩色显示，并逐步用于液晶电视、摄像机的液晶显示器、掌上游戏机上。而随后出现的 DSTN 和 TFT 则被广泛制作成计算机中的液晶显示设备，DSTN 液晶显示屏用于早期的便携式计算机；TFT 则既应用在便携式计算机上（现在大多数便携式计算机都使用 TFT 显示屏），又用于主流台式计算机上。

5. 画面效果好

与 CRT 显示器相比，液晶显示器一开始就使用纯平面的玻璃板，其显示效果是平面直角的，让人有耳目一新的感觉。而且液晶显示器更容易在小面积屏幕上实现高分辨率，例如，17in 的液晶显示器就能很好地实现 1280×1024 分辨率，而通常 18in CRT 彩显上使用 1280×1024 以上分辨率的画面效果是不能完全令人满意的。

6. 数字式接口

液晶显示器都采用数字式接口，不像阴极射线管彩色显示器采用模拟接口。也就是说，使用液晶显示器，显卡再也不需要像往常那样把数字信号转化成模拟信号再进行输出了。理论上，这会使色彩和定位都更加准确完美。

7. “身材”匀称小巧

传统的阴极射线管显示器后面总是拖着一个笨重的射线管，因为传统显示器是通过电子枪发射电子束到屏幕，所以显像管的管颈不能做得很短，屏幕增加时必然会增大整个显示器的体积。而液晶显示器通过显示屏上的电极控制液晶分子的状态来达到显示目的，即使屏幕加大，它的体积也不会成正比的增加，而且在重量上比相同显示面积的传统显示器要轻得多。

8. 功率消耗小

传统的阴极射线管显示器内部由许多电路组成，这些电路驱动阴极射线显像管工作时，需要消耗很大的功率，而且随着体积的不断增大，其内部电路消耗的功率肯定也会随之增大。相比而言，液晶显示器的功耗主要消耗在其内部的电极和驱动 IC 上，因而耗电量比传统的阴极射线管显示器也要小得多。

6.1.2 液晶显示器的分类

液晶显示器（LCD）的分类方法有很多种，通常按其显示方式分为段式、字符式和点阵式等。除了黑白显示外，液晶显示器还有多灰度显示、彩色显示等。

按照物理结构分，LCD可分为无源矩阵显示器中的双扫描无源阵列显示器（DSTN-LCD）和有源矩阵显示器中的薄膜晶体管有源阵列显示器（TFT-LCD）。DSTN液晶显示器，其对比度和亮度较差、可视角度小、色彩欠丰富，但它结构简单、价格低廉，因此仍然被使用。TFT（Thin film transistor）薄膜晶体管，是指液晶显示器上的每一液晶像素点都由集成在其后的薄膜晶体管来驱动。相比DSTN-LCD，TFT-LCD的屏幕反应速度快，对比度和亮度高，可视角度大，色彩丰富，是当前台式计算机和便携式计算机的主流显示设备。

液晶显示器按照其控制方式不同可分为被动矩阵式LCD及主动矩阵式LCD两种。被动矩阵式LCD又可分为TN-LCD（Twisted Nematic-LCD，扭曲向列LCD）、STN-LCD（Super TN-LCD，超扭曲向列LCD）和DSTN-LCD（Double layer STN-LCD，双扫描无源阵列LCD）。目前应用比较广泛的主动矩阵式LCD，也称TFT-LCD（Thin Film Transistor-LCD，薄膜晶体管LCD）。TFT液晶显示器是在画面中的每个像素内建晶体管，可使亮度更明亮、色彩更丰富、可视面积更宽广。

6.1.3 液晶显示器的工作原理

我们很早就知道物质有固态、液态、气态三种形态。液体分子质心的排列虽然不具有任何规律性，但是如果这些分子是长形的（或扁形的），它们的分子指向就可能有规律性，于是我们将液态又细分为许多形态。分子方向没有规律性的液体我们称为液体，而分子具有方向性的液体则称之为“液态晶体”，简称“液晶”。液晶产品其实对我们来说并不陌生，我们常见到的手机、计算器都是属于液晶产品。液晶是在1888年由奥地利植物学家Reinitzer发现的，是一种介于固体与液体之间、具有规则性分子排列的有机化合物。一般最常用的液晶形态为向列型液晶，分子形状为细长棒形，长、宽为1~10nm，在不同电场的作用下，液晶分子会规则旋转90°排列，产生透光度的差别，因此在电源ON、OFF下产生明、暗的区别，依此原理控制每个像素，便可构成所需图像。

1. 被动矩阵式LCD的工作原理

TN-LCD、STN-LCD和DSTN-LCD之间的显示原理基本相同，不同之处是液晶分子的扭曲角度有些差别。下面以典型的TN-LCD为例介绍其结构及工作原理。

在厚度不到1cm的TN-LCD液晶显示屏面板中，通常是由两片大玻璃基板内夹着彩色滤光片、配向膜等制成的夹板，外面再包裹着两片偏光板，它们可决定光通量的最大值与颜色的产生。彩色滤光片是由红、绿、蓝三种颜色构成的滤片，有规律地制作在一块大玻璃基板上。每一个像素由三种颜色的单元（或称为子像素）所组成。假如有一块面板的分辨率为1 280×1 024，则它实际拥有3 840×1 024个晶体管及子像素。

每个子像素的左上角（灰色矩形）为不透光的薄膜晶体管，彩色滤光片能产生R、G、B三原色。每个夹层都包含电极和配向膜上形成的沟槽，上、下夹层中填充了多层液晶分子（液晶空间不到5×10^{-6}m）。在同一层内，液晶分子的位置虽不规则，但长轴取向都是平行于偏光板的。另一方面，在不同层之间，液晶分子的长轴沿偏光板平行平面连续扭转90°。其中，邻接偏光板的两层液晶分子长轴的取向，与所邻接的偏光板的偏振光方向一致。在接近上部夹层的液晶分子按照上部沟槽的方向来排列，而下部夹层的液晶分子按照下部沟槽的方向排列，最后再封装成一个液晶盒，并与驱动IC（集成电路）、控制IC的印制电路板相连接。

在正常情况下，光线从上向下照射时，通常只有一个角度的光线能够穿透下来，通过上偏光板导入上部夹层的沟槽中，再通过液晶分子扭转排列的通路从下偏光板穿出，形成一个完整的光线穿透途径。而液晶显示器的夹层贴附了两块偏光板，这两块偏光板的排列和透光角度与上、下夹层的沟槽排列相同。当液晶层施加某一电压时，由于受到外界电压的影响，液晶会改变它的初始状态，不再按照正常的方式排列，而变成竖立的状态。因此，经过液晶的光会被第二层偏光板吸收，而整个结构呈现不透光的状态，结果在显示屏上出现黑色。当液晶层不施加任何电压时，液晶是在它的初始状态，会把入射光的方向扭转 90°，因此让背光源的入射光能够通过整个结构，结果在显示屏上出现白色。为了达到在面板上的每一个独立像素都能产生想要的色彩，需要采用多个冷阴极灯管来当做显示器的背光源。

2. 主动矩阵式 LCD 的工作原理

TFT-LCD 液晶显示器的结构与 TN-LCD 液晶显示器基本相同，只不过将 TN-LCD 上夹层的电极改为 FET 晶体管，而下夹层改为共通电极。

TFT-LCD 液晶显示器的工作原理与 TN-LCD 却有许多不同之处。TFT-LCD 液晶显示器的显像原理是采用“背透式”照射方式。当光源照射时，先通过下偏光板向上透出，借助液晶分子来传导光线。由于上、下夹层的电极改成 FET 电极和共通电极，在 FET 电极导通时，液晶分子的排列状态同样会发生改变，也通过遮光和透光来达到显示的目的。但不同的是，由于 FET 晶体管具有电容效应，能够保持电位状态，先前透光的液晶分子会一直保持这种状态，直到 FET 电极下一次再加电改变其排列方式为止。

6.1.4 液晶显示器的技术参数

1. 可视面积

液晶显示器所标示的尺寸就是实际可以使用的屏幕范围。例如，一个 15.1in 的液晶显示器约等于 17in CRT 屏幕的可视范围。

2. 可视角度

液晶显示器的可视角度左右对称，而上下则不一定对称。例如，当背光源的入射光通过偏光板、液晶及取向膜后，输出光便具备了特定的方向特性，也就是说，大多数从屏幕射出的光具备了垂直方向。假如从一个非常斜的角度观看一个全白的画面，可能会看到黑色或是色彩失真。一般来说，上下角度要小于或等于左右角度。如果可视角度为左右 80°，表示在始于屏幕法线 80°的位置时可以清晰地看见屏幕图像。但是，由于人的视力范围不同，如果没有站在最佳的可视角度内，所看到的颜色和亮度将会有误差。目前新推出的广视角技术，可改善液晶显示器的视角特性，如 IPS（In Plane Switching）、MVA（Multidomain Vertical Alignment）、TN + FILM，这些技术都能把液晶显示器的可视角度增加到 160°，甚至更多。

3. 点距

液晶显示器的点距是如何得到的呢？举例来说，一般 14in LCD 的可视面积为 285.7mm × 214.3mm，它的最大分辨率为 1024 × 768，那么点距就等于：可视宽度/水平像素（或者可视高度/垂直像素），即 285.7mm/1024 = 0.279mm（或 214.3mm/768 = 0.279mm）。

4. 色彩度

LCD 的重要特性是其色彩表现度。以上面的 LCD 为例，LCD 面板上是由 1024 × 768 个像素点合成显像的，每个独立的像素色彩由红、绿、蓝（R、G、B）三种基本色来控制。大部分厂商生产出来的液晶显示器，每个基本色（R、G、B）达到6位，即64种表现度，那么每个独立的像素就有 $64 \times 64 \times 64 = 262144$ 种色彩。也有不少厂商使用了所谓的FRC（Frame Rate Control）技术，以仿真的方式来表现出全彩的画面，也就是每个基本色（R、G、B）能达到8位，即256种表现度，那么每个独立的像素就有高达 $256 \times 256 \times 256 = 16777216$ 种色彩了。

5. 对比值

对比值是指最大亮度值（全白）除以最小亮度值（全黑）的比值。CRT显示器的对比值通常高达500：1，以致在CRT显示器上呈现真正全黑的画面是很容易的。但对LCD来说就不是很容易了，由冷阴极射线管所构成的背光源很难做到快速的开关动作，因此背光源始终处于点亮的状态。为了得到全黑画面，液晶模块必须把由背光源而来的光完全阻挡，但在物理特性上，这些元件无法完全达到这样的要求，总是会有一些漏光发生。一般来说，人眼可以接受的对比值约为250：1。

6. 亮度值

液晶显示器的最大亮度，通常由冷阴极射线管（背光源）来决定，亮度值一般都在 $200 \sim 250cd/m^2$ 间。液晶显示器的亮度略低，会觉得屏幕发暗。虽然技术上可以达到更高亮度，但是这并不代表亮度值越高越好，因为太高亮度的显示器有可能使观看者的眼睛受伤。

7. 响应时间

响应时间是指液晶显示器各像素点对输入信号反应的速度，此值当然是越小越好。如果响应时间太长了，就有可能使液晶显示器在显示动态图像时，有尾影拖曳的感觉。一般的液晶显示器的响应时间为20～30ms。

6.1.5　液晶显示器各种图形的显示原理

1. 线段的显示

点阵图形式液晶由 $M \times N$ 个显示单元组成，假设LCD显示屏有64行，每行有128列，每8列对应1字节的8位，即每行由 $16 \times 8 = 128$ 个点组成，屏上 64×16 个显示单元与RAM的1 024字节相对应，每字节的内容和显示屏上相应位置的亮暗对应。

例如：屏的第1行的亮暗由RAM的0x000～0x00F的16字节的内容决定，当（0x000）=0xFF时，则屏幕的左上角显示一条短亮线，长度为8个点；当（0x3FF）=0xFF时，则屏幕的右下角显示一条短亮线；当（0x000）=0xFF，（0x001）=0xFF，（0x002）=0xFF，…，（0x00E）=0xFF，（0x00F）=0xFF时，则在屏幕的顶部显示一条由8段亮线和8条暗线组成的虚线。这就是LCD显示的基本原理。

2. 字符的显示

用LCD显示一个字符时比较复杂，因为一个字符由 6×8 或 8×8 点阵组成，既要找到与显示屏某个位置对应的显示RAM的8字节，还要使每字节的不同位为“1”，其他的位为“0”，为“1”的点亮，为“0”的不亮。这样一来就组成了一个字符。但对于内带字符发生器的控制器来说，显示字符就比较简单了，可以让控制器工作在文本方式，根据在LCD上开始显示的行列号及每行的列数找出显示RAM对应的地址，设立光标，在此送上该字符对应的代码即可。

3. 汉字的显示

汉字的显示一般采用图形的方式，事先从微机中提取要显示的汉字的点阵码（一般用字模提取软件），每个汉字占 32 字节，分左右两半，各占 16 字节，左边为 1、3、5…，右边为 2、4、6…。根据在 LCD 上开始显示的行列号及每行的列数可找出显示 RAM 对应的地址，设立光标，送上要显示的汉字的第 1 字节，光标位置加 1，送第 2 字节，换行按列对齐，送第 3 字节……，直到 32 字节显示完就可以在 LCD 上得到一个完整的汉字。

任务 2 系统总体设计

本系统功能由硬件和软件两大部分协调完成。

系统硬件采用模块化设计，以单片机控制器为核心，与 LCD 显示电路等组成 LCD 显示控制系统，主要包括单片机主控模块、LCD 显示模块等。其中，单片机主控模块主要完成外围硬件的控制以及一些运算功能；LCD 显示模块完成字符、数字的显示功能。LCD 显示系统的硬件组成框图如图 6-1 所示。

系统软件采用模块化设计方法。LCD 显示系统的应用程序主要由主函数、LCD 初始化函数、写入指令数据到 LCD 函数、写入显示数据到 LCD 函数、字符显示函数、延时函数等组成，其软件结构框图如图 6-2 所示。

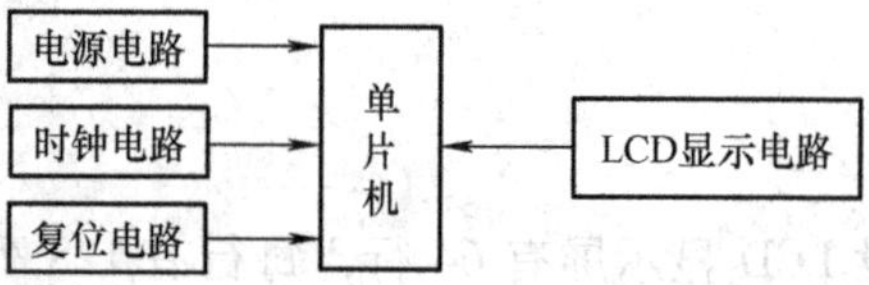

图 6-1 LCD 显示控制系统的硬件组成框图

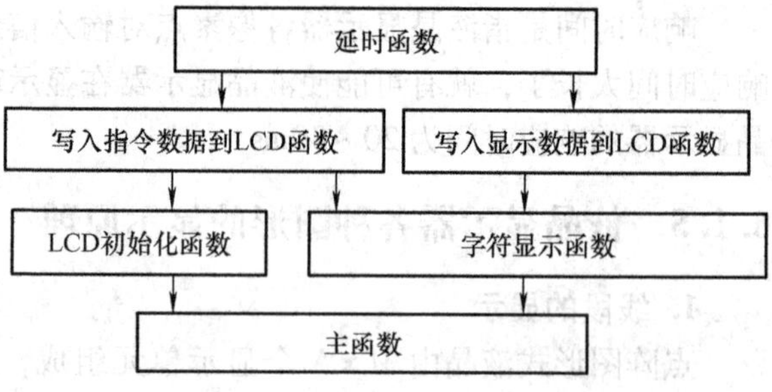

图 6-2 LCD 显示系统的软件结构框图

任务 3 系统硬件设计

6.3.1 主控模块设计

本项目采用 ATMEL 公司生产的 AT89S52 单片机，主控模块的具体设计参见项目 1。

6.3.2 LCD 显示模块设计

字符型液晶显示模块是一种专门用于显示字母、数字、符号等的点阵式 LCD，目前常用的有 16×1、16×2、20×2 和 40×2 等 LCD 模块。

在本项目中，显示模块选用 LCD 1602 字符型模块，其内部的控制器为日立公司生产的 HD44780，可以用来显示数字、字符等。

1. 点阵字符型 LCD 的接口特性

点阵字符型 LCD 是专门用于显示数字、字母、图形符号及少量自定义符号的液晶显示器。这类显示器把 LCD 控制器、点阵驱动器、字符存储器、显示体及少量的阻容元件等集成为一个液晶显示模块。鉴于字符型液晶显示模块目前在国际上已经规范化，其电气特性及接口特性是统一的。因此，只要设计出一种型号的接口电路，在指令上稍加修改即可使用各种规格的字符型液晶显示块。下面主要介绍字符型液晶显示模块的控制器。

字符型液晶显示模块的控制器大多数为日立公司生产的 HD44780 及其兼容的控制电路，如 8ED1278（SEIKOEPSON）、KS0066（SAMSUNG）、NJU6408T 等。

2. 点阵字符型液晶显示模块的基本特点

字符型液晶显示模块的主要特点如下：

1）液晶显示屏是以若干 5×8 或 5×11 点阵块组成的显示字符群。每个点阵块为一个字符位，字符间距和行距都为一个点的宽度。

2）主控制电路为 HD44780 及其他公司的全兼容电路。因此，从程序员的角度来说，LCD 的显示接口与编程是面向 HD44780 的，只要了解 HD44780 的编程结构即可进行 LCD 的显示编程。

3）内部具有字符发生器 ROM，可显示 192 种字符（160 个 5×7 点阵符和 32 个 5×10 点阵字符）。

4）具有 64B 的自定义字符 RAM，可以定义 8 个 5×8 点阵字符或 4 个 5×11 点阵字符。

5）具有 64B 的数据显示 RAM，供进行显示编程时使用。

6）标准接口，与 MCS-51 系列单片机容易接口。

7）模块结构紧凑、轻巧、装配容易。

8）单 +5V 电源供电（宽温型需要加 7V 驱动电源）。

9）低功耗、高可靠性。

3. HD44780 的引脚与时序

HD44780 的外部引脚一般有 16 条，与单片机的接口有 8 条数据线 D0 ~ D7 和 3 条控制线 RS、RW、E，HD44780 的引脚功能如表 6-1 所示。

表 6-1　HD44780 的引脚功能表

引　脚	符　号	状　态	功　能
1	V_{SS}		电源地
2	V_{DD}		电源正极，接 +5V
3	V_0		LED 驱动电压（可调）
4	RS	输入	寄存器选择：为 1 时选择数据寄存器；为 0 时选择指令寄存器
5	R/W	输入	R/W 为读/写选择线：为 1 时进行读操作；为 0 时进行写操作
6	E	输入	使能信号
7	D0	三态	数据总线（LSB）
8	D1	三态	数据总线
9	D2	三态	数据总线
10	D3	三态	数据总线
11	D4	三态	数据总线

（续）

引　脚	符　　号	状　态	功　　能
12	D5	三态	数据总线
13	D6	三态	数据总线
14	D7	三态	数据总线
15	A		背光源正极
16	K		背光源负极

控制器 HD44780 的信号功能如表 6-2 所示。

表 6-2　HD44780 的信号功能

RS	R/W	E	功　能
0	0	下降沿	写指令代码
0	1	高电平	读忙标志和 AC 值
1	0	下降沿	写数据
1	1	高电平	读数据

从图 6-3 所示的时序图可以知道数据写入的条件：寄存器选择信号 RS 为高电平，读/写标志 R/W 为低电平，建立地址，接下来使能信号 E 为高电平，数据被写入，当使能端 E 为下降沿的时候数据完全建立。从地址的建立、保持到数据的建立、保持结束，整个过程需要的时间至少为 355ns。

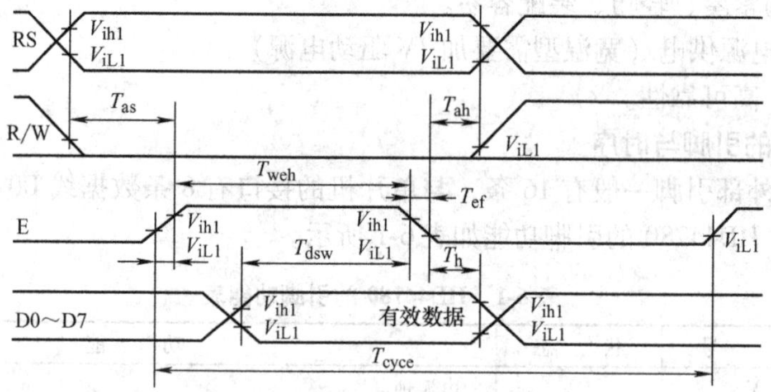

图 6-3　1602LCD 写操作的时序图

4. HD44780 的编程结构

从编程的角度看，HD44780 内部主要由指令寄存器（IR）、数据寄存器（DR）、忙标志（BF）、地址计数器（AC）、显示数据寄存器（DDRAM）、字符发生器 ROM（CGROM）、字符发生器 RAM（CGRAM）及时序发生电路构成。

1）指令寄存器（IR）。IR 用于单片机向 HD44780 写入指令码，IR 只能写入，不能读出。当 RS =0、R/W =0 时，数据线 D7 ~ D0 上的数据写入指令寄存器 IR。

2）数据寄存器（DR）。DR 用于寄存数据。当 RS =1、R/W =0 时，数据线 D7 ~ D0 上的数据写入 DR，同时 DR 的数据由内部操作自动写入 DDRAM 或 CGRAM。当 RS = 1、

R/W =1时，内部操作将 DDRAM 或 CGRAM 送到 DR 中，通过 DR 送到数据总线 D7 ~ D0 上。

3）忙标志（BF）。令 RS =0、R/W =1，在 E 信号高电平的作用下，BF 输出到总线的 D7 上，单片机可以读出判别。BF =1，表示组件正在进行内部操作，不能接收外部指令或数据。

4）地址计数器（AC）。AC 作为 DDRAM 或 CGRAM 的地址指针。如果地址码随指令写入 IR，则 IR 的地址码部分自动装入地址计数器（AC）之中，同时选择了相应的 DDRAM 或 CGRAM 单元。AC 具有自动加 1 和自动减 1 功能。当数据从 DR 送到 DDRAM（或 CGRAM），AC 自动加 1。当数据 DDRAM（或 CGRAM）送到 DR，AC 自动减 1。当 RS =0、R/W =1 时，在 E 信号高电平的作用下，AC 的内容送到 D7 ~ D0。

5）显示数据寄存器（DDRAM）。DDRAM 用于存储显示数据，共有 80 个字符码。对于不同的显示行数及每行字符个数，所使用的地址有所不同。

6）字符发生器 ROM（CGROM）。CGROM 由 8 位字符码生成 5 ×7 点阵字符 160 种和 5 ×10 点阵字符 32 种。

7）字符发生器 RAM（CGRAM）。CORAM 是为提供给用户自造特殊字符用的，它的容量仅为 64 字节，编址为 0x00 ~0x3F。作为字符字模使用的仅是 1 字节中的低 5 位，每字节的高 3 位留给用户作为数据存储器使用。如果用户自定义字符由 5 ×7 点阵构成，可定义 8 个字符。

5. LCD 1602 字符型模块指令集

1602 字符型液晶模块内部的控制器共有 11 条控制指令，指令格式及功能如表 6-3 所示。

表 6-3 1602 字符型 LCD 的控制命令集

序号	指令名称	控制信号		数据信号							
		RS	R/W	D7	D6	D5	D4	D3	D2	D1	D0
1	清屏	0	0	0	0	0	0	0	0	0	1
2	光标复位	0	0	0	0	0	0	0	0	1	*
3	输入模式设置	0	0	0	0	0	0	0	1	I/D	S
4	显示开/关控制	0	0	0	0	0	0	1	D	C	B
5	光标或字符移位	0	0	0	0	0	1	S/C	R/L	*	*
6	功能设置	0	0	0	0	1	DL	N	F	*	*
7	设置字符发生器地址	0	0	0	1	字符发生器地址					
8	设置数据存储器地址	0	0	1	显示数据存储器地址						
9	读忙标志或地址	0	1	BF	计数器地址						
10	写数据到 CGRAM 或 DDRAM	1	0	写入的数据内容							
11	从 CGRAM 或 DDRAM 读数据	1	1	读出的数据内容							

注："*"表示任意值，在实际应用时一般认为是"0"。1 为高电平，0 为低电平。

1602 字符型液晶模块的读/写操作以及屏幕和光标的操作都是通过指令编程来实现的。

1）指令 1：清屏指令。指令码为 0x01，清屏指令使 DDRAM 的内容全部被清除，光标复位到 0x00 位置，地址计数器 AC =0。

运行时间（250kHz）：1. 64ms。

2）指令 2：光标复位指令。使光标和光标所在位的字符回原点（屏幕的左上角）。但

DDRAM 单元内容不变。地址计数器 AC =0。

运行时间（250kHz）：1.64ms。

3）指令 3：输入模式设置指令。该指令设置光标和显示模式。

①I/D：设置光标移动方向。I/D =1 时，数据读/写操作后，AC 自动增 1，光标右移；I/D =0 时，数据读/写操作后，AC 自动减 1，光标左移。

②S：屏幕上所有字符是否左移或者右移。S =1 时，显示字符将全部左移（I/D =1 时）或全部右移（I/D =0），此时光标看上去未动，仅仅是显示内容移动；S =0 时，显示字符不移动，光标左移（I/D =1 时）或右移（I/D =0 时）。

4）指令 4：显示开/关控制指令。该指令设置显示、光标及闪烁的开与关。

①D：控制整体显示的开与关。D =1，开显示（Display ON）；D =0，关显示（Display OFF）。

②C：控制光标的开与关。C =1，开光标显示；C =0，关光标显示。

③B：控制光标是否闪烁。B =1，光标所指的字符同光标一起以 0.4s 交变闪烁；B =0，不闪烁。

运行时间（250kHz）：40μs。

5）指令 5：光标或字符移位指令。该指令使光标或字符在没有对 DDRAM 进行读/写操作时被左移或右移，不影响 DDRAM。

①S/C =0、R/L =0 时，光标左移一个字符位，AC 自动减 1；

②S/C =0、R/L =1 时，光标右移一个字符位，AC 自动加 1；

③S/C =1、R/L =0 时，光标和字符一起左移一个字符位；

④S/C =1、R/L =1 时，光标和字符一起右移一个字符位。

运行时间（250kHz）：40μs。

6）指令 6：功能设置指令。该指令为工作方式设置命令（初始化命令）。对 HD44780 初始化时，需要设置数据接口位数 DL（4 位或 8 位）、显示行数 N、点阵模式 F（5 ×7 或 5 ×10）。

①DL：设置数据接口位数。DL =0，8 位数据总线 D7 ~ D0；DL =1，4 位数据总线 D7 ~ D4，而 D3 ~ D0 不用，在此方式下数据操作需两次完成。

②N：设置显示行数。N =1，双行显示；N =0，单行显示。

③F：设置点阵模式。F =0，显示 5 ×7 的点阵字符；F =1，显示 5 ×10 的点阵字符。

运行时间（250kHz）：40μs。

7）指令 7：设置字符发生器（CGRAM）地址。该指令设置 CGRAM 地址指针。A5 ~ A0（即 D5 ~ D0）=00 0000 ~ 11 1111。地址码 A5 ~ A0 被送入 AC 中。此后，就可以将用户自定义的显示字符数据写入 CGRAM 或从 CGRAM 中读出。

运行时间（250kHz）：40μs。

8）指令 8：设置数据存储器（DDRAM）地址。该指令设置 DDRAM 地址指针。

若是单行显示，地址码 A6 ~ A0（即 D6 ~ D0）=0x00 ~ 0x4F 有效；若是双行显示，首行地址码 A6 ~ A0 =0x00 ~ 0x27 有效，次行地址码 A6 ~ A0 =0x40 ~ 0x67 有效。此后，就可以将显示字符码写入 DDRAM 或从 DDRAM 中读出。

运行时间（250kHz）：40μs。

9）指令 9：读忙标志或地址。该指令读取 BF 及 AC。

BF 为内部操作忙标志。BF = 1，表示忙，此时模块不能接收命令；BF = 0，表示不忙，此时模块能够接收命令。

A6 ~ A0（即 D6 ~ D0）为地址计数器 AC 的值。当 BF = 0 时，送到 D6 ~ D0 的数据（A6 ~ A0）有效。

10）指令 10：写入数据到 DDRAM 或 CGRAM。该指令根据最近设置的地址性质，将数据写入 DDRAM 或 CGRAM 中。实际上，数据被直接写入 DR，再由内部操作写入地址指针所指的 DDRAM 或 CGRAM。

运行时间（250kHz）：4μs。

11）指令 11：从 DDRAM 或 CGRAM 读数据。该指令根据最近设置的地址性质，从 DDRAM 或 CGRAM 读数据到总线 D7 ~ D0 上。

运行时间（250kHz）：40μs。

6. LCD1602 与单片机的接口设计

LCD1602 显示模块可以与 AT89S52 单片机直接连接，LCD1602 的 8 位双向数据线 D0 ~ D7 连接 P0 口的 P0. 0 ~ P0. 7，LCD 1602 使能信号 E 连接 P2 口线的 P2. 2。LCD 1602 读/写选择信号 R/W 连接 P2 口线的 P2. 1，当 P2. 1 = 0 时为写数据信号，当 P2. 1 = 1 时为读数据信号。LCD1602 数据/命令选择信号 RS 连接 P2 口线的 P2. 0，当 P2. 0 = 0 时为命令信号；当 P2. 0 = 1 时为数据信号。LCD 1602 的 V_{CC}引脚接 +5 电源，引脚 GND 接地。LCD 1602 显示模块与单片机 AT89S52 的接口电路如图 6-4 所示。

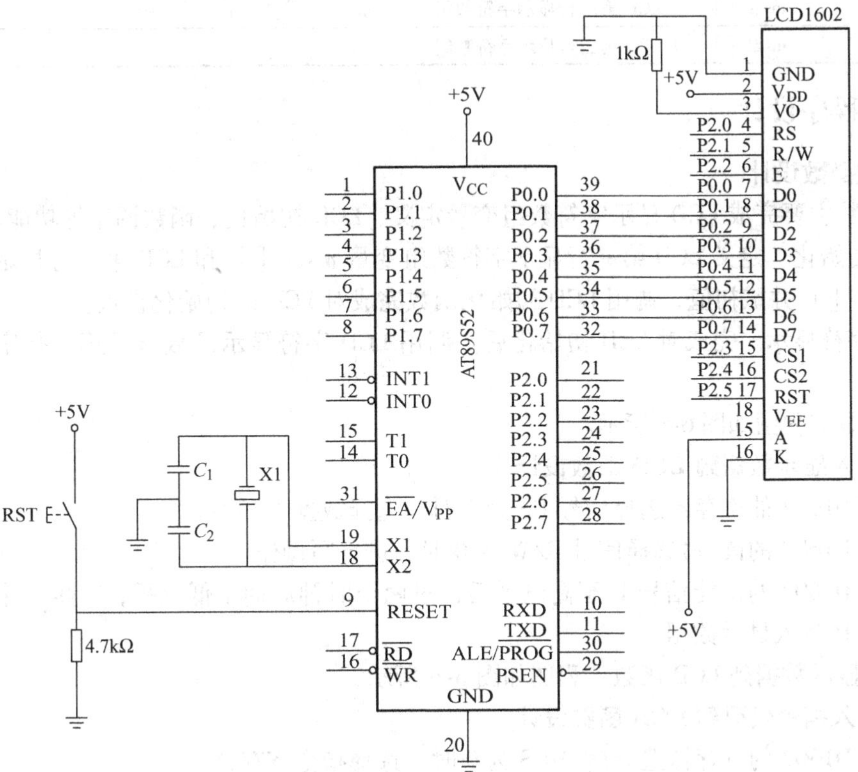

图 6-4　LCD 显示模块与单片机的接口电路原理图

任务 4　系统软件设计

6.4.1　算法设计

把 LCD 需要显示的内容定义为字符数组，利用指向字符数组的指针对字符数组实现遍历访问。

6.4.2　数据结构设计

LCD 显示控制系统的数据结构设计如表 6-4 所示。

表 6-4　LCD 显示控制系统数据结构设计

符　号	存储单元	含　义	备　注
P0	P0	LCD1602 数据线 D7 ~ D0	
RS	P2.0	LCD 1602 数据/命令选择信号	P2.0 =0，为命令信号 P2.0 =1，为数据信号
RW	P2.1	LCD 1602 读/写选择信号	P2.1 =0，为写数据信号 P2.1 =1，为读数据信号
E	P2.2	LCD 1602 使能信号	
ch	ch	LCD 1602 写命令入口参数或写数据入口参数	
p	p	指向字符数组的指针	
count	count	LCD 显示字符数组下标索引值	
msg1 [ ]	msg1 [ ]	LCD 第一行显示字符数组	
msg2 [ ]	msg2 [ ]	LCD 第二行显示字符数组	

6.4.3　程序设计

1. 主函数设计

主函数主要完成 LCD 显示字符数组变量定义、LCD 初始化、函数调用等功能。

1）初始化。定义 LCD 第一行显示字符数组变量 msg1 [ ] 和 LCD 第二行显示字符数组变量 msg2 [ ] 并赋初值，调用 LCD 初始化函数完成对 LCD 的初始化设置。

2）字符显示。完成对 LCD 初始化后，调用 LCD 字符显示函数显示第一行字符和第二行字符。

主函数流程图如图 6-5 所示。

2. 写入显示数据到 LCD 函数设计

当 LCD1602 的寄存器选择信号 RS 为 1 时，选择数据寄存器。

当 LCD1602 的读/写选择信号 R/W 为 0 时，进行写操作。

当 LCD1602 的使能信号 E 至高电平后再过两个时钟周期至低电平，产生一个下降沿信号，往 LCD 写入显示数据。

写入显示数据到 LCD 函数流程图如图 6-6 所示。

3. 写入指令代码到 LCD 函数设计

当 LCD1602 的寄存器选择信号 RS 为 0 时，选择指令寄存器。

当 LCD1602 的读/写选择信号 R/W 为 0 时，进行写操作。

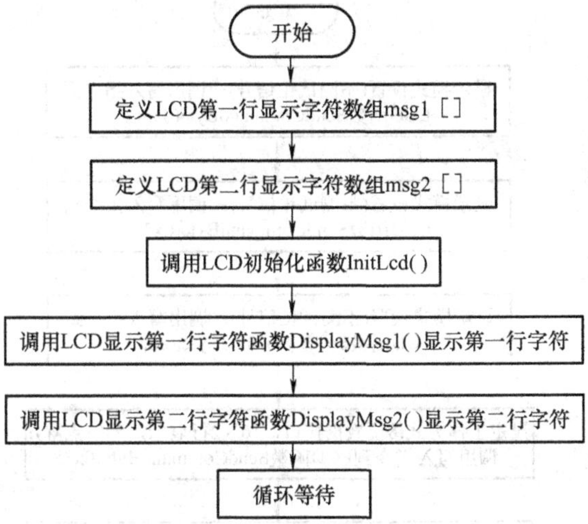

图6-5　主函数流程图

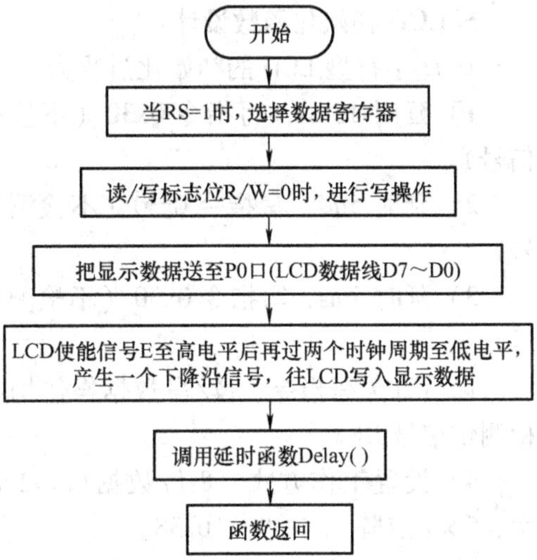

图6-6　写入显示数据到LCD函数流程图

当LCD1602的使能信号E至高电平后再过两个时钟周期至低电平，产生一个下降沿信号，往LCD写入指令代码。

写入指令代码到LCD函数流程图如图6-7所示。

4. LCD显示字符函数设计

定义变量count，用于指示LCD显示字符数组下标索引值，调用写入指令到LCD函数设置DDRAM地址指针为0x80（首行）或次行（0xc0），再调用写入指令到LCD1602函数，并初始化count为0，调用写入显示数据到LCD函数，显示首个字符。count加1，按照上面的步骤显示下一个数据，直到所有字符均显示在LCD上。

LCD显示字符函数流程图如图6-8所示。

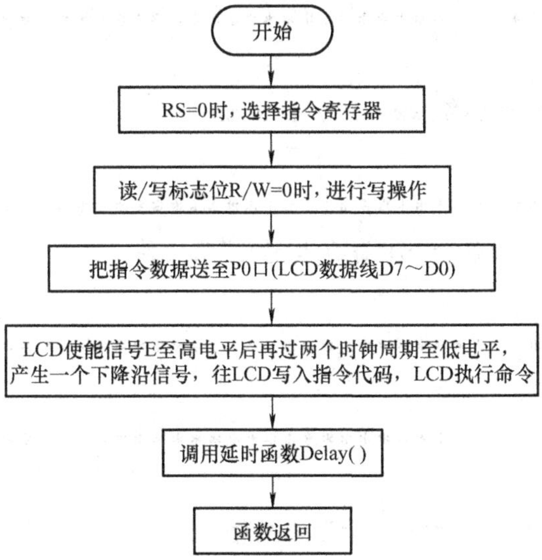

图6-7　写入指令代码到LCD函数流程图

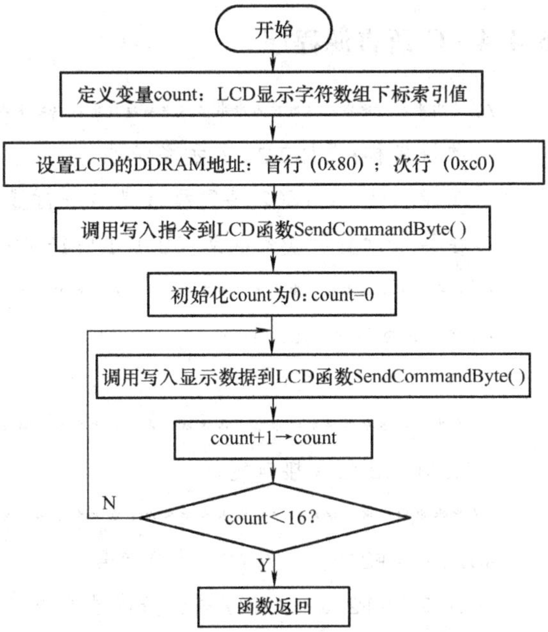

图6-8　LCD显示字符函数流程图

5. LCD 初始化函数设计

1602 字符型 LCD 的初始化过程为

1）延时 15ms，写指令 0x30（不检测忙信号）。

2）延时 5ms，写指令 0x30（不检测忙信号）。

3）延时 5ms，写指令 0x30（不检测忙信号）。

以后每次写指令、读/写数据操作均需要检测忙信号 BF。

4）设置工作方式（8 位数据口，2 行显示，5×7 点阵），写指令 0x38。

5）设置显示状态（显示关），写指令 0x08。

6）清屏，写指令 0x01。

7）设置输入方式（数据读/写后 AC 自增 1，画面不动），写指令 0x06。

8）设置显示状态（显示开），写指令 0x0C。

根据上述初始化过程，LCD 初始化函数流程图如图 6-9 所示。

6. 延时函数设计

延时函数模块设计请参考项目 1。

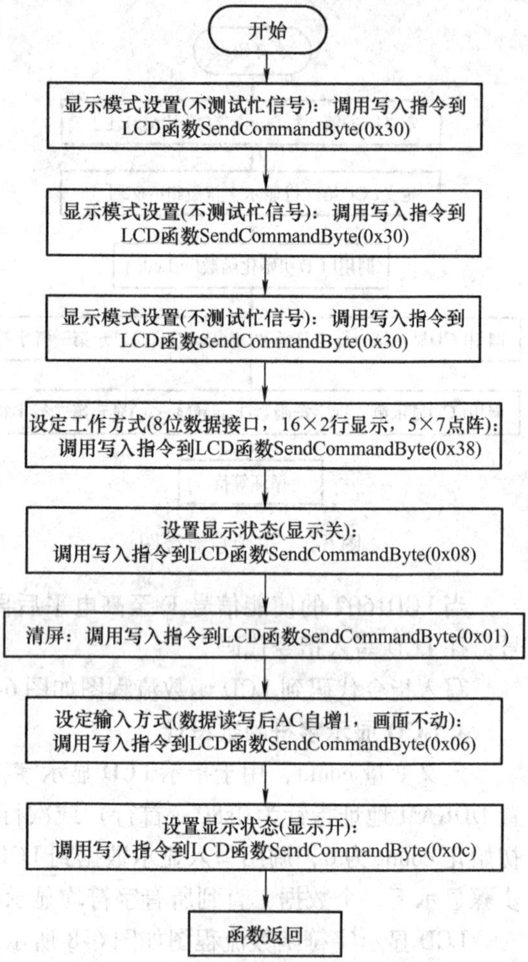

图 6-9 LCD 初始化函数流程图

6.4.4 C 语言源程序

```
//*************************************************************
//项目名称:设计 LCD 显示系统
//功能描述:在 1602 字符型液晶第一行显示网站名:www. lzy. edu. cn;
//在第二行显示联系电话:0830-123456789
//*************************************************************
#include <reg51. h>                    //包含"51 寄存器定义"头文件

//*************************************************************
//LCD1602 信号接口定义
//*************************************************************
sbit E = P2^2;   //LCD 使能信号
sbit RW = P2^1; //读/写选择信号 R/W:0 为写入数据;1 为读出数据
sbit RS = P2^0;   //数据/命令选择信号 R/S:0 为指令;1 为数据
```

```
typedef unsigned char uchar;          //定义 unsigned char 为 uchar

//*********************************************************
//函数名称:Delay()
//函数功能:延时
//*********************************************************
voidDelay(unsigned int t)
{
    for(;t! =0;t - -);
}

//*********************************************************
//函数名称:SendCommandByte()
//函数功能:写入指令数据到 LCD1602
//*********************************************************
void SendCommandByte(unsigned char ch)
{
    RS =0;
    RW =0;
    P0 =ch;
    E =1;
    Delay(1);          //延时 0.40μs
    E =0;
    Delay(100);        //delay 40μs
}

//*********************************************************
//函数名称:SendDataByte()
//函数功能:写入显示数据到 LCD1602
//*********************************************************
void SendDataByte(unsigned char ch)
{
    RS =1;
    RW =0;
    P0 =ch;
    E =1;
    Delay(1);        //延时 0.40μs
    E =0;
    Delay(100);      //delay 40μs
```

```
}

//****************************************************************
//函数名称:InitLcd()
//函数功能:LCD1602 初始化
//****************************************************************
void InitLcd()
{
    SendCommandByte(0x30);           //显示模式设置(不测试忙信号)
    SendCommandByte(0x30);           //显示模式设置(不测试忙信号)
    SendCommandByte(0x30);           //显示模式设置(不测试忙信号)
    //设置工作方式:8 位数据口,2 行显示,5×7 点阵
    SendCommandByte(0x38);
    SendCommandByte(0x08);           //设置显示状态:显示关
    SendCommandByte(0x01);           //清屏
    //设置输入方式:数据读/写后 AC 自增 1,画面不动
    SendCommandByte(0x06);
    SendCommandByte(0x0c);           //设置显示状态:显示开
}

//****************************************************************
//函数名称:DisplayMsg1()
//函数功能:LCD 显示第一行字符
//****************************************************************
void DisplayMsg1(uchar * p)
{
    unsigned char count;             //LCD 显示字符数组下标索引值
    SendCommandByte(0x80);           //设置 DDRAM 首行地址:0x00 ~ 0x27
    //利用 for 循环依次显示第一行字符
    for(count = 0;count < 16;count + +)
    {
        SendDataByte(* p + +);       //调用写入显示数据到 LCD1602 函数
    }
}

//****************************************************************
//函数名称:DisplayMsg2()
//函数功能:LCD 显示第二行字符
//****************************************************************
```

```
void DisplayMsg2(uchar * p)
{
    unsigned char count;                     //LCD 显示字符数组下标索引值
    SendCommandByte(0xc0);                   //设置 DDRAM 次行地址:0x40 ~ 0x67
    //利用 for 循环依次显示第二行字符
    for(count = 0;count < 16;count + +)
    {
        SendDataByte( * p + +);              //调用写入显示数据到 LCD1602 函数
    }
}

//*****************************************************
//函数名称:main()
//函数功能:主函数
//*****************************************************
main( )                                      //主函数入口地址
{
    //定义 LCD 第一行显示字符数组 msg1[]
    char msg1[16] = "www. lzy. edu. cn";
    //定义 LCD 第二行显示字符数组 msg2[]
    char msg2[16] = "0830-123456789";
    InitLcd();                               //调用 LCD1602 初始化函数
    //调用 LCD 显示第一行字符函数 DisplayMsg1()
    DisplayMsg1(msg1);
    //调用 LCD 显示第二行字符函数 DisplayMsg2()
    DisplayMsg2(msg2);
    while(1);                                //循环等待
}
```

6.4.5 汇编语言源程序

```
;*****************************************************
;项目名称:设计 LCD 显示系统
;功能描述:在 1602 字符型液晶第一行显示网站名:www. lzy. edu. cn;
;在第二行显示联系电话:0830-123456789
;*****************************************************

;*****************************************************
; LCD1602 信号接口定义
;*****************************************************
```

```
E         BIT    P2.2    ;LCD 使能信号
RW        BIT    P2.1    ;LCD 读/写选择信号 R/W:0 为写入数据,1 为读出数据
RS        BIT    P2.0    ;LCD 数据/命令选择信号 R/S:0 为指令,1 为数据
LCDPORT       EQU    P0  ;LCD1602 数据线 D7～D0
CMD_BYTE    EQU    2EH  ;写入指令数据到 LCD1602 入口参数
DAT_BYTE    EQU    2FH  ;写入显示数据到 LCD1602 入口参数

;***************************************************************
;功能:主程序
;***************************************************************
ORG   0000H
AJMP  MAIN
ORG   0050H
MAIN: MOV   SP,#60H               ;设置堆栈指针
LCALL   INITLCD                   ;调用 LCD 初始化子程序 INITLCD
LCALL   DISPMSG1                  ;调用液晶字符显示程序 DISPMSG1
LCALL   DISPMSG2                  ;调用液晶字符显示程序 DISPMSG2
SJMP   $

;***************************************************************
;LCD1602 要用到的一些子程序
;***************************************************************
;***************************************************************
;功能:写入指令数据到 LCD1602 子程序
;***************************************************************
WRITE_CMD:      CLR     RS              ;当 RS=0,RW=0 时,写指令
                CLR     RW
                MOV     A,CMD_BYTE      ;把写命令入口参数 CMD_BYTE 传给 A
                MOV     LCDPORT,A       ;LCDPORT 为液晶数据线 D7～D0
                SETB    E               ;打开液晶使能信号 E
                NOP
                NOP
                CLR     E               ;关闭液晶使能信号 E
                LCALL   DELAY           ;调用延时子程序
                RET

;***************************************************************
;功能:写入显示数据到 LCD1602 子程序
;***************************************************************
```

```
WRITE_DAT:    SETB   RS            ;当 RS =1,RW =0 时,写入数据到 LCD
              CLR    RW
              MOV    A, DAT_BYTE   ;把写数据入口参数 DAT_BYTE 传给 A
              MOV    LCDPORT,A     ;LCDPORT 为液晶数据线 D7 ~ D0
              SETB   E             ;打开 LCD 使能信号 E
              NOP
              NOP
              CLR    E             ;关闭 LCD 使能信号 E
              LCALL  DELAY         ;调用延时子程序
              RET                  ;写入显示数据到 LCD1602 子程序返回

;*******************************************************
;函数功能:LCD 显示初始化子程序
;*******************************************************
INITLCD:      MOV    CMD_BYTE,#30H
              LCALL  WRITE_CMD       ;调用写入指令数据到 LCD1602 子程序
              MOV    CMD_BYTE,#30H
              LCALL  WRITE_CMD       ;调用写入指令数据到 LCD1602 子程序
              MOV    CMD_BYTE,#30H
              LCALL  WRITE_CMD       ;调用写入指令数据到 LCD1602 子程序
              MOV    CMD_BYTE,#38H   ;设定工作方式
              LCALL  WRITE_CMD       ;调用写入指令数据到 LCD1602 子程序
              MOV    CMD_BYTE,#0CH   ;显示状态设置
              LCALL  WRITE_CMD       ;调用写入指令数据到 LCD1602 子程序
              MOV    CMD_BYTE,#01H   ;D7 ~ D0 =01H 为清屏
              LCALL  WRITE_CMD       ;调用写入指令数据到 LCD1602 子程序
              MOV    CMD_BYTE,#06H   ;输入方式设置
              LCALL  WRITE_CMD       ;调用写入指令数据到 LCD1602 子程序
              RET

;*******************************************************
;功能:LCD 显示第一行字符子程序(在第一行显示表格 TB1 的内容)
;*******************************************************
DISPMSG1:     MOV    CMD_BYTE,#80H   ;设置 DDRAM 的地址
              LCALL  WRITE_CMD       ;调用写命令子程序
              MOV    R7,#10H         ;R7 为显示数据个数
              MOV    R6,#00H         ;R6 表头地址
              MOV    DPTR,#TAB1
DISPMSG1_1:   MOV    A,R6
```

```
            MOVC   A,@ A+DPTR        ;查表
            MOV    DAT_BYTE, A       ;从A把数据传给写入数据入口参数DAT_BYTE
            LCALL  WRITE_DAT         ;调用写数据子程序
            INC    R6                ;下一个数据的地址
            DJNZ   R7,DISPMSG1_1     ;判断是否显示完毕
            RET                      ;子程序返回

;************************************************************
;功能:LCD显示第二行字符子程序(在第二行显示表格TB2的内容)
;************************************************************
DISPMSG2:   MOV    CMD_BYTE, #0C0H   ;设置DDRAM的地址
            LCALL  WRITE_CMD         ;调用写入指令数据到LCD1602子程序
            MOV    R7,#10H
            MOV    R6,#00H
            MOV    DPTR,#TAB2
DISPMSG2_1: MOV    A,R6
            MOVC   A,@ A+DPTR
            MOV    DAT_BYTE,A
            LCALL  WRITE_DAT         ;调用写入显示数据到LCD1602子程序
            INC    R6
            DJNZ   R7,DISPMSG2_1
            RET                      ;LCD显示第二行字符子程序返回

;************************************************************
;功能:延时子程序
;************************************************************
DELAY:      MOV    R5,#0A0H
DELAY1:     NOP
            DJNZ   R5, DELAY1
            RET                      ;延时子程序返回

            ORG    0200H
;************************************************************
;LCD1602要显示的内容
;************************************************************
TAB1:       DB     "www.lzy.edu.cn"
TAB2:       DB     "0830-123456789"
            END
```

任务 5　系统仿真调试

系统仿真调试过程参见项目 1。

任务 6　能力扩展

1. 变量加减 LCD 显示

【控制要求】利用按键 S_1(P1.0)、按键 S_2(P1.1) 来对变量（变量在 20～200）进行加减，并且将结果显示在 LCD1602 上。

2. 1602 液晶显示简易时钟

【控制要求】1602 液晶显示简易时钟，通过程序预设开始时间。

任务 7　项目考核

项目考核内容如表 6-5 所示。

表 6-5　项目考核内容

考核项目	考核内容	技术要求	得　分
总体设计	①任务分析 ②方案设计 ③软件和硬件功能划分	①任务明确（5 分） ②方案设计合理、有新意（10 分） ③软件和硬件功能划分合理（5 分）	
硬件设计	①片内器件分配 ②电路原理图设计 ③电路板制作	①片内器件分配正确、合理（5 分） ②电路原理图设计正确（10 分） ③电路板制作：布线正确、整齐、合理（5 分）	
软件设计	①算法和数据结构设计 ②流程图设计 ③编程	①算法和数据结构设计正确、合理（5 分） ②流程图设计正确、简明（5 分） ③编程正确、有新意（10 分）	
系统仿真与调试	①调试顺序 ②错误排除 ③调试结果	①调试顺序正确（5 分） ②能熟练排除错误（10 分） ③调试后运行正确（5 分）	
实训报告	①书写 ②内容 ③图形绘制 ④结果分析	①书写规范整齐（5 分） ②内容翔实具体（5 分） ③图形绘制正确、完整、全面（5 分） ④能正确分析实验结果（5 分）	
合　计			

项目 7

设计串行通信系统

教学目标

1. 终极目标

制作一个 PC 与单片机串行通信的控制系统。

2. 促成目标

1）了解 MCS-51 单片机的串行接口结构。

2）掌握 MCS-51 单片机的串行接口的使用方法。

3）理解 MCS-51 单片机的串行接口接收和发送数据的实现方法。

4）熟悉 MCS-51 单片机的串行通信的格式规定。

5）理解 MCS-51 单片机的串行通信的程序设计思想。

工作任务单

设计一个 PC 与单片机串行通信的控制系统。

单片机系统接收 PC 串行接口发送过来的 ASCII 码，并在 LCD 上显示；同时单片机把接收到的 ASCII 码回传给 PC 串行接口并显示，以验证串行接口接收、发送数据的正确性。

任务 1　相关知识

在实际工作中，计算机的 CPU 与外部设备之间常常要进行信息交换。一台计算机与外界的信息交换称为数据通信。

数据通信方式有两种，即并行数据通信和串行数据通信。在并行数据通信中，数据的各位同时传送，其优点是传递速度快；缺点是数据有多少位，就需要多少根传送线。在串行数据通信中，数据一位一位串行地顺序传送，通过串行接口实现通信，它的优点是只需一对传送线（利用电话线就可作为传送线），这样就大大降低了传送成本，特别适用于远距离通信；其缺点是传送速度较低。在应用时，可根据数据通信的距离决定采用哪种通信方式，例如，在 PC 与外部设备（如打印机等）通信时，如果距离小于 30m 可采用并行数据通信方式；当距离大于 30m 时，则要采用串行数据通信方式。

MCS-51 单片机具有并行和串行两种基本数据通信方式。图 7-1a 所示为 MCS-51 单片机与外设间 8 位数据并行通信的连接方法。图 7-1b 所示为串行数据通信方式的连接方法。

下面主要介绍单片机串行通信技术。

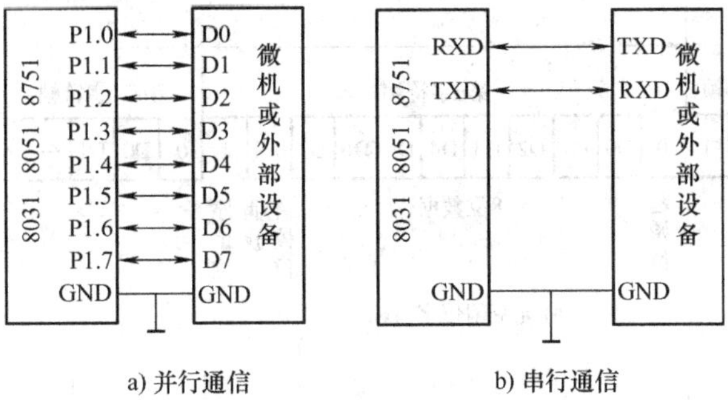

图 7-1 两种通信方式的示意图

7.1.1 串行通信的分类

按照串行数据的时钟控制方式，串行通信可分为异步通信和同步通信两类。

1. 异步通信

在异步通信中，数据是以字符为单位组成字符帧传送的。发送端和接收端由各自独立的时钟来控制数据的发送和接收，这两个时钟彼此独立，互不同步。每一字符帧的数据格式如图 7-2 所示。

在帧格式中，一个字符由 4 个部分组成：起始位、数据位、奇偶校验位和停止位。

1）起始位：位于字符帧开头，仅占一位，为逻辑低电平“0”，用来通知接收设备发送端开始发送数据。线路上在不传送字符时应保持为“1”。接收端不断检测线路的状态，若连续为“1”以后又测到一个“0”，就知道发来一个新字符，应马上准备接收。

2）数据位：数据位（D0 ~ D7）紧接在起始位后面，通常为 5 ~ 8 位，依据数据位由低到高的顺序依次传送。

3）奇偶校验位：奇偶校验位只占一位，紧接在数据位后面，用来表征串行通信中采用奇校验还是偶校验，也可用这一位（I/O）来确定这一帧中的字符所代表信息的性质（地址/数据等）。

4）停止位：位于字符帧的最后，表征字符的结束，它一定是高电位（逻辑“1”）。停止位可以是 1 位、1.5 位或 2 位。接收端收到停止位后，知道上一字符已传送完毕，同时也为接收下一字符做好准备（只要再收到“0”就是新的字符的起始位）。若停止位以后不是紧接着传送下一个字符，则让线路上保持为“1”。图 7-2a 表示一个字符紧接一个字符传送的情况，上一个字符的停止位和下一个字符的起始位是相邻的；图 7-2b 则是两个字符间有空闲位的情况，空闲位为“1”，线路处于等待状态。存在空闲位正是异步通信的特征之一。

2. 同步通信

在同步通信时，字符与字符之间没有间隙，也不用起始位和停止位，仅在数据块开始时用同步字符 SYNC 来指示（常约定 1 ~ 2 个），然后是连续的数据块。同步字符的插入可以是单同步字符方式或双同步字符方式，如图 7-3 所示；同步字符可以由用户约定，也可以采用 ASCII 码中规定的 SYN 代码，即 0x16。通信时先发送同步字符，接收方检测到同步字符后，即准备接收数据。

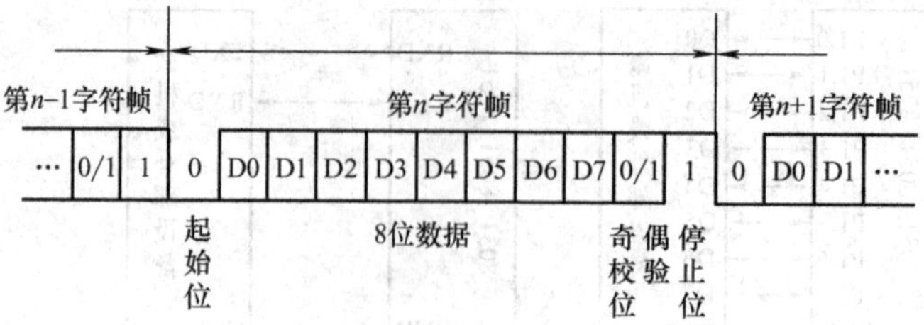

a) 无空闲位字符帧

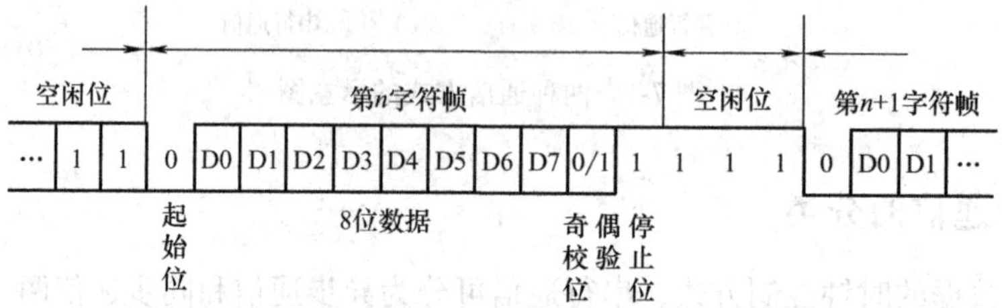

b) 有空闲位字符帧

图 7-2 异步通信一帧数据的格式

在同步传输时，要求用时钟来实现发送端与接收端之间的同步。为了保证接收无误，发送方除了传送数据外，还要把时钟信号同时传送。

同步字符1	数据字符1	数据字符2	数据字符3	…	数据字符n	CRC1	CRC2

a) 单同步字符帧格式

同步字符1	同步字符2	数据字符1	数据字符2	…	数据字符n	CRC1	CRC2

b) 双同步字符帧格式

图 7-3 同步传送的数据格式

同步通信方式适合 2400bit/s 以上速率的数据传输，由于不必加起始位和停止位，传送效率较高，但实现起来比较复杂。

7.1.2 波特率

波特率即数据传输速率，表示每秒钟传送二进制代码的位数，它的单位是位/秒（bit/s）。波特率是异步通信的重要指标，表征数据传输的速度，波特率越高，数据传输速度越快。在数据传输方式确定后，以多大的速率发送/接收数据，是实现串行通信必须解决的问题。

假设数据传输的速率是 120 字符/s，每个字符格式包含 10 个代码位（1 个起始位、1 个停止位、8 个数据位），则通信波特率为

120 字符/s × 10 位/字符 = 1200bit/s = 1200 波特

每一位的传输时间为波特率的倒数：$T_d = 1/1200\text{s} = 0.833\text{ms}$。

7.1.3 串行通信的制式

在串行通信中，按照数据传送方向不同，串行通信可分为单工、半双工和全双工三种

制式。

在单工制式中，只允许数据向一个方向传送，通信的一端为发送器，另一端为接收器。

在半双工制式中，系统每个通信设备都由一个发送器和一个接收器组成，允许数据在两个方向中的任一方向传送，但每次只能有一个设备发送，即在同一时刻，只能进行一个方向传送，不能双向同时传输。

在全双工制式中，数据传送方式是双向配置，允许同时双向传送数据。

在实际应用中，异步通信通常采用半双工制式，这种用法简单、实用。

7.1.4 RS-232C 总线标准与应用

在进行串行通信接口设计时，必须根据需要确定选择标准接口、传输介质及电平转换等问题。和并行传送一样，现在已经颁布了很多种串行标准总线，如 RS-232C、RS-422、RS-485 和 20mA 电流环等。采用标准接口后，能够方便地把单片机和外设、测量仪器等有机地连接起来，从而构成一个测控系统。

RS-232C 是使用得最早、最多的一种异步串行通信总线标准。它由美国电子工业协会（Electronic Industries Association）于 1962 年公布，1969 年最后一次修订而成。其中 RS 是 Recommended Sandard 的缩写，232 是该标准的标识，C 表示此标准已修改了三次。

RS-232C 主要用来定义计算机系统的一些数据终端设备和数据通信设备之间接口的电气特性，目前已广泛用于计算机与终端或外设之间的近端连接，适合于短距离或带调制解调器的通信场合。

1. RS-232C 的电气特性

RS-232C 标准早于 TTL 电路的产生，与 TTL、MOS 逻辑电平规定不同。该标准采用负逻辑：低电平表示逻辑 1，电平值为 $-3 \sim -15V$；高电平表示逻辑 0，电平值为 $+3 \sim +15V$。因此，RS-232C 不能直接与 TTL 电路连接，使用时必须加上适当的电平转换电路，否则将使 TTL 电路烧毁。

2. RS-232C 引脚功能

RS-232C 标准总线有 25 条信号线，引脚名称见表 7-1。

表 7-1 RS-232C 各引脚信号说明

插　针	信号名	功能说明	信号方向	
			对 DTE	对 DCE
1	GND	保护地	×	
2	TXD	发送数据	出	入
3	RXD	接收数据	入	出
4	RES	请求发送	出	入
5	GTS	允许发送	入	出
6	DSR	数据设备（DCE）准备就绪	入	出
7	SGND	信号地（公共回线）	×	×
8	DCD	接收线路信号检测	入	出
9，10		未用，为测试保留		
11		空		

（续）

插针	信号名	功能说明	信号方向	
			对 DTE	对 DCE
12		辅信道接收线路信号检测		
13		辅信道允许发送		
14		辅信道发送数据		
15		发送信号码元定时（DCE 为源）		
16		辅信道接收数据		
17		发送信号码元定时		
18		空		
19		辅信道请求发送		
20		数据终端贮备就绪	出	
21	DTR	信号质量检测		入
22		振铃指示		
23		数据信号速率选择		
24		发送信号码元定时（DCE 为源）		
25		空		

RS-232C 信号分为两类，一类是发送端（DTE）与接收端（DCE）交换的信息 TXD 和 RXD；另一类是为了正确无误地传输上述信息而设计的联络信号。下面介绍这两类信号。

（1）发送数据线与接收数据线

1）发送数据线 TXD：通过 TXD 线，终端将串行数据由发送端（DTE）向接收端（DCE）发送。按串行数据格式，先低位后高位地顺序发出。

2）接收数据线 RXD：通过 RXD 线，终端接收从发送端 DTE（或调制解调器）输出的数据。

（2）联络信号　这类信号共有 6 个：

1）请求传送信号 RTS：用来表示 DTE 请求向 DCE 发送数据，即当终端要发送数据时，该信号 RTS = 1。

2）清除发送信号 CTS：用来表示 DCE 准备好接收 DTE 发来的数据，是对请求发送信号 RTS 的响应信号。

3）数据准备就绪信号 DSR：这是 DCE 向 DTE 发出的联络信号。DSR 将指出本地 DCE 的工作状态。当 DSR = l 时，表示 DCE 没有处于测试通话状态，这时 DCE 可以与远程 DCE 建立通道。

4）数据终端就绪信号 DTR：这是 DTE 向 DCE 发送的联络信号。DTR = l 时，表示 DTE 处于就绪状态，本地 DCE 和远程 DCE 之间建立通信通道；而 DTR = 0 时，将迫使 DCE 终止通信工作。

5）数据载波检测信号 DCD：这是 DCE 向 DTE 发出的状态信息。当 DCD = 1 时，表示本地 DCE 接收到远程 DCE 发送。

6）振铃指示信号 RI：这是 DCE 向 DTE 发出的状态信息。RI = 1 时，表示本地 DCE 接收到远程 DCE 的振铃信号。

（3）RS-232C 与单片机的连接　RS-232C 接口与单片机连接时需要进行电平转换，常用的电平转换芯片有 MC1488、MC1489、MAX232，其中 MAX232 采用单 5V 电源供电，使用非常方便。

MAX232 系列芯片由 MAXIM 公司生产，内含两路接收器和驱动器。其内部的电源电压变换器可以把输入的 +5V 电源电压变换成 RS-232C 输出所需的 ±10V 电压。该芯片硬件接口简单、价格适中，所以被广泛采用。图 7-4 所示为该芯片引脚图。

图 7-5 所示为该芯片应用电路，图中电容 C_1、C_2、C_3、C_4、C_5 均为 1.0 μF/16V。

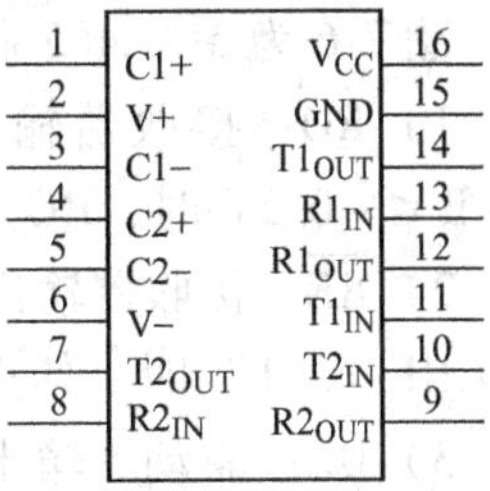

图 7-4　MAX232 芯片的引脚

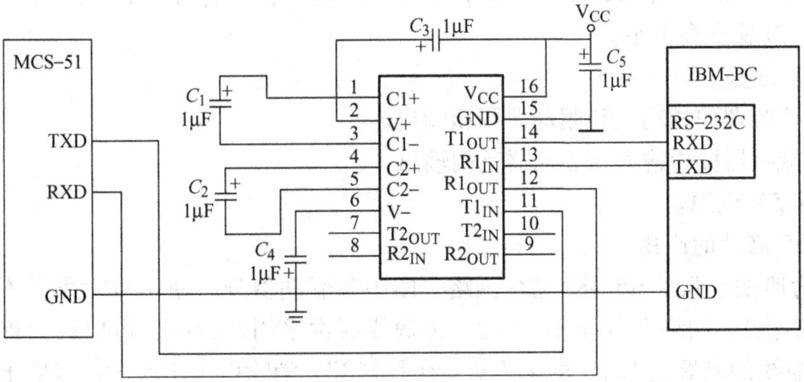

图 7-5　MAX232 芯片的应用电路

7.1.5　RS-485 总线标准与应用

1. RS-485 接口介绍

RS-485 收发器采用平衡发送和差分接收，因此具有抑制共模干扰的能力，再加上接收器具有高的灵敏度，能检测低达 200mV 的电压，故传输信号能在千米以外得到恢复。使用 RS-485 总线，一对双绞线就能实现多站联网，构成分布式系统，设备简单、价格低廉、能进行长距离通信的优点使其得到了广泛的应用。

RS-485 支持半双工或全双工模式。半双工通信的芯片有 SN75176、SN75276、SN75LBC184、MAX485、MAX1487、MAX3082、MAX1483 等；全双工通信的芯片有 SN75179、SN75180、MAX488 ~ MAX491、MAX1482 等。通常采用半双工方式组网应用。组网时通常采用终端匹配的总线型结构，采用一条总线将各个节点串接起来，表 7-2 为一些常见芯片可连接的节点数。

表 7-2　常见芯片可连接的节点数

节点数	型号
32	SN75176，SN75276，SN75179，SN75180，MAX485，MAX488，MAX490
64	SN75LBC184
128	MAX487，MAX1487
256	MAX1482，MAX1483，MAX3080 ~ MAX3089

2. RS-485 芯片的引脚

图 7-6 为 MAX485 芯片引脚图，各引脚功能如下：

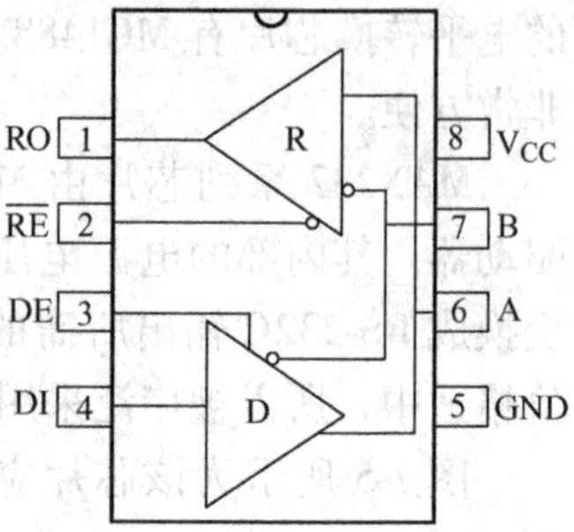

图 7-6　MAX485 芯片引脚图

1）RO：接收器输出。A－B≥＋0.2V 时，RO＝“1”；A－B≤－0.2V 时，RO＝“0”。

2）$\overline{RE}$：接收器输出使能。$\overline{RE}$＝“0”时，允许接收器输出；$\overline{RE}$＝“1”时，禁止接收器输出，RO 为高阻。

3）DE：驱动器输出使能。DE＝“1”时，允许驱动器工作；DE＝“0”时，驱动器被禁止，输出端 A、B 为高阻。

4）DI：驱动器输入。DI＝“1”时，A 输出高电平，B 输出低电平；DI＝“0”时，A 输出低电平，B 输出高电平。

5）GND：地。

6）A：接收器同相输入和驱动器同相输出。

7）B：接收器反相输入和驱动器反相输出。

8）V_{CC}：5V 电源。

3. RS-485 芯片的应用

图 7-7 为典型半双工 RS-485 通信网络。图中各驱动器分时使用传输线（不发送数据的驱动器应被禁止）。网络上可挂 32 个站。传输线通常采用双绞线，可以较大程度抑制共模干扰。在传输线的末端接 120Ω 的电阻进行阻抗匹配，消除由于不匹配在线路上产生的信号反射。

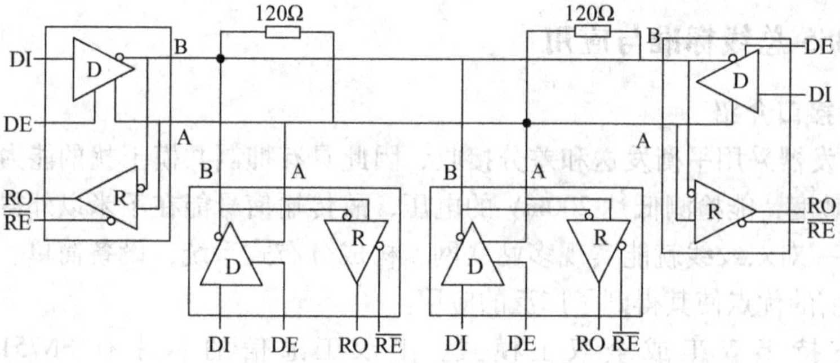

图 7-7　RS-485 芯片的应用电路

在实际应用中，为减小误码率，通信距离越远，通信速率应取低一些。RS-485 规定：通信距离为 120m 时，最大通信速率为 1Mbit/s；若通信距离为 1.2km，则最大通信速率为 100Kbit/s。

RS-485 与 PC 间可采用 RS-232/485 接口卡。RS-485 芯片与单片机的连接电路请参考相关资料。

7.1.6　MCS-51 串行口的内部结构

MCS-51 单片机内部有一个可编程全双工串行接口，具有 UART（通用异步接收和发送器）的全部功能，通过单片机的引脚 RXD（P3.0）、TXD（P3.1）同时接收、发送数据，构成双机或多机通信系统。

MCS-51 串行口的内部结构如图 7-8 所示。

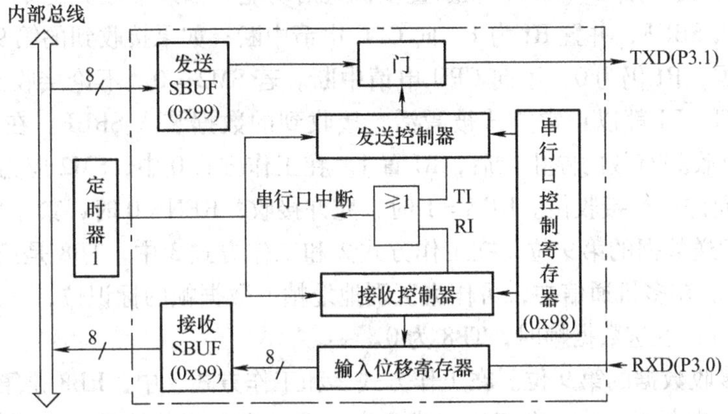

图 7-8 MCS-51 串行口的结构框图

在图 7-8 中，与 MCS-51 串行口有关的特殊功能寄行器为 SBUF、SCON、PCON（图中未画出），下面分别介绍它们。

1. 串行口数据缓冲器 SBUF

SBUF 是一个特殊功能寄存器，有两个在物理上独立的接收缓冲器与发送缓冲器。发送缓冲器只能写入不能读出，写入 SBUF 的数据存储在发送缓冲器中，用于串行发送；接收缓冲器只能读出不能写入。两个缓冲器共用一个地址 0x99，通过对 SBUF 的读、写指令来区别是对接收缓冲器还是发送缓冲器进行操作。接收或发送数据，是通过串行口对外的两条独立收发信号线 RXD（P3. 0）、TXD（P3. 1）来实现的。

2. 串行口控制寄存器（SCON）

SCON 用来控制串行口的工作方式和状态，字节地址为 0x98，可以位寻址。SCON 的各位定义如表 7-3 所示。

表 7-3 串行口控制寄存器

位地址	0x9F	0x9E	0x9D	0x9C	0x9B	0x9A	0x99	0x98
位符号	SM0	SMl	SM2	REN	TB8	RB8	TI	RI

各位功能说明如下：

1）SM0、SMl：串行口工作方式选择位，其定义如表 7-4 所示。

表 7-4 串行口工作方式设定

SM0	SM1	工 作 方 式	功 能 说 明
0	0	0	同步移位寄存器输入/输出，波特率为 $f_{OSC}/12$
0	1	1	8 位 UART，波特率可变，为 TI 溢出率/n（$n=16$ 或 32）
1	0	2	9 位 UART，波特率为 f_{OSC}/n（$n=32$ 或 64）
1	1	3	9 位 UART，波特率可变，为 TI 溢出率/n（$n=16$ 或 32）

2）SM2：多机通信控制位，用于工作方式2和工作方式3中。在工作方式2和工作方式3处于接收方式时，若SM2=1，表示置多机通信功能。如果接收到的第9位数据RB8为1，则将数据装入SBUF，并置RI为1，向CPU申请中断；如果接收到的第9位数据RB8为0，则不接收数据，RI仍为0，不向CPU申请中断。若SM2=0，不论接收到的第9位RB8为0还是为1，TI、RI都以正常方式被激活，接收到的数据装入SBUF。在工作方式1，若SM2=1，则只有收到有效的停止位后，RI置1。在工作方式0中，SM2应为0。

3）REN：允许串行接收位。REN=1时，允许接收；REN=0时，禁止接收。

4）TB8：发送数据的第9位。在工作方式2和工作方式3中，TB8是第9位发送数据，可做奇偶校验位。在多机通信中，可作为区别地址帧或数据帧的标识位，一般约定：发送地址帧时，TB8为1；发送数据帧时，TB8为0。

5）RB8：接收数据的第9位。在工作方式2和工作方式3中，RB8是第9位接收数据。

6）TI：发送中断标志位。在工作方式0中，发送完8位数据后，由硬件置位；在其他工作方式中，在发送停止位时由硬件置位。因此，TI是发送完一帧数据的标志，当TI=1时，向CPU申请串行中断，响应中断后，必须由软件清除TI。

7）RI：接收中断标志位。在工作方式0中，接收完8位数据后，由硬件置位；在其他工作方式中，在接收停止位的中间点由硬件置位。接收完一帧数据RI=1，向CPU申请中断，响应中断后，必须由软件清除RI。

3. 电源及波特率选择寄存器（PCON）

PCON主要是为CHMOS型单片机的电源控制而设置的专用寄存器，字节地址为0x87。在HMOS的8051单片机中，PCON只有最高位被定义，其他位都是虚设的。PCON各位的定义如表7-5所示。

表7-5 电源及波特率选择寄存器各位的定义

位 序	D7	D6	D5	D4	D3	D2	D1	D0
位符号	SMOD	/	/	/	GF1	GF0	PPD	IDL

PCON的最高位SMOD为串行口波特率的倍增位。在工作方式1、2和3时，串行通信的波特率与SMOD有关。当SMOD=1时，通信波特率加倍；当SMOD=0时，波特率不变。其他各位为掉电方式控制位，在此不再赘述。

7.1.7 MCS-51串行口的工作方式

MCS-51的串行口有4种工作方式，通过SCON中的SM1、SM0位来决定，如表7-4所示。

1. 工作方式0

在工作方式0下，串行口作同步移位寄存器用，其波特率固定为$f_{OSC}/12$。串行数据从RXD（P3.0）端输入或输出，同步移位脉冲由TXD（P3.1）送出。移位数据的发送和接收以8位为一帧，无需起始位和停止位。这种方式常用于扩展I/O口。

2. 工作方式1

工作方式1为波特率可调的8位通用异步通信接口。发送或接收一帧信息为10位，分别为1位起始位（0）、8位数据位和1位停止位（1）。

1）数据发送。发送时，数据从TXD端输出。当执行“SBUF = A”指令时，数据被写入发送缓冲器SBUF，启动发送器发送。当发送完一帧数据后，置中断标志TI为1。

2）数据接收。接收时，数据从RXD端输入。当允许接收控制位REN为1后，串行口采样RXD，当采样到由1跳变到0时，确认是起始位“0”，启动接收器开始接收一帧数据。当RI = 0且接收到停止位为1（或SM2 = 0）时，将停止位送入RB8，8位数据送入接收缓冲器SBUF，同时置中断标志RI = 1。所以，工作方式1接收时，应先用软件清除RI或SM2标志。

3. 工作方式2和工作方式3

在工作方式2和工作方式3下，串行口为9位异步通信接口，发送、接收一帧信息为11位，即1位起始位（0）、8位数据位、1位可编程位和1位停止位（1）。传送波特率与SMOD有关。其数据帧格式如表7-6所示。

表7-6 异步通信数据帧格式

起始位	8位数据								奇偶校验位	停止位
0	D0	D1	D2	D3	D4	D5	D6	D7	0/1	1

1）数据发送。串行口工作于工作方式2、工作方式3进行数据发送时，数据由TXD端输出，附加的第9位数据为SCON中的RB8（由软件设置）。用指令将要发送的数据写入SBUF，即可启动发送器。送完一帧信息时，TI由硬件置1。

2）数据接收。当REN = 1时，允许接收。与工作方式1相同，CPU开始不断采样RXD，将8位数据送入SBUF中，接收到的第9位数据送入RB8中，当RI = 0，SM2 = 0或接收到第9位数据为1这三个条件都同时满足时，置RI = 1；否则接收数据无效。

7.1.8 MCS-51串行口的波特率

在串行通信中，收、发双方必须采用相同的数据传输速度，即采用相同的波特率。MCS-51单片机的串行口有4种工作方式，其中工作方式0和工作方式2的波特率是固定的；工作方式1和工作方式3的波特率是可变的，由定时器1的溢出率决定。

1. 工作方式0和工作方式2

在工作方式0中，波特率为时钟频率的1/12，即$f_{OSC}/12$，固定不变。

在工作方式2中，波特率取决于PCON中的SMOD值：当SMOD = 0时，波特率为$f_{OSC}/64$；当SMOD = 1时，波特率为$f_{OSC}/32$。即波特率 = $2^{SMOD} \times f_{OSC}/64$。

2. 工作方式1和工作方式3

在工作方式1和工作方式3下，波特率由定时器1的溢出率和SMOD共同决定，即

$$波特率 = 2^{SMOD}/32 \times n$$

式中，n为定时器1的溢出率。定时器1的溢出率取决于定时器1的预置值。通常定时器选用工作方式2，即自动重装载的8位定时器，此时TL1作计数用，自动重装载值存在TH1内。设定时器的预置值（初始值）为X，那么每过$256 - X$个机器周期，定时器溢出一次，此时应禁止T1中断。溢出周期为

$$12/f_{OSC} \times (256 - X)$$

溢出率为溢出周期的倒数，所以波特率为

$$波特率 = \frac{2^{SMOD}}{32} \cdot \frac{f_{OSC}}{12\ (256 - X)}$$

例 7-1 通信波特率为 2400bit/s，f_{OSC} = 11.0592MHz，T1 工作在工作方式 2，其 SMOD = 0，计算 T1 的初值 X。

解：根据波特率 = $2^{SMOD}/32 \times n$，得：n = 76 800。

根据 $n = f_{OSC}/[12 \times (256 - X)]$，得：$X$ = 244，即：X = 0xF4，相应的程序为

```
TMOD = 0x20;
TL1 = 0xF4;
TH1 = 0xF4;
TR1 = 1;
```

MCS-51 串行口常用的波特率如表 7-7 所示。

表 7-7 MCS-51 串行口常用的波特率

工作方式	波特率/(bit/s)	f_{OSC}/MHz	定时器 1			
			SMOD	$C/\overline{T}$	工作方式	定时器初值
工作方式 0	1M	12	×	×	×	×
工作方式 2	375k	12	1	×	×	×
	187.5k	12	0	×	×	×
工作方式 1 工作方式 3	62.5k	12	1	0	2	0xFF
	19.2k	11.059	1	0	2	0xFD
	9.6k	11.059	0	0	2	0xFD
	4.8k	11.059	0	0	2	0xFA
	2.4k	11.059	0	0	2	0xF4
	1.2k	11.059	0	0	2	0xE8
	137.5	11.059	0	0	2	0x1D
	110	12	0	0	1	0xFEEB
工作方式 0	0.5M	6	×	×	×	×
工作方式 2	187.5k	6	1	×	×	×
工作方式 1 工作方式 3	19.2k	6	1	0	2	0xFE
	9.6k	6	1	0	2	0xFD
	4.8k	6	0	0	2	0xFD
	2.4k	6	0	0	2	0xFA
	1.2k	6	0	0	2	0xF3
	0.6k	6	0	0	2	0xE6
	110	6	0	0	2	0x72
	55	6	0	0	1	0xFEEB

任务2 系统总体设计

7.2.1 系统的组成

本系统功能由硬件和软件两大部分协调完成。

系统硬件采用模块化设计，以单片机控制器为核心，与LCD显示电路、串行口通信电路等组成PC与单片机串行通信控制系统，主要包括单片机主控模块、LCD显示模块、串行口通信模块等。其中，单片机主控模块主要完成外围硬件的控制以及一些运算功能；LCD显示模块完成字符、数字的显示功能。串行口通信模块主要完成单片机和PC之间的通信功能。串行通信控制系统的硬件组成框图如图7-9所示。

应用软件采用模块化设计方法。串行通信控制系统的应用程序主要由主函数、串行口接收发送数据中断函数、LCD显示函数等模块组成，其软件结构框图如图7-10所示。

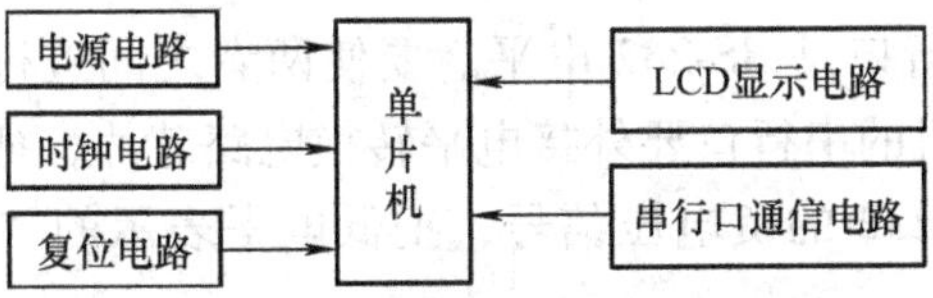

图7-9 串行通信控制系统的硬件组成框图

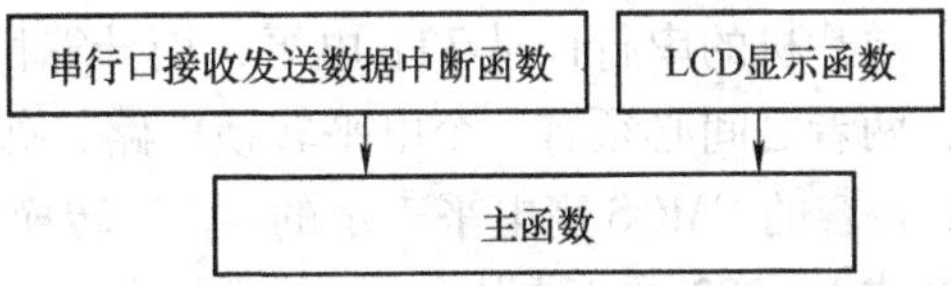

图7-10 串行通信控制系统的软件结构框图

7.2.2 系统的工作原理

MCS-51单片机的串行口发送/接收数据时，通过2个串行缓冲器SBUF进行，这2个缓冲器采用一个地址（0x98），但在物理上是独立的。其中，接收缓冲器只能读出数据不能写入数据；发送缓冲器只能写入数据不能读出数据。

1. 发送过程

发送过程由指令“SBUF = A”启动，此时待传送的数据由累加器A传入串行发送缓冲器SBUF，由硬件自动在发送字符的始、末加上起始位（低电平）、停止位（高电平）及其他控制位（如奇偶位等），而后在移位脉冲的控制下，低位在前，高位在后，逐位从TXD端（工作方式0除外）发出数据。

2. 接收过程

串行口的接收与否受制于允许接收位REN的状态，当REN被软件置“1”后，允许接收器接收数据。串行口的接收器以所选波特率的16倍速对RXD线进行监视。当“1”跳变到“0”，检测器连续采样到RXD线上是低电平时，便认定RXD端出现起始位，继而接收控制器开始工作。在每位传送时间的第7、8、9三个脉冲状态采样RXD线，决定所接收的值为“0”或“1”。当接收完停止位后，控制电路使中断标志RI置为“1”，此时程序可通过“A = SBUF”指令将接收到的字符从SBUF送入累加器A，从而完成一帧数据的接收工作。

任务3 系统硬件设计

7.3.1 主控模块设计

本项目采用ATMEL公司生产的AT89S52单片机，主控模块的具体设计参见项目1。

7.3.2　LCD 显示模块设计

LCD 显示模块选用 1602 字符型 LCD 模块，具体设计请参见项目 6。

7.3.3　串行口通信模块设计

MCS-51 单片机有一个全双工的串行通信口，使单片机和计算机之间可以方便地进行通信。

电平范围是电路能够安全可靠识别信号的电压范围。

CMOS 电路的电平范围一般是从 0 到电源电压。在 CMOS 电平中，高电平（3.5 ~ 5V）为逻辑“1”，低电平（0 ~ 0.8V）为逻辑“0”。

RS-232 接口的电平范围是 -15 ~ +15V，RS-232 电平采用负逻辑，即逻辑“1”为 -3 ~ -15V，逻辑“0”为 +3 ~ +15V。

单片机的串行口是 TTL 电平，而计算机的串行口是 RS-232 电平。要使两者之间进行通信，两者之间必须有一个电平转换电路，即单片机的串行口要外接电平转换电路芯片，把与 TTL 兼容的 CMOS 高电平表示的“1”转换成 RS-232 的负电压信号，把低电平表示的“0”转换成 RS-232 的正电压信号。

实现逻辑电平转换可以采用以下 3 种方式：

（1）采用 MC1488 和 MC1489 芯片的转换接口　MC1488 和 MC1489 芯片为早期的 RS-232 至 TTL 逻辑电平的转换芯片。该方式的不便之处是需要 ±12V 电压，并且功耗较大，不适合用于低功耗的系统。

（2）采用 MAX232 芯片的转换接口　MAX232 是 MAXIM 公司生产的，包含两路驱动器和接收器的 RS-232 转换芯片。MAX232 芯片内部有一个电压转换器，可以把输入的 +5V 电压转换为 RS-232 接口所需的 ±10V 电压，尤其适用于没有 ±12V 的单电源系统。与此原理相同的芯片还有 MAX202 和 AD 公司的 ADDt101 以及 SIL 公司的 IC1232 芯片。

（3）采用分立元器件实现转换接口　采用分立元器件实现的 RS-232 至 TTL 电平的转换接口电路，其特点是利用 PC 的 RS-232 接口的 3 脚信号（也可用 4、7 脚）来供给负电源，PC 的 3、4、7 脚在非发送逻辑“0”电平时均为“1”电平（-10V 左右），其驱动能力为 20mA，利用这个特性，采用一个二极管和电解电容，即在电解电容上获取了 RS-232 通信所需的负电源。该电路简单、功耗小，在没有专用芯片时不失为一种替代方法。

在本项目中利用 MAXIM 公司的 MAX232 集成芯片构成转换接口电路。

MAX232 芯片的内部结构如图 7-11 所示。

串行通信模块由 MAX232 芯片和连接 PC 的 DB9 针接口组成。RS-232 接口引脚实物图如图 7-12 所示。

RS-232 接口引脚的定义如表 7-8 所示。

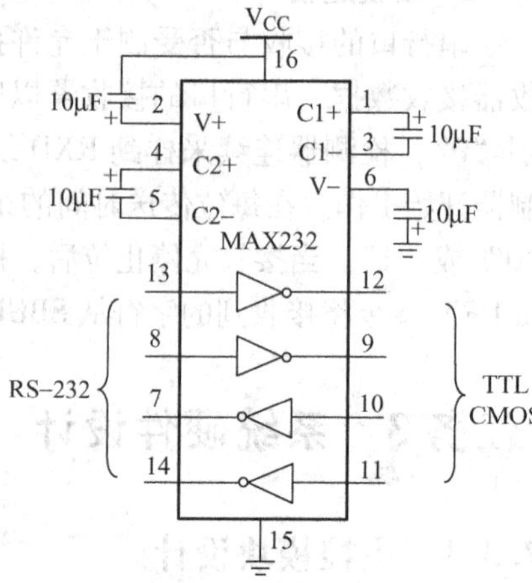

图 7-11　MAX232 芯片的内部结构框图

图 7-12 RS-232 的接口引脚实物图

表 7-8 RS-232 接口引脚的定义

引 脚	定 义	符 号	引 脚	定 义	符 号
1	载波检测	DCD	6	数据准备好	DSR
2	接收数据	RXD	7	请求发送	RTS
3	发送数据	TXD	8	清除发送	CTS
4	数据终端准备好	DTR	9	振铃提示	RI
5	信号地	SGND			

因此，MAX232 芯片的 $T1_{IN}$ 引脚连接 AT89S52 单片机的 TXD 引脚，MAX232 芯片的 $R1_{OUT}$ 引脚连接 AT89S52 单片机的 RXD 引脚；MAX232 芯片的 $T1_{OUT}$ 引脚连接 DB9 针接口的第 2 引脚，MAX232 芯片的 $R1_{IN}$ 引脚连接 RS-232 的 DB9 针接口的第 3 引脚，串行通信模块与单片机的接口电路原理图如图 7-13 所示。

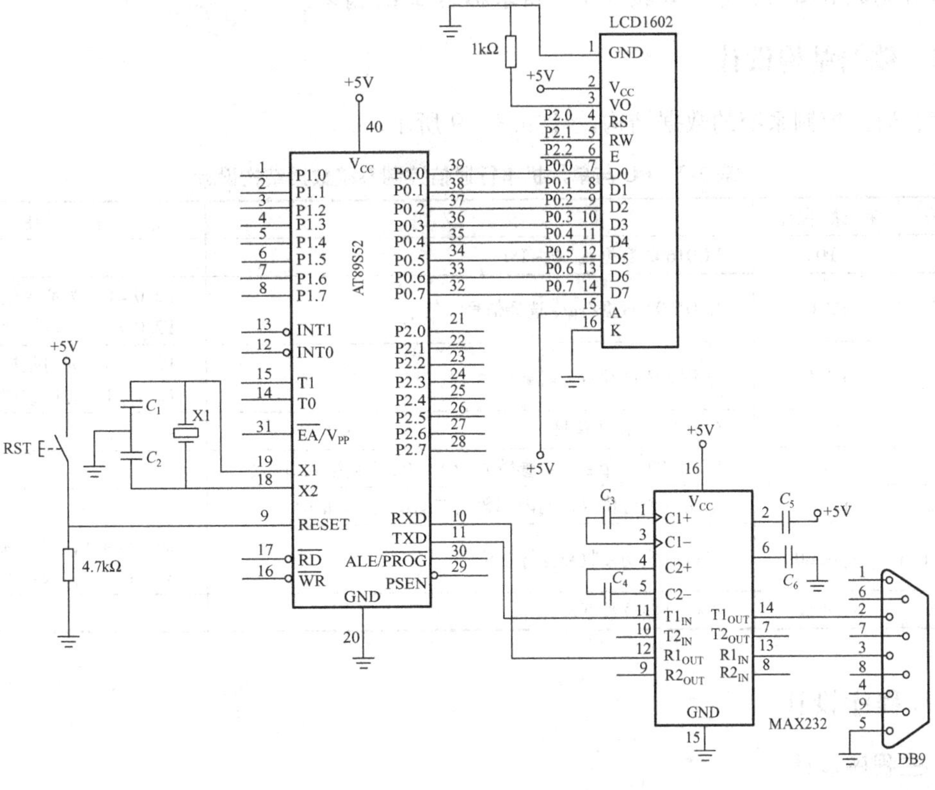

图 7-13 串行通信模块与单片机的接口电路原理图

任务 4 系统软件设计

7.4.1 算法设计

编写单片机异步通信程序的步骤如下：

1）设置串行口工作方式。此时需对串行控制器 SCON 中的 SM0、SM1 位进行设置。PC 与单片机的通信中一般选择串行口工作在工作方式 1 下。

2）选择波特率发生器。选择定时器 1 或定时器 2 作为波特率发生器。

3）设置定时器工作方式。当选择定时器 1 作为波特率发生器时，需设置 TMOD 为计数方式并选择相应的工作方式（一般选择工作方式 2 以避免重装定时器初值）；当选择定时器 2 作为波特率发生器时，需将 T2 设置为波特率发生器工作方式。

4）设置波特率参数。影响波特率的参数有两个：一是电源控制寄存器 PCON 的 SMOD 位，另一个是相应定时器初值。

5）允许串行中断。因为在程序中一般设有中断接收方式，故应设 EA = 1、ES = 1。

6）允许接收数据。设置 SCON 中的 REN 为 1，表示允许串行口接收数据。

7）允许定时器/计数器工作。此时开启定时器/计数器，使其产生波特率。

8）编写串行中断服务程序。当有数据到达串行口时，系统将自动执行所编写的中断服务程序。

9）收/发相应数据。**注意：**发送操作完成后必须将串行口发送中断请求标志位 TI 清零，接收工作完成后必须将串行口接收中断请求标志位 RI 清零。

7.4.2 数据结构设计

串行通信控制系统的数据结构设计如表 7-9 所示。

表 7-9 PC 与单片机串行通信控制系统数据结构设计

符 号	存储单元	含 义	备 注
P0	P0	LCD1602 数据线 D7 ~ D0	
RS	P2.0	LCD1602 数据/命令选择信号	P2.0 = 0，为命令信号 P2.0 = 1，为数据信号
RW	P2.1	LCD1602 读/写选择信号	P2.1 = 0，为写数据信号 P2.1 = 1，为读数据信号
E	P2.2	LCD 1602 使能信号	
ch	ch	LCD1602 写命令入口参数或 LCD1602 写数据入口参数	
myflag	myflag	定义一个可位寻址的内部数据存储单元（bdata）	
recokbit	myflag^0	串行口成功接收数据标志位	recokbit = 1，接收到数据 recokbit = 0，未收到数据
recdata	recdata	串行口接收数据单元	

7.4.3 程序设计

1. 主程序设计

主程序主要完成数据初始化、硬件初始化及函数调用等功能。

1）初始化。首先初始化串行口成功接收数据标志位 recokbit 和串行口接收数据单元 recdata 为 0。然后调用 LCD 初始化函数，并设置 LCD 的 DDRAM 地址为 0x00，在 LCD 上显示数据“RECDATA:”。

2）串行口设置。选择定时器 1 作为波特率发生器，设定定时器 1 的工作方式为工作方式 2，所以寄存器 TMOD 的初值应该为 0x20。

设置寄存器 SCON 的 SM0、SM1 位，定义串行口工作方式为工作方式 1，并允许串行口接收数据，定义 REN = 1，所以寄存器 SCON 的初值应该为 0x50。

设置波特率参数为 9 600bit/s，单片机的晶振 f_{OSC} = 11.0592MHz，SMOD = 0，则定时器 1 初值 X 为：$X = 256 - f_{OSC} \times (\mathrm{SMOD}+1)/(384 \times 波特率) = 253 = 0xfd$，所以 TH1 = TL1 = 0xfd。

启动定时器/计数器 1 工作，所以 TR1 = 1。开放总中断及串行中断，所以寄存器 IE 的初值应该为 0x90。

3）串行口收发数据。判断串行口成功接收数据标志位 recokbit 是否为 0。

若 recokbit 为 0，表明串行口未接收到数据，则继续等待串行口接收数据。

若 recokbit 为 1，表明串行口成功接收或发送数据，进入串行口中断服务函数，单片机接收数据，并将串行口成功接收数据标志位 recokbit 清零，调用 LCD 显示接收数据函数，在 LCD 上显示单片机从串行口接收到的数据。

主函数流程图如图 7-14 所示。

2. 串行口中断服务函数设计

首先判断串行口接收中断标志位 RI 是否为 1。

1）若 RI 不为 1，则串行口发送中断标志位 TI = 1，表示把数据从单片机串行口发给 PC 成功，并把串行口发送中断标志位 TI 清零，串行口中断函数返回。

2）若 RI 为 1，表示单片机串行口接收数据成功，则把串行口接收中断标志位 RI 清零，把串行口接收缓冲器 SBUF 中的数据写入串行口接收数据单元 recdata，再把该数据送到

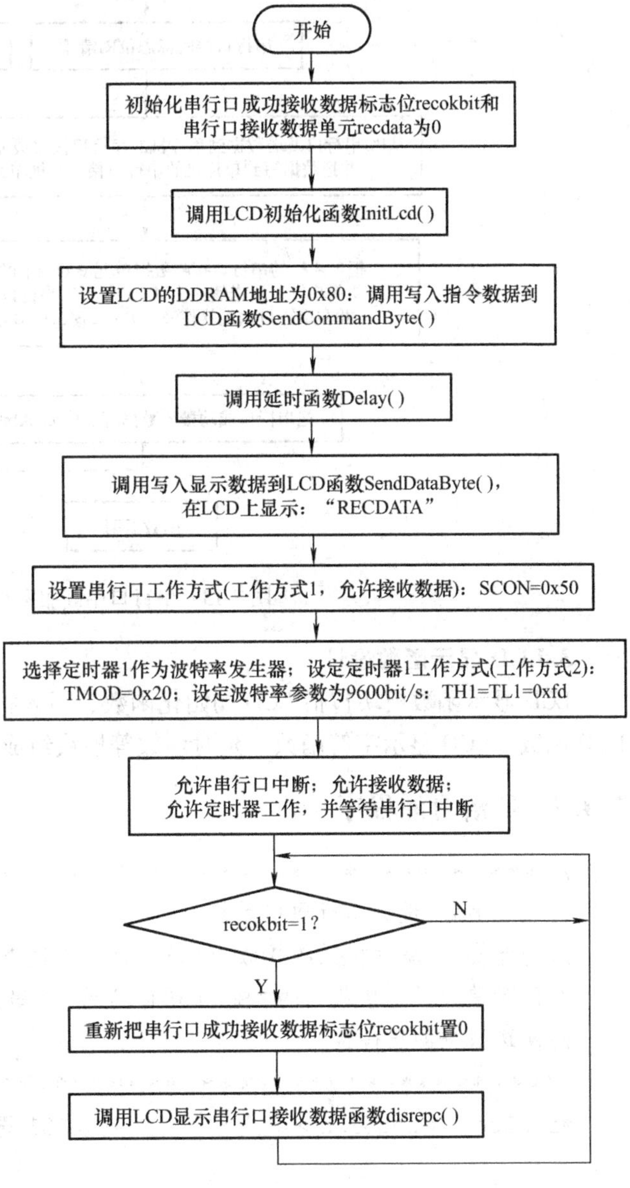

图 7-14　主函数流程图

串行口发送缓冲器 SBUF 中，并回传给 PC，置串行口成功接收数据标志位 recokbit 为 1，表明串行口成功接收数据。

最后串行口中断函数返回。

串行口中断服务函数流程图如图 7-15 所示。

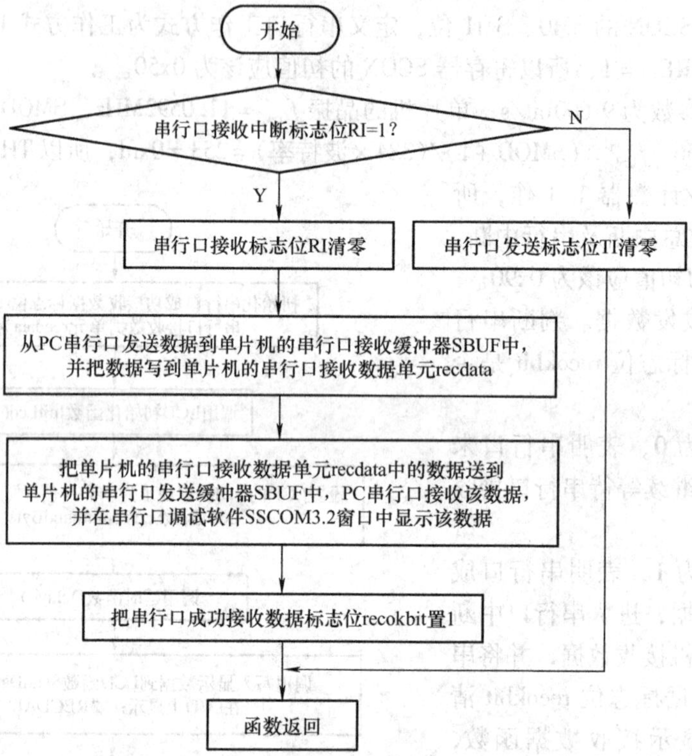

图 7-15　串行口中断服务函数流程图

3. LCD 显示函数设计

LCD 显示函数模块包括 LCD 初始化函数、写入指令数据到 LCD 函数、写入显示数据到 LCD 函数、LCD 显示字符函数、延时函数等模块组成，详细设计请参见项目 6。

7.4.4　C 语言源程序

```
//*************************************************************
//项目名称:设计串行通信系统
//功能描述:单片机系统接收 PC 串行口发送过来的 ASCII 码,并在 LCD 上显示;
//同时单片机把接收到的 ASCII 码回传给 PC 串行口并显示,以验证串行口接收、
//发送数据的正确性。
//*************************************************************
#include <reg51.h>             //包含“51 寄存器定义”头文件

//*************************************************************
```

```
//LCD1602 信号接口定义
//****************************************************************
sbit E = P2^2;                      //LCD 使能信号
sbit RW = P2^1;                     //读/写选择信号 R/W:0 写入数据;1 读出数据
sbit RS = P2^0;                     //数据/命令选择信号 R/S:0 为指令;1 为数据

unsigned char recdata;              //串行口 RS-232 接收的数据
unsigned char bdata myflag;         //定义可位寻址的内部数据存储单元
sbit recokbit = myflag^0;           //串行口成功接收数据标志位

//****************************************************************
//功能:函数声明
//****************************************************************
void Delay(unsigned int t);                    //延时函数
void SendCommandByte(unsigned char ch);        //写指令函数
void SendDataByte(unsigned char ch);           //写数据函数
void InitLcd(void);                 //LCD1602 初始化函数 InitLcd()
void disprec(void);                 //LCD 显示串行口接收数据函数 disrepc()
void rs232(void);                   //串行口中断服务函数 rs232()

//****************************************************************
//函数名称:main()
//函数功能:主函数
//****************************************************************
void main(void)
{
myflag = 0x00;                      //初始化串行口成功接收数据标志位 recokbit 为 0
recdata = 0x00;                     //初始化串行口接收数据单元 recdata 为 0
InitLcd();                          //调用 LCD1602 初始化函数
SendCommandByte(0x80);              //调用写入指令数据到 LCD1602 函数
Delay(2);
SendDataByte('R');                  //调用写入显示数据到 LCD1602 函数
SendDataByte('E');                  //调用写入显示数据到 LCD1602 函数
SendDataByte('C');                  //调用写入显示数据到 LCD1602 函数
SendDataByte('D');                  //调用写入显示数据到 LCD1602 函数
SendDataByte('A');                  //调用写入显示数据到 LCD1602 函数
SendDataByte('T');                  //调用写入显示数据到 LCD1602 函数
SendDataByte('A');                  //调用写入显示数据到 LCD1602 函数
SendDataByte(':');                  //调用写入显示数据到 LCD1602 函数
```

```
TMOD=0x20;          //定时器1作为波特率发生器,工作方式为2
TH1=0xfd;           //串行通信波特率为9600bit/s时,T1初值:TH1=0xfd
TL1=0xfd;           //串行通信波特率为9600bit/s时,T1初值:TL1=0xfd
SCON=0x50;          //串行口工作方式1,允许接收数据
TR1=1;              //启动定时器1
REN=1;              //允许串行口接收数据
IE=0x90;            //开放总中断和串行口中断
while(1)            //等待串行口接收或发送数据中断
{
if(recokbit==1)     //判断串行口是否成功接收数据
{
recokbit=0;         //重置串行口成功接收数据标志位为0
disprec();          //调用LCD显示串行口接收数据函数disrepc()
}
}
}

//*****************************************************
//函数名称:rs232()
//函数功能:串行口中断服务
//*****************************************************
void rs232(void) interrupt 4
{
    //判断串行口接收中断标志位RI是否为1
    if(RI==1)       //若RI为1,因接收数据而引起的串行口中断
    {
        RI=0;   //把串行口接收中断标志位RI置0
        //把接收缓冲器SBUF数据送给串行口接收数据单元recdata
        recdata=SBUF;
        //把串行口接收数据单元recdata数据送给发送缓冲器SBUF
        //把串行口成功接收数据标志位recokbit置1
        SBUF=recdata; recokbit=1;
    }
    else        //若RI不为1,因发送数据而引起的串行口中断
    {
        TI=0;   //把串行口发送中断标志位TI置0
    }
}
```

```
//*********************************************************
//函数名称:Delay()
//函数功能:延时40μs
//*********************************************************
void Delay(unsigned int t)   //delay 40μs
{
    for(;t!=0;t--);
}

//*********************************************************
//函数名称:SendCommandByte()
//函数功能:写入指令数据到 LCD1602
//*********************************************************
void SendCommandByte(unsigned char ch)
{
    RS=0;
    RW=0;
    P0=ch;
    E=1;
    Delay(1);
    E=0;
    Delay(100);   //delay 40μs
}

//*********************************************************
//函数名称:SendDataByte()
//函数功能:写入显示数据到 LCD1602
//*********************************************************
void SendDataByte(unsigned char ch)
{
    RS=1;
    RW=0;
    P0=ch;
    E=1;
    Delay(1);
    E=0;
    Delay(100);   //delay 40μs
}
```

```
//**********************************************************
//函数名称:InitLcd()
//函数功能:LCD1602 初始化
//**********************************************************
void InitLcd()
{
    SendCommandByte(0x30);        //显示模式设置(不测试忙信号)
    SendCommandByte(0x30);        //显示模式设置(不测试忙信号)
    SendCommandByte(0x30);        //显示模式设置(不测试忙信号)
    //设置工作方式:8 位数据口,2 行显示,5×7 点阵
    SendCommandByte(0x38);
    SendCommandByte(0x08);        //设置显示状态:显示关
    SendCommandByte(0x01);        //清屏
    //设置输入方式:数据读/写后 AC 自增 1,画面不动
    SendCommandByte(0x06);
    SendCommandByte(0x0c);        //设置显示状态:显示开
}

//**********************************************************
//函数名称:disprec()
//函数功能:LCD1602 显示串行口接收数据
//**********************************************************
void disprec(void)
{
    SendCommandByte(0x89);        //调用写入指令数据到 LCD1602 函数
    SendDataByte(recdata);        //调用写入显示数据到 LCD1602 函数
}
```

7.4.5 汇编语言源程序

```
;**********************************************************
;项目名称:设计串行通信系统
;功能描述:单片机系统接收 PC 串行口发送过来的 ASCII 码,并在 LCD 上显示;
;同时单片机把接收到的 ASCII 码回传给 PC 串行口并显示,以验证串行口接收、
;发送数据的正确性。
;**********************************************************

;**********************************************************
;功能:LCD1602 信号接口定义
;**********************************************************
```

```
    E        BIT    P2.2
    RW        BIT    P2.1
    RS        BIT    P2.0
    LCDPORT    EQU   P0
    CMD_BYTE   EQU   2EH
    DAT_BYTE   EQU   2FH
    RECOKBIT   BIT   00H        ;串行口成功接收数据标志位
    RECDATA    EQU   30H        ;串行口接收数据单元

    ORG   0000H
    AJMP  MAIN

;************************************************************
;功能:串行口接收发送数据中断子程序
;************************************************************
          ORG       0023H          ;串行口中断入口地址0023H
RS232:    JB        TI,SEND232     ;若TI=1,发送数据
          CLR       RI             ;若TI=0,则RI=1,接收数据,并把RI清零
          MOV       A,SBUF         ;接收数据:PC→SBUF→A→RECDATA
          MOV       RECDATA,A
          MOV       SBUF,A         ;发送数据:A→SBUF→PC
          SETB      RECOKBIT       ;把串行口成功接收数据标志位RECOKBIT置1
          RETI                     ;串行口接收数据中断子程序返回
SEND232:  CLR       TI             ;TI=1,发送数据,并把TI清零
          RETI                     ;串行口发送数据中断子程序返回

;************************************************************
;功能:主程序
;************************************************************
        ORG      0050H
MAIN:   MOV      20H,#00H        ;把串行口成功接收数据标志位RECOKBIT置0
        LCALL    INITLCD         ;调用LCD初始化子程序
        MOV      CMD_BYTE,#80H   ;设置DDRAM的地址
        LCALL    WRITE_CMD       ;调用写入指令数据到LCD1602子程序
        LCALL    DELAY0          ;调用延时子程序
        MOV      DAT_BYTE,#"R"
        LCALL    WRITE_DAT       ;调用写入显示数据到LCD1602子程序
        MOV      DAT_BYTE,#"E"
        LCALL    WRITE_DAT       ;调用写入显示数据到LCD1602子程序
```

```
        MOV     DAT_BYTE,#"C"
        LCALL   WRITE_DAT       ;调用写入显示数据到 LCD1602 子程序
        MOV     DAT_BYTE,#"D"
        LCALL   WRITE_DAT       ;调用写入显示数据到 LCD1602 子程序
        MOV     DAT_BYTE,#"A"
        LCALL   WRITE_DAT       ;调用写入显示数据到 LCD1602 子程序
        MOV     DAT_BYTE,#"T"
        LCALL   WRITE_DAT       ;调用写入显示数据到 LCD1602 子程序
        MOV     DAT_BYTE,#"A"
        LCALL   WRITE_DAT       ;调用写入显示数据到 LCD1602 子程序
        MOV     DAT_BYTE,#":"
        LCALL   WRITE_DAT       ;调用写入显示数据到 LCD1602 子程序
        MOV     RECDATA,#00H
        MOV     TMOD, #20H      ;定时器 1 作为波特率发生器,工作方式为 2
        MOV     TH1,#0FDH       ;波特率 9600bit/s
        MOV     TL1,#0FDH
        MOV     SCON, #50H      ;串行口工作方式 1,允许接收数据
        SETB    TR1
        SETB    REN
        MOV     IE,#90H         ;允许串行口中断
WAIT:   JNB     RECOKBIT,WAIT   ;等待串行口中断
        CLR     RECOKBIT        ;把串行口成功接收数据标志位 RECOKBIT 置 0
        ACALL   DISPREC         ;调用 LCD 显示接收数据子程序
        SJMP    WAIT

;*******************************************************
;功能:LCD1602 要用到的一些子程序
;*******************************************************
;*******************************************************
;功能:写入指令数据到 LCD1602 子程序(入口参数 CMD_BYTE)
;*******************************************************
WRITE_CMD: CLR    RS
           CLR    RW
           MOV    A,CMD_BYTE
           MOV    LCDPORT,A
           SETB   E
           NOP
           NOP
           CLR    E
```

```
        LCALL  DELAY0
        RET                     ;写入指令数据到 LCD1602 子程序返回

;************************************************************
;功能:写入显示数据到 LCD1602 子程序(入口参数 DAT_BYTE)
;************************************************************
WRITE_DAT: SETB   RS
           CLR    RW
           MOV    A,DAT_BYTE
           MOV    LCDPORT,A
           SETB   E
           NOP
           NOP
           CLR    E
           LCALL  DELAY0
           RET                  ;写入显示数据到 LCD1602 子程序返回

;************************************************************
;功能:LCD 初始化子程序
;************************************************************
INITLCD: MOV      CMD_BYTE,#30H
         LCALL    WRITE_CMD     ;调用写入指令数据到 LCD1602 子程序
         MOV      CMD_BYTE,#30H
         LCALL    WRITE_CMD     ;调用写入指令数据到 LCD1602 子程序
         MOV      CMD_BYTE,#30H
         LCALL    WRITE_CMD     ;调用写入指令数据到 LCD1602 子程序
         MOV      CMD_BYTE,#38H ;设定工作方式
         LCALL    WRITE_CMD     ;调用写入指令数据到 LCD1602 子程序
         MOV      CMD_BYTE,#0CH ;显示状态设置
         LCALL    WRITE_CMD     ;调用写入指令数据到 LCD1602 子程序
         MOV      CMD_BYTE,#01H ;清屏
         LCALL    WRITE_CMD     ;调用写入指令数据到 LCD1602 子程序
         MOV      CMD_BYTE,#06H ;输入方式设置
         LCALL    WRITE_CMD     ;调用写入指令数据到 LCD1602 子程序
         RET                    ;LCD 初始化子程序返回

;************************************************************
;功能:延时子程序
;************************************************************
```

```
DELAY0: MOV     R5,#0A0H
DELAY1: NOP
        DJNZ    R5,DELAY1
        RET                              ;子程序返回

;*************************************************************
;功能:LCD 显示接收数据子程序 DISPREC
;*************************************************************
DISPREC: MOV    CMD_BYTE,#89H  ;设置 DDRAM 的地址
         LCALL  WRITE_CMD       ;调用写入指令数据到 LCD1602 子程序
         MOV    DAT_BYTE,RECDATA
         LCALL  WRITE_DAT       ;调用写入显示数据到 LCD1602 子程序
         RET                    ;LCD 显示接收数据子程序返回
END
```

任务 5 系统仿真调试

在 PC 上打开串行口调试软件——串口调试助手 SSCOM3.2，设置串行口号、波特率、校验位等参数（**注意**：这些参数应与单片机中串行口参数设置一致），在字符输入框内输入要发送的 ASCII 码，单击发送，此时在 LCD1602 上显示出当前收到的 ASCII 码，同时在串行口调试助手 SSCOM3.2 的接收窗口可以看到当前的回传 ASCII 码。PC 与单片机串行通信的调试示意图如图 7-16 所示。

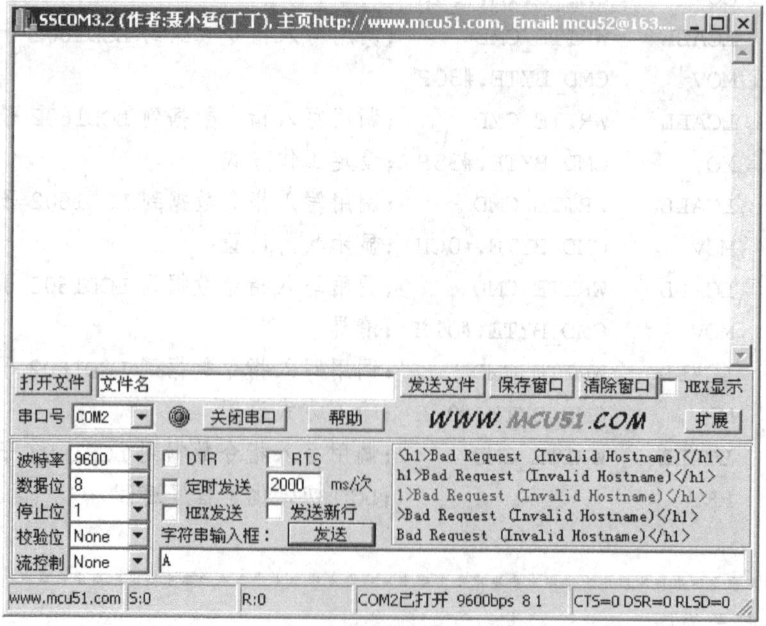

图 7-16 PC 与单片机串行通信系统的调试示意图

任务6 能力扩展

1. 74HC164 串入转并出

【**控制要求**】利用TTL芯片74HC164进行串行口转并行口实验。采用串行口工作方式0传输数据，使74HC164的输出端所连接的8个发光二极管VL_0 ~ VL_7从右至左轮流点亮。

2. 74H165 并入转串出

【**控制要求**】利用TTL芯片74HC165进行并行口转串行口实验。采用串行口工作方式0接收数据，读取74HC165并行输入口的8个拨码开关状态，每种状态读取2次，保存第一次读取值并输出到P2口P2.0 ~ P2.7显示，第二次读取的值与第一次读取值进行比较，如果两次读取值相同输出到P0口P0.0 ~ P0.7显示；否则关闭P0口P0.0 ~ P0.7显示。

任务7 项目考核

项目考核内容如表7-10所示。

表7-10 项目考核内容

考核项目	考核内容	技术要求	得分
总体设计	①任务分析 ②方案设计 ③软件和硬件功能划分	①任务明确（5分） ②方案设计合理、有新意（10分） ③软件和硬件功能划分合理（5分）	
硬件设计	①片内器件分配 ②电路原理图设计 ③电路板制作	①片内器件分配正确、合理（5分） ②电路原理图设计正确（10分） ③电路板制作：布线正确、整齐、合理（5分）	
软件设计	①算法和数据结构设计 ②流程图设计 ③编程	①算法和数据结构设计正确、合理（5分） ②流程图设计正确、简明（5分） ③编程正确、有新意（10分）	
系统仿真与调试	①调试顺序 ②错误排除 ③调试结果	①调试顺序正确（5分） ②能熟练排除错误（10分） ③调试后运行正确（5分）	
实训报告	①书写 ②内容 ③图形绘制 ④结果分析	①书写规范整齐（5分） ②内容翔实具体（5分） ③图形绘制正确、完整、全面（5分） ④能正确分析实验结果（5分）	
合计			

项目8 设计数字电压表系统

教学目标

1. 终极目标

制作一个单片机控制的数字电压表系统。

2. 促成目标

1）了解A-D转换器的基本工作原理及特性。

2）了解A-D转换器的技术指标。

3）掌握常用A-D芯片与单片机的接口方法。

4）掌握A-D转换程序设计方法。

工作任务单

设计一个单片机控制的数字电压表系统。

通过可调电位器调节电压来模拟模拟电压的输入，范围为0~5V，然后进行A-D转换，转换后的数字量即输出电压值通过LCD显示。

任务1 相关知识

8.1.1 A-D转换器简介

A-D转换电路，亦称“模拟-数字转换器”，简称“模-数转换器”，将模拟量或连续变化的量进行量化（离散化），转换为相应的数字量。A-D转换包含三个部分：抽样、量化和编码。一般情况下，量化和编码是同时完成的。抽样是将模拟信号在时间上离散化的过程；量化是将模拟信号在幅度上离散化的过程；编码是指将每个量化后的样值用一定的二进制代码来表示。

A-D转换器能把输入的模拟信号转换成数字形式，这样，微处理机能够从传感器、变送器或其他模拟信号获得信息。

因A-D转换器应用范围极广，故其品种及类型非常多。根据A-D电路的工作原理可以分为以下几大类型：

1）双积分A-D转换器，一般具有精度高、抗干扰性好、价格便宜等优点；但转换速度慢。广泛用于数字仪表中。

2）逐次逼近比较型A-D转换器，在精度、速度和价格上都适中。

3）并行A-D转换器。这是一种用编码技术实现的高速A-D转换器。

A-D转换器的内部电路较复杂，工作原理较难理解，有兴趣的同学可阅读相关书籍。

8.1.2 A-D转换器的主要技术指标

1. 分辨率

分辨率通常用数字量的位数表示，如8位、10位、12位、16位分辨率等。若分辨率为8位，表示它可以对全量程的$1/2^8=1/256$的增量做出反应。分辨率越高，转换时对输入量的微小变化的反应越灵敏。

2. 量程

量程即所能转换的电压范围，如5V、10V等。

3. 精度

精度有绝对精度和相对精度两种表示方法。常用数字量的位数作为度量绝对精度的单位，如精度为±1/2LSB，而用百分比来表示满量程时的相对误差，如±0.05%。**注意**：*精度和分辨率是不同的概念*。精度指的是转换后所得结果相对于实际值的准确度，而分辨率指的是能对转换结果发生影响的最小输入量。分辨率很高者可能由于温度漂移、线性不良等原因，而并不具有很高的精度。

4. 转换时间

对于逐次逼近比较型或双积分型的转换器而言，不同的输入幅度可能会引起转换时间的差异，在厂家给出的转换时间的指标中，它应当是最长转换时间的典型值。不同类型、不同分辨率的器件，其转换时间的长短相差很大，可为几微秒至几百毫秒。在选择器件时，要根据应用的需要和成本来具体对这一项加以考虑，有时还要同时考虑数据传输过程中转换器件的某些结构和特点。例如，有的器件虽然转换时间比较长，但是对控制信号有门锁的功能，所以在整个转换时间内并不需要外部硬件来支持它的工作，CPU和其他硬件可以在它完成转换以前去处理别的事件而不必等待；而有的器件虽然转换时间不算太长，但是在整个转换时间内必须由外部硬件提供连续的控制信号，因而要求CPU处于等待状态或者要求另加硬件设备来支持其工作。

5. 输出逻辑电平

输出逻辑电平多数与TTL电平配合。在考虑数字输出量与计算机数据总线的关系时，还要对其他一些问题加以考虑，例如，是否要用三态逻辑输出，采用何种编码制式，是否需要对数据进行闭锁。

6. 工作温度范围

由于温度会对运算放大器和加权电阻网络等产生影响，所以只有在一定的温度范围内才能保证额定精度指标。较好的转换器件的工作温度为-40～85℃，较差者为0～70℃。

7. 对参考电压的要求

模-数转换器或数-模转换器都需要一定精度的参考电压源。因此，要考虑转换器件是否需要具有内部参考电压，或是需要外接参考电源。

任务2 系统总体设计

本系统功能由硬件和软件两大部分协调完成。

系统硬件采用模块化设计，以单片机主控器为核心，与 LCD 显示电路、A-D 转换电路等组成数字电压表控制系统，主要包括单片机主控模块、LCD 显示模块、A-D 转换模块等。其中单片机主控模块主要完成外围硬件的控制以及一些运算功能；LCD 显示模块完成字符、数字的显示功能；A-D 转换模块由 A-D 芯片和可调电位器电路组成，通过可调电位器电路实现模拟电压输入，范围在 0 ~5V 之间，A-D 芯片实现 A-D 转换，输出电压的数字量通过 LCD1602 显示。数字电压表系统的硬件组成框图如图 8-1 所示。

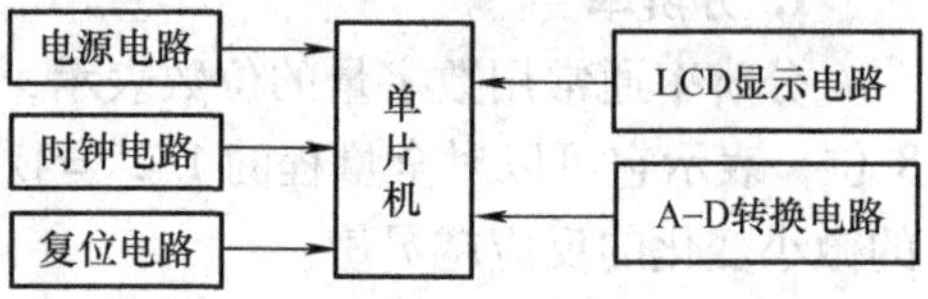

图 8-1 数字电压表系统的硬件组成框图

系统软件采用模块化设计方法。数字电压表系统的应用程序主要由主函数、定时器 0 中断服务函数、A-D 转换函数、计算 A-D 转换值函数序、LCD 显示函数、LCD 显示 A-D 转换值函数等模块组成，其软件结构框图如图 8-2 所示。

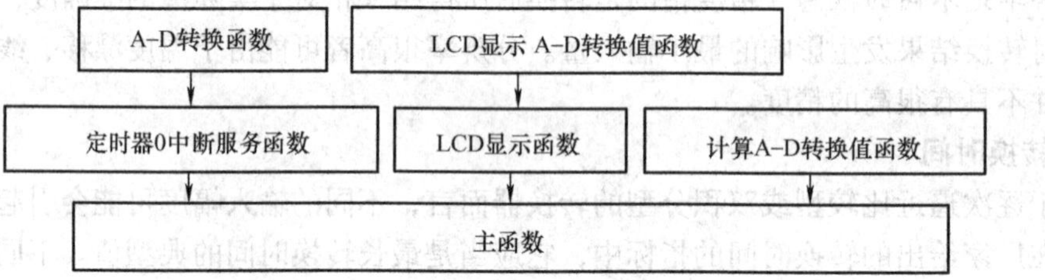

图 8-2 数字电压表系统软件结构框图

任务 3 系统硬件设计

8.3.1 主控模块设计

本项目采用 ATMEL 公司生产的 AT89S52 单片机，主控模块的具体设计参见项目 1。

8.3.2 LCD 显示模块设计

LCD 显示模块选用 1602 字符型 LCD 模块，具体设计请参见项目 6。

8.3.3 A-D 转换模块设计

A-D 模块由 A-D 芯片和可调电位器电路组成，通过可调电位器电路实现模拟电压输入，范围为 0 ~5V。

在本项目中，A-D 芯片选用 TLC549 芯片。

1. 芯片的特点

- 用 CMOS 技术。
- 8 位转换结果。
- 与微处理器或外围设备接口。
- 差分基准电压输入。

- 转换时间：最大 17μs。
- 每秒访问和转换次数：达到 40000。
- 片上软件控制采样和保持功能。
- 全部非校准误差：±0.5LSB。
- 宽电压供电：3~6V 封装及引脚。
- 低功耗：最大 15mW。
- 5V 供电时输入范围：0~5V。
- 输入/输出完全兼容 TTL 和 CMOS 电路。
- 全部非校准误差：±1LSB。
- 工作温度范围：0~70℃（TLC549）；-40~85℃（TLC549I）。

2. 芯片的工作时序

其工作时序如图 8-3 所示。当$\overline{CS}$为高时，数据输出 DATA_ OUT 端处于高阻状态，此时 CLOCK 不起作用。这种$\overline{CS}$控制作用允许同时使用多片 TLC549 时，共用 CLOCK，以减少多路（片）A-D 并用时的 I/O 控制端口。

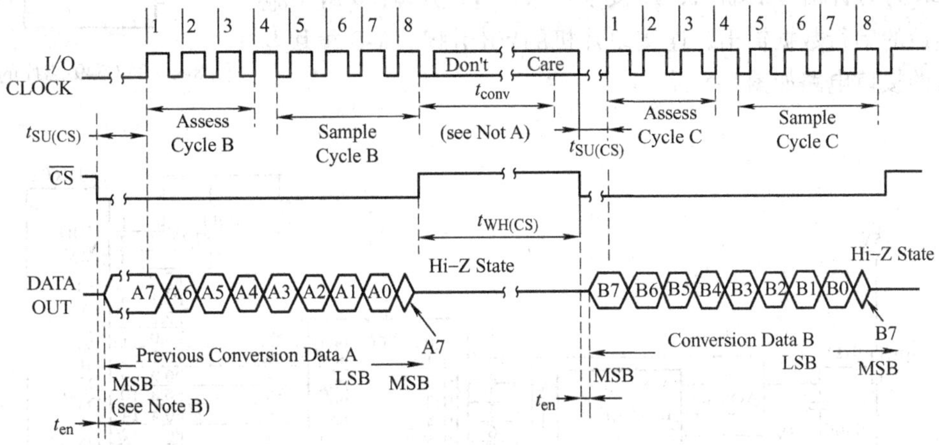

图 8-3 TLC549 芯片的工作时序

通常一组控制时序为：

1）将$\overline{CS}$置低。内部电路在测得$\overline{CS}$下降沿后，再等待两个内部时钟上升沿和一个下降沿后，然后确认这一变化，最后自动将前一次转换结果的最高位（D7）位输出到 DATA_ OUT 端上。

2）前四个 DA_CLOCK 周期的下降沿依次移出第 2、3、4 和第 5 个位（D6、D5、D4、D3），片上采样保持电路在第 4 个 DA_CLOCK 下降沿开始采样模拟输入。

3）接下来的 3 个 DA_CLOCK 周期的下降沿移出第 6、7、8（D2、D1、D0）个转换位。

4）最后，片上采样保持电路在第 8 个 I/O CLOCK 周期的下降沿将移出第 6、7、8（D2、D1、D0）个转换位。保持功能将持续 4 个内部时钟周期，然后开始进行 32 个内部时钟周期的 A-D 转换。第 8 个 DA_ CLOCK 后，$\overline{CS}$必须为高，或 DA_CLOCK 保持低电平，这种状态需要维持 36 个内部系统时钟周期以等待保持和转换工作的完成。如果$\overline{CS}$为低时，DA_ CLOCK 上出现一个有效干扰脉冲，则微处理器/控制器将与器件的 I/O

时序失去同步；若$\overline{CS}$为高时出现一次有效低电平，则将使引脚重新初始化，从而脱离原转换过程。

在 36 个内部系统时钟周期结束之前，实施步骤 1）~4），可重新启动一次新的 A-D 转换，与此同时，正在进行的转换终止，此时的输出是前一次的转换结果而不是正在进行的转换结果。

若要在特定的时刻采样模拟信号，应使第 8 个 I/O CLOCK 时钟的下降沿与该时刻对应，因为芯片虽在第 4 个 I/O CLOCK 时钟下降沿开始采样，却在第 8 个 DA_CLOCK 下降沿开始保存。（注：在上升沿时读数据）

3. 芯片的引脚

TLC549 芯片共有 8 个引脚，如图 8-4 所示。

图 8-4 中，4、8 脚为接地和电源输入；2 脚 AIN 连接可调电位器 RP2 的滑动端，实现模拟采样电压的输入；1、3 脚为参考电压输入，其中 1 脚 REF（+）连接 +5V 电源，3 脚 REF（-）接地；5 脚 $\overline{CS}$为片选信号，连接单片机的$\overline{RD}$引脚；7 脚 I/O CLK 为时钟信号的输入，连接单片机的 T1 引脚；6 脚 D_{OUT}为转换后的串行数据输出，连接单片机的$\overline{WR}$引脚。A-D 模块与单片机的接口电路如图 8-5 所示。

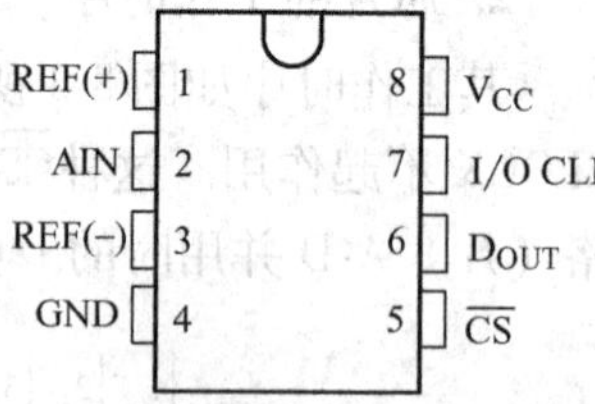

图 8-4 TLC549 芯片的引脚

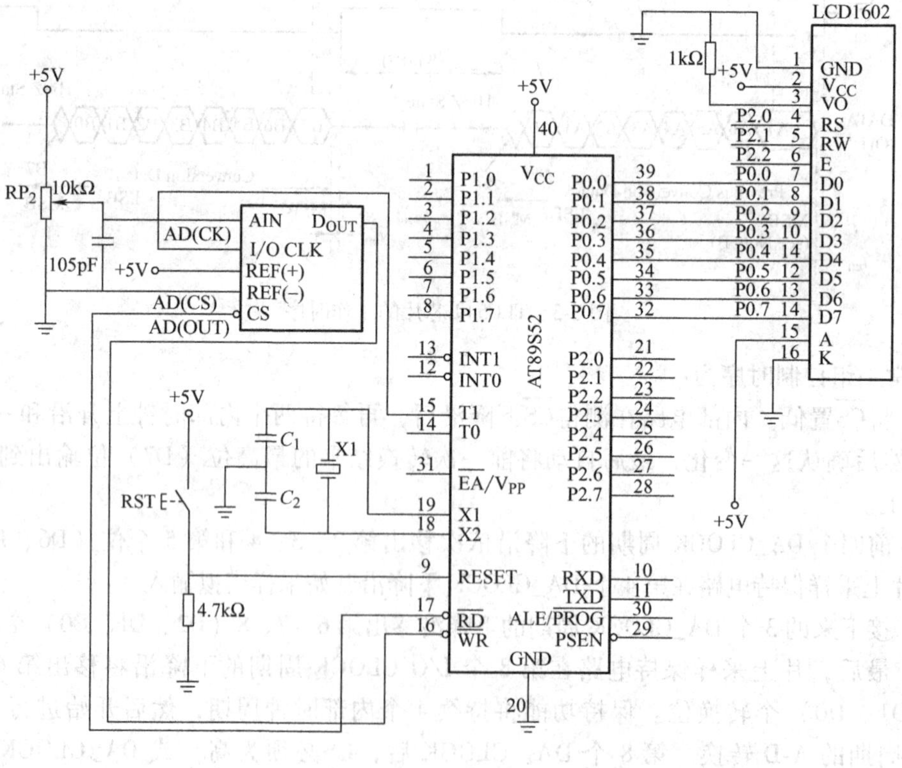

图 8-5 A-D 模块与单片机的接口电路原理图

任务 4 系统软件设计

8.4.1 算法设计

通过可调电位器 RP_2 改变电压输出值在 0 ~ 5V 内连续变化，从而可以模拟模拟量的输入。

根据 A-D 转换芯片 TLC549 的工作时序，20ms 进行一次 A-D 采样转换，可以利用定时器 0 定时，基本定时时间为 5ms，控制软计数器的累计次数为 4 次，20ms(4 × 5ms) 定时到时，产生定时器 0 中断，在定时器 0 中断服务函数中调用 A-D 转换函数进行 A-D 采样转换，然后调用计算 A-D 转换值函数把 A-D 转换值转换为相应的 ASCII 码，最后通过 LCD 显示 A-D 转换值函数把输出电压（0 ~ 5V）的转换数字量显示在液晶 LCD1602 上，数字量显示值范围为 0 ~ 255。

8.4.2 数据结构设计

数字电压表系统的数据结构设计如表 8-1 所示。

表 8-1 数字电压表控制系统数据结构设计

符 号	存储单元	含 义	备 注
P0	P0	LCD1602 数据线 D7 ~ D0	
RS	P2.0	LCD1602 数据/命令选择信号	P2.0 = 0，为命令信号 P2.0 = 1，为数据信号
RW	P2.1	LCD1602 读/写选择信号	P2.1 = 0，为写数据信号 P2.1 = 1，为读数据信号
E	P2.2	LCD1602 使能信号	
AD_CK	P3.5	A-D 芯片 TLC549 时钟信号	
AD_ OUT	P3.6	A-D 芯片 TLC549 数据输出信号	
AD_ CS	P3.7	A-D 芯片 TLC549 片选信号	
ch	ch	LCD1602 写命令入口参数或 LCD1602 写数据入口参数	
adbl	adbl	当前的 AD 变量	
ledbai	ledbai	数字量输出值百位显示值	
ledshi	ledshi	数字量输出值十位显示值	
ledge	ledge	数字量输出值个位显示值	
keytime	keytime	定时软计数器	
i	i	A-D 采样转换位数	

8.4.3　程序设计

1. 主函数设计

主函数主要完成硬件初始化、数据初始化、函数调用等功能。

1）初始化。首先初始化定时软计数器 keytime 值为 4。调用 LCD 初始化函数，调用写入显示数据到 LCD1602 函数设置 LCD 的 DDRAM 地址为 0x00，调用延时函数，调用写入显示数据到 LCD1602 函数在 LCD 上显示字符数据“ADC:”。

2）定时初值计算。定时器 0 的定时时间为 5ms，系统所用的石英晶体振荡频率为 11.0592MHz，因此，1 个机器周期 =1/石英晶体频率 ×12，即为 12/11.0592μs，定时器的工作方式设置为工作方式 1，计算初值如下：

$$X = 2^{16} - t \times f_{OSC}/12 = 65536 - 5 \times 10^{-3} \times 11.0592 \times 10^{6}/12 = 60928 = 0xEE00$$

所以 TH0 =0xee，TL0 =0x00。

3）定时器设置。设定定时器 0 工作方式：定时器、工作方式 1，即 TMOD =0x01。启动定时器 0，即 TR0 =1。开放定时器 0 中断以及总中断，即设定 IE =0x82。

4）等待中断。定时器 0 启动计时后，CPU 等待定时中断的到来。当定时器 0 定时 5ms 后，进入定时器 0 中断服务函数。

主函数流程图如图 8-6 所示。

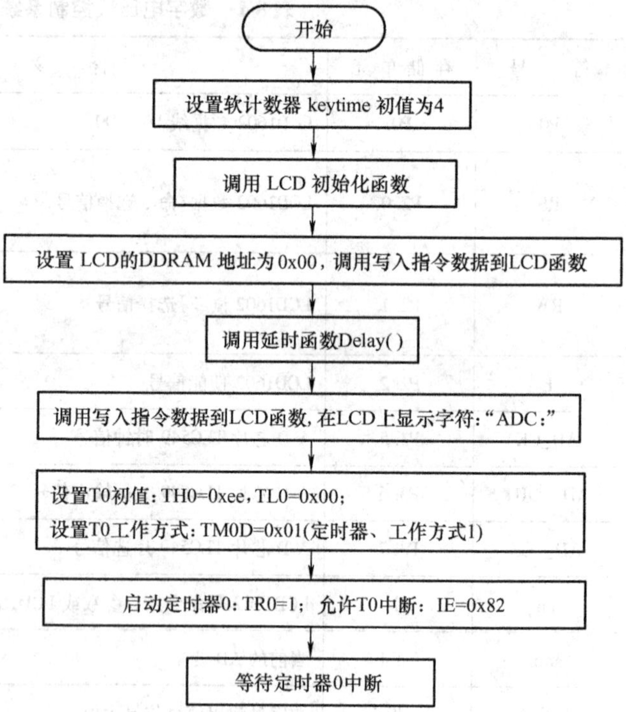

图 8-6　主函数流程图

2. 定时器 0 中断服务函数设计

当定时器 0 定时 5ms 后，进入定时器 0 中断服务函数。

首先重装定时器 0 初值，即 TH0 =0xee，TL0 =0x00。每定时 5ms 一次，软计数器 KEYTIME 值减 1。

然后判断软计数器 keytime 值是否为 0：

1）若 keytime 值不为 0，表明 20ms（20ms 采样一次）计时未到，这时 T0 中断函数返回主函数，继续计时。

2）若 keytime 值为 0，表明 20ms（20ms 采样一次）计时已到，重置软计数器 keytime 初值为 4，为下次定时做准备，接着调用 A-D 转换函数进行 A-D 采样转换，得到 A-D 采样转换值 adbl，然后调用计算 A-D 转换值 ASCII 码函数计算 A-D 采样转换值 adbl 相应的 ASCII 码，再调用 LCD 显示 A-D 转换值函数把模拟量输入电压（0 ~5V）的转换数字量显示在液晶 LCD1602 上，数字量显示值范围为 0 ~255。

最后 T0 中断函数返回主函数进行下一次 A-D 采样转换。

定时器 0 中断服务函数流程图如图 8-7 所示。

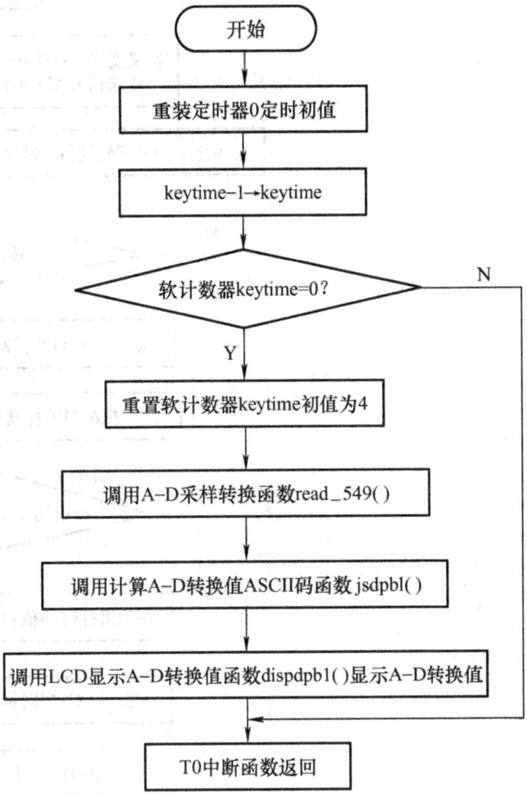

图 8-7　定时器 0 中断服务函数流程图

3. A-D 采样转换函数设计

根据 A-D 转换芯片 TLC549 的工作时序，当片选信号 $\overline{CS}$ 为高电平时，数据输出 D_{OUT} 端处于高阻状态，此时时钟信号 I/O CLOCK 不起作用，不能进行 A-D 转换。将片选信号 $\overline{CS}$ 置低电平，内部电路在测得 $\overline{CS}$ 下降沿后，再等待两个内部时钟上升沿和一个下降沿后，然后确认这一变化。

首先定义变量 i（表示 A-D 采样转换位数），并将芯片 TLC549 片选信号 AD_CS 置低电平，选中该芯片。

初始化 A-D 采样转换值 adbl 为 0，初始化变量 i（A-D 采样转换位数）为 0。

判断 A-D 转换位数 i 是否小于 8。

1）如果 i 小于 8，则将芯片 TLC549 时钟信号 AD_CK 置高电平，并把 A-D 采样转换值 adbl 左移一位。然后判断 A/D 采样转换串行数据输出信号 AD_OUT 是否为 1：

若 AD_OUT 为 1，则 A-D 采样转换值 adbl 自加 1。

若 AD_OUT 为 0，则 A-D 采样转换值 adbl 不变。

再将芯片 TLC549 时钟信号 AD_CK 置低电平。最后将 A-D 转换位数 i 自加 1，并再次转向上面的判断 A-D 转换位数 i 是否小于 8。

2）如果 i 不小于 8，则把芯片 TLC549 片选信号 AD_CS 置高电平，结束 A-D 采样转换，并退出 A-D 采样转换函数。

A-D 采样转换函数流程图如图 8-8 所示。

4. 计算 A-D 转换值 ASCII 码函数设计

要把 A-D 转换值 adbl 显示在 LCD 上，需要把它转换为相应的 ASCII 码。

首先计算 A-D 转换值百位数 ASCII 码：将 A-D 转换值 adbl 除以 100 得到的商与 0x30（因为字符数字 0 ~ 9 与其相应的 ASCII 码相差 30H）相与。

然后计算 A-D 转换值十位数 ASCII 码：将 A-D 转换值 adbl 除以 100 得到的余数再除以 10，得到的商与 0x30（因为字符数字 0 ~ 9 与其相应的 ASCII 码相差 30H）相与。

再计算 A-D 转换值个位数 ASCII 码：将 A-D 转换值 adbl 除以 10 得到的余数与 0x30（因为字符数字 0 ~ 9 与其相应的 ASCII 码相差 0x30）相与。

最后函数返回。

计算 A-D 转换值 ASCII 码函数流程图如图 8-9 所示。

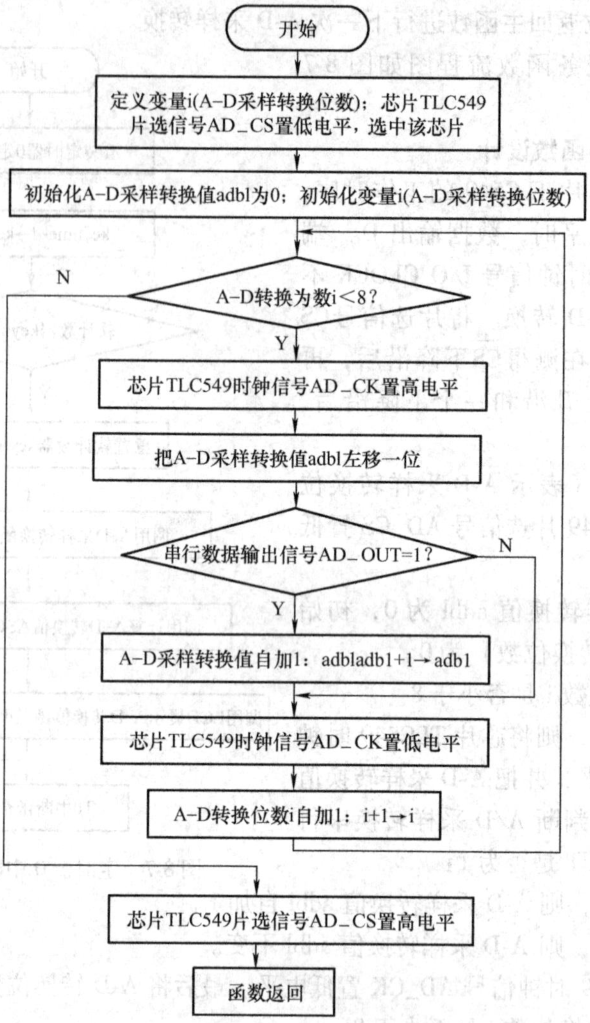

图 8-8　A-D 采样转换函数流程图

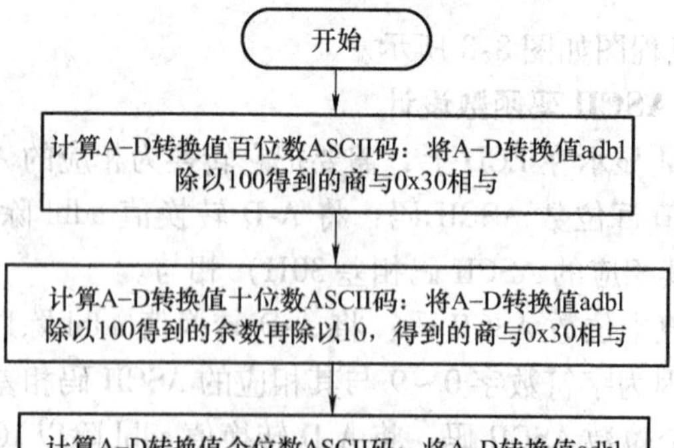

图 8-9　计算 A-D 转换值 ASCII 码函数流程图

5. LCD 显示函数设计

LCD 显示函数模块包括 LCD 初始化函数、写入指令数据到 LCD 函数、写入显示数据到 LCD 函数、LCD 显示 A-D 转换值函数、延时函数等模块。详细设计请参见项目 6。

8.4.4　C 语言源程序

```
//******************************************************************
//项目名称:设计数字电压表系统
//功能描述:在 LCD1602 上显示当前模拟电压(0～5V)的 A-D 转换值 000～255
//******************************************************************
#include <reg51.h>                     //包含"51 寄存器定义"头文件
//******************************************************************
//LCD1602 信号接口定义
//******************************************************************
sbit E = P2^2;                        //LCD 使能信号
sbit RW = P2^1;                       //读/写选择信号 R/W:0 写入数据;1 读出数据
sbit RS = P2^0;                       //数据/命令选择信号 R/S:0 为指令;1 为数据

//******************************************************************
//A-D 芯片 TLC549 信号接口定义
//******************************************************************
sbit AD_CK = P3^5;                    //A-D 芯片 TLC549 时钟信号
sbit AD_OUT = P3^6;                   //A-D 芯片 TLC549 数据输出信号
sbit AD_CS = P3^7;                    //A-D 芯片 TLC549 片选信号

//******************************************************************
//定义变量:
//adbl—当前的 AD 变量
//ledbai—数字量输出值百位显示值
//ledshi—数字量输出值十位显示值
//ledge—数字量输出值个位显示值
//keytime—软计数器
//******************************************************************
unsigned char adbl,ledbai,ledshi,ledge,keytime;

//******************************************************************
//功能:函数声明
//******************************************************************
void time0(void);                     //定时器 0 中断服务函数
void read_549(void);                  //A-D 转换函数
```

```
void Delay(unsigned int t);      //延时函数
void SendCommandByte(unsigned char ch);
                                 //写指令数据函数
void SendDataByte(unsigned char ch);
                                 //写显示数据函数
void InitLcd(void);              //LCD 初始化函数
void jsdpbl(void);               //计算 A-D 转换值 ASCII 码函数 jsdpbl()
void dispdpbl(void);             //LCD 显示 A-D 转换值函数

//****************************************************************
//函数名称:main()
//函数功能:主函数
//****************************************************************
void main(void)                  //主函数入口地址
{
    keytime=4;                   //初始化软计数器值为 4,20ms 扫描一次按键
    InitLcd();                   //调用 LCD 初始化函数 InitLcd()
    SendCommandByte(0x80);       //设置 LCD 的 DDRAM 地址为 0x00
    Delay(2);                    //调用延时函数
    SendDataByte('A');           //调用写入显示数据到 LCD1602 函数
    SendDataByte('D');           //调用写入显示数据到 LCD1602 函数
    SendDataByte('C');           //调用写入显示数据到 LCD1602 函数
    SendDataByte(':');           //调用写入显示数据到 LCD1602 函数
    TH0=0xee;                    //T0 定时 5ms 初值设置:TH0=0xee
    TL0=0x00;                    //T0 定时 5ms 初值设置:TL0=0x00
    TMOD=0x01;                   //T0 工作方式设置:定时器、工作方式 1
    TR0=1;                       //启动 T0
    IE=0x82;                     //开放总中断和 T0 中断
    while(1)                     //等待 T0 中断的到来
    { }
}

//****************************************************************
//函数名称:time0()
//函数功能:定时器 0 中断服务
//****************************************************************
void time0(void) interrupt 1     //定时器 0 中断服务函数
{
    TH0=0xee;                    //重新设置 T0 初值:TH0=0xee
```

```
    TL0 =0x00;                    //重新设置 T0 初值:TL0 =0x00

    keytime - - ;                 //每定时 5ms 一次,软计数器 keytime 值减 1
    if(keytime = =0)              //判断 20ms 定时是否到达,如达到,开始 A-D 采样
    {
        keytime =4;               //重新置软计数器值为 4,20ms 采样一次
        read_549();               //调用 A-D 采样转换函数 read_549()
        jsdpbl();                 //调用计算 A-D 转换值 ASCII 码函数 jsdpbl()
        dispdpbl();               //调用 LCD 显示 A-D 转换值函数 dispdpbl( )
    }
}

//*********************************************************
//函数名称:read_549()
//函数功能:A-D 采样转换
//*********************************************************
void read_549(void)               //A-D 采样转换函数
{
    unsigned char i;              //定义变量 i:A-D 转换位数
    AD_CS =0;                     //芯片 TLC549 片选信号 AD_CS 置低电平
    adbl =0x00;                   //初始化 A-D 采样转换值 adbl 为零
    for(i =0;i <8;i + +)          //8 位循环采样
    {
        AD_CK =1;                 //芯片 TLC549 时钟信号 AD_CK 置高电平
        adbl =adbl < <1;          //将 A-D 采样转换值 adbl 左移位一位
                                  //判断 TLC549 的串行数据输出信号 AD_OUT =1?
        if(AD_OUT = =1)
            adbl + +;             //如 AD_OUT 为 1,则 adbl 自加 1
        AD_CK =0;                 //将芯片 TLC549 时钟信号 AD_CK 置低电平
    }
    AD_CS =1;                     //芯片 TLC549 片选信号 AD_CS 置高电平
}

//*********************************************************
//函数名称:Delay()
//函数功能:延时 40μs
//*********************************************************
void Delay(unsigned int t)  //delay 40μs
{for(;t! =0;t - -);}
```

```
//*************************************************************
//函数名称:SendCommandByte()
//函数功能:写入指令数据到LCD1602
//*************************************************************
void SendCommandByte(unsigned char ch)
{
    RS=0;
    RW=0;
    P0=ch;
    E=1;
    Delay(1);
    E=0;
    Delay(100);                //delay 40μs
}

//*************************************************************
//函数名称:SendDataByte()
//函数功能:写入显示数据到LCD1602
//*************************************************************
void SendDataByte(unsigned char ch)
{
    RS=1;
    RW=0;
    P0=ch;
    E=1;
    Delay(1);
    E=0;
    Delay(100); //delay 40μs
}

//*************************************************************
//函数名称:InitLcd()
//函数功能:LCD1602初始化
//*************************************************************
void InitLcd()
{
    SendCommandByte(0x30); //显示模式设置(不测试忙信号)
    SendCommandByte(0x30); //显示模式设置(不测试忙信号)
    SendCommandByte(0x30); //显示模式设置(不测试忙信号)
```

```
    //设置工作方式:8位数据,2行显示,5×7点阵
    SendCommandByte(0x38);
    SendCommandByte(0x08); //设置显示状态:显示关
    SendCommandByte(0x01); //清屏
    //设置输入方式:数据读/写后AC自增1,画面不动
    SendCommandByte(0x06);
    SendCommandByte(0x0c); //设置显示状态:显示开
}

//************************************************************
//函数名称:jsdpbl()
//函数功能:计算A-D转换值ASCII码
//************************************************************
void jsdpbl(void)
{
    //计算A-D转换值百位,并与0x30相与,得到百位的ASCII码
    ledbai =(adbl/100) |0x30;
    //计算A-D转换值十位,并与0x30相与,得到十位的ASCII码
    ledshi =((adbl% 100)/10) |0x30;
    //计算A-D转换值个位,并与0x30相与,得到个位的ASCII码
    ledge =(adbl% 10) |0x30;
}

//************************************************************
//函数名称:dispdpbl()
//函数功能:LCD显示A-D转换值
//************************************************************
void dispdpbl(void)          //LCD显示A-D转换值函数
{
    SendCommandByte(0x85); //设置LCD的DDRAM地址为05H
    SendDataByte(ledbai);  //LCD显示A-D转换值百位
    SendDataByte(ledshi);  //LCD显示A-D转换值十位
    SendDataByte(ledge);   //LCD显示A-D转换值个位
}
```

8.4.5 汇编语言源程序

```
;************************************************************
;项目名称:设计数字电压表系统
;功能描述:在LCD1602上显示当前模拟电压(0~5V)的A-D转换值000~255
```

```
;*****************************************************

;*****************************************************
;功能:LCD1602 与单片机信号接口定义
;*****************************************************
E           BIT     P2.2        ;LCD 使能信号
RW          BIT     P2.1        ;读/写选择信号 R/W:0 为写入数据;1 为读出数据
RS          BIT     P2.0        ;数据/命令选择信号 R/S:0 为指令;1 为数据
LCDPORT     EQU     P0          ;LCD1602 数据线 D7 ~ D0
CMD_BYTE    EQU     2EH         ;写指令数据入口参数
DAT_BYTE    EQU     2FH         ;写显示数据入口参数

;*****************************************************
;功能:A-D 芯片 TLC549 与单片机接口定义
;*****************************************************
AD_CS       BIT     P3.7        ;芯片 TLC549 的片选信号
AD_CK       BIT     P3.5        ;芯片 TLC549 的时钟信号
AD_OUT      BIT     P3.6        ;芯片 TLC549 的串行数据输出信号

;*****************************************************
;功能:变量定义
;*****************************************************
ADBL        EQU     30H;当前 AD 的变量(00 ~ 255 之间)
LEDBAI      EQU     31H;显示的百位
LEDSHI      EQU     32H;显示的十位
LEDGE       EQU     33H;显示的个位

            ORG     0000H
            AJMP    MAIN
            ORG     000BH       ;定时器 0 中断服务入口地址
            AJMP    TIME0_1

;*****************************************************
;功能:主程序
;*****************************************************
            ORG     0030H
MAIN:       MOV     20H,        #00H
            LCALL   INITLCD     ;调用 LCD 初始化子程序
            MOV     ADBL,#00H   ;AD 的变量清零
```

```
        MOV     CMD_BYTE,#80H           ;设置 DDRAM 的地址
        LCALL   WRITE_CMD               ;调用写入指令数据到 LCD1602 子程序
        LCALL   DELAY0                  ;调用延时子程序
        MOV     DAT_BYTE,#"A"
        LCALL   WRITE_DAT               ;调用写入显示数据到 LCD1602 子程序
        MOV     DAT_BYTE, #"D"
        LCALL   WRITE_DAT               ;调用写入显示数据到 LCD1602 子程序
        MOV     DAT_BYTE,#"C"
        LCALL   WRITE_DAT               ;调用写入显示数据到 LCD1602 子程序
        MOV     DAT_BYTE, #":"
        LCALL   WRITE_DAT               ;调用写入显示数据到 LCD1602 子程序
        MOV     TH0,#0EEH               ;16 位的定时器,定时 5ms,晶振频率为
                                         11.0592MHz
        MOV     TL0,#00H
        MOV     TMOD,#01H
        SETB    TR0
        MOV     IE,#82H                 ;允许定时器 0 中断
        SJMP    $                       ;等待定时器 0 中断

;************************************************************
;功能:定时器 0 中断服务子程序
;************************************************************
        ORG     0100H
TIME0_1: MOV    TH0,#0EEH
        MOV     TL0,#00H
        DJNZ    KEYTIME,TIME0_RE
        MOV     KEYTIME,#04H;           每 20ms 进行一次按键扫描
        LCALL   ADC549                  ;调用 A-D 转换子程序
        LCALL   JSDPBL                  ;调用计算 A-D 值子程序
        LCALL   DISPDPBL                ;调用 LCD 显示 A-D 值子程序
TIME0_RE: RETI                          ;中断子程序返回

;************************************************************
;功能:A-D 转换子程序
;************************************************************
ADC549:  CLR    AD_CS
         MOV    R7,#08H
         MOV    ADBL,#00H
READ_1:  SETB   AD_CK
```

```
        JB      AD_OUT,SETBC
        CLR     C
        AJMP    READ_2
SETBC:  SETB    C
READ_2: MOV     A,ADBL
        RLC     A
        MOV     ADBL,A
        CLR     AD_CK
        DJNZ    R7,READ_1
        SETB    AD_CS
        RET

;*********************************************************
;功能:LCD1602 要用到的一些子程序
;*********************************************************
;*********************************************************
;功能:写入指令数据到 LCD 子程序(入口参数 CMD_BYTE)
;*********************************************************
WRITE_CMD: CLR  RS
           CLR  RW
           MOV  A,CMD_BYTE
           MOV  LCDPORT,A
           SETB E
           NOP
           NOP
           CLR  E
           LCALLDELAY0
           RET

;*********************************************************
;功能:写入显示数据到 LCD 子程序(入口参数 DAT_BYTE)
;*********************************************************
WRITE_DAT: SETB RS
           CLR  RW
           MOV  A,DAT_BYTE
           MOV  LCDPORT,A
           SETB E
           NOP
           NOP
```

```
        CLR  E
        LCALLDELAY0
        RET

;*****************************************************
;功能:LCD显示初始化子程序
;*****************************************************
INITLCD: MOV    CMD_BYTE,#30H
         LCALL  WRITE_CMD          ;调用写入指令数据到LCD1602函数
         MOV    CMD_BYTE,#30H
         LCALL  WRITE_CMD          ;调用写入指令数据到LCD1602函数
         MOV    CMD_BYTE,#30H
         LCALL  WRITE_CMD          ;调用写入指令数据到LCD1602函数
         MOV    CMD_BYTE,#38H      ;设定工作方式
         LCALL  WRITE_CMD          ;调用写入指令数据到LCD1602函数
         MOV    CMD_BYTE,#0CH      ;显示状态设置
         LCALL  WRITE_CMD          ;调用写入指令数据到LCD1602函数
         MOV    CMD_BYTE,#01H      ;清屏
         LCALL  WRITE_CMD          ;调用写入指令数据到LCD1602函数
         MOV    CMD_BYTE,#06H      ;输入方式设置
         LCALL  WRITE_CMD          ;调用写入指令数据到LCD1602函数
         RET                       ;子程序返回

;*****************************************************
;功能:延时子程序
;*****************************************************
DELAY0:  MOV    R5,#0A0H
DELAY1:  NOP
         DJNZ   R5,DELAY1
         RET

;*****************************************************
;功能:计算A-D转换值子程序
;*****************************************************
JSDPBL:  MOV    A,ADBL             ;把A-D转换值ADBL送给累加器A
         MOV    B,#64H             ;给寄存器B赋值100
         DIV    AB                 ;除以100,得到百位数字,商数存A余数存B
         ORL    A,#30H             ;加30H,变换成相应的ASCII
         MOV    LEDBAI,A           ;送到LCD显示
```

```
        MOV    A,B                    ;把B中的余数送给累加器A
        MOV    B #0AH                 ;给寄存器B赋值10
        DIV    AB                     ;除以10,得到十位数字,商数存A余数存B
        ORL    A,#30H                 ;加30H,变换成相应的ASCII
        MOV    LEDSHI,A               ;送到LCD显示

        MOV    A,B                    ;余数为个位
        ORL    A,#30H                 ;加30H,变换成相应的ASCII
        MOV    LEDGE,A                ;送到LCD显示
        RET                           ;子程序返回

;***************************************************
;功能:LCD显示A-D转换值子程序
;***************************************************
DISPDPBL:MOV   CMD_BYTE,#85H          ;设置DDRAM的地址
        LCALL  WRITE_CMD              ;调用写入指令数据到LCD1602函数
        MOV    DAT_BYTE,LEDBAI        ;LCD显示A-D转换值的百位
        LCALL  WRITE_DAT              ;调用写入显示数据到LCD1602函数
        MOV    DAT_BYTE,LEDSHI        ;LCD显示A-D转换值的十位
        LCALL  WRITE_DAT              ;调用写入显示数据到LCD1602函数
        MOV    DAT_BYTE, LEDGE        ;LCD显示A-D转换值的个位
        LCALL  WRITE_DAT              ;调用写入显示数据到LCD1602函数
        RET                           ;子程序返回

END
```

任务5 系统仿真调试

系统仿真调试过程参见项目1。

任务6 能力扩展

1. DS18B20温度检测与控制

【控制要求】 DS18B20温度检测与控制，8位数码管显示。

2. PCF8591 A-D转换

【控制要求】 PCF8591是具有I^2C总线接口的8位A-D及D-A转换器。有4路A-D转换输入，1路D-A模拟输出。它既可以用于A-D转换也可以用于D-A转换。

4个A-D输入通道：IN0与电位器RP连接用于测量电位器的输出电压。

IN1、IN2和IN3可测量输入的外接电压（输入电压要求小于等于5V）。

D-A 输出：将 IN0 的 A-D 转换值送 D-A 输出，发光二极管 VL 随 D-A 输出值的大小改变亮度。

LCD1602 同时显示四通道 A-D 转换值，并将 IN0 通道的 A-D 转换值送 D-A 输出。

任务 7　项目考核

项目考核内容如表 8-2 所示。

表 8-2　项目考核内容

考核项目	考核内容	技术要求	得　分
总体设计	①任务分析 ②方案设计 ③软件和硬件功能划分	①任务明确（5 分） ②方案设计合理、有新意（10 分） ③软件和硬件功能划分合理（5 分）	
硬件设计	①片内器件分配 ②电路原理图设计 ③电路板制作	①片内器件分配正确、合理（5 分） ②电路原理图设计正确（10 分） ③电路板制作：布线正确、整齐、合理（5 分）	
软件设计	①算法和数据结构设计 ②流程图设计 ③编程	①算法和数据结构设计正确、合理（5 分） ②流程图设计正确、简明（5 分） ③编程正确、有新意（10 分）	
系统仿真与调试	①调试顺序 ②错误排除 ③调试结果	①调试顺序正确（5 分） ②能熟练排除错误（10 分） ③调试后运行正确（5 分）	
实训报告	①书写 ②内容 ③图形绘制 ④结果分析	①书写规范整齐（5 分） ②内容翔实具体（5 分） ③图形绘制正确、完整、全面（5 分） ④能正确分析实验结果（5 分）	
合　计			

项目9 设计信号发生器系统

教学目标

1. 终极目标

制作一个单片机控制的信号发生器系统。

2. 促成目标

1）了解D-A转换芯片的基本工作原理及特性。

2）了解D-A转换器的技术指标。

3）掌握常用D-A芯片与单片机的接口方法。

4）掌握D-A转换程序的设计方法。

工作任务单

设计一个单片机控制的信号发生器系统。

由PC串行口发送到单片机串行口的值作为数字量初始值，通过按键S_1、S_2实现数字量的加减，按键S_1实现数字量初始值加1，按键S_2实现数字量初始值减1，使数字量在20~200的范围内变化，从而模拟数字量信号的输入。经过D-A转换，输出DAC转换的模拟电压值可用万用表测量，并且在LCD1602上显示模拟电压值。

任务1　相关知识

9.1.1　D-A转换器的基本原理

D-A转换器的基本功能是将一个用二进制表示的数字量转换成相应的模拟量。实现这种转换的基本方法是对应于二进制数的每一位产生一个相应的电压（电流），而这个电压（电流）的大小则正比于相应的二进制位的权。具体电路较复杂，这里就不多述，有兴趣的同学请阅读有关书籍。

9.1.2　D-A转换器的主要技术指标

1）分辨率。通常用数字量的数位表示，一般为8位、12位、16位等。分辨率10位，表示它可以对满量程的$1/2^{10}=1/1024$的增量作出反应。

2）输入编码形式，如二进制码、BCD码等。

3）转换线性。通常给出在一定温度下的最大非线性度，一般为0.01%～0.03%。

4）转换时间。通常为几十纳秒～几微秒。

5）输出电平。不同型号的D-A转换器，其输出电平相差很大。大部分是电压型输出，一般为5～10V；也有高压输出型的，为24～30V。也有一些是电流型的输出，低者为20mA左右，高者可达3A。

9.1.3　集成D-A转换器DAC0832

DAC0832是目前国内使用较普遍的D-A转换器。

1. DAC0832的主要特性

DAC0832是采用CMOS/Si-Cr工艺制成的双列直插式单片8位D-A转换器。它可直接与Z80、8085、8080等单片机相连，也可与8031单片机相连，以电流形式输出；当转换为电压输出时，可外接运算放大器。其主要特性如下：

1）输出电流线性度可在满量程下调节。

2）转换时间为1μs。

3）数据输入可采用双缓冲、单缓冲或直通方式。

4）增益温度补偿为0.02% FS/°C。

5）每次输入数字为8位二进制数。

6）功耗为20mW。

7）逻辑电平输入与TTL兼容。

8）供电电源为单一电源，可在5～15V内调节。

2. DAC0832的内部结构及外部引脚

DAC0832型D-A转换器，其内部结构由一个输入数据寄存器、DAC寄存器和D-A转换器三大部分组成。

DAC0832内部采用R-2R梯形电阻网络。两个寄存器——输入数据寄存器和DAC寄存器用以实现两次缓冲，这就提高了转换速度。当多芯片同时工作时，可用同步信号实现各模拟量同时输出。

DAC0832的引脚如图9-1所示。

1）$\overline{CS}$：片选信号，低电平有效。与ILE相配合，可对写信号$\overline{WR1}$是否有效起到控制作用。

2）ILE：允许输入锁存信号，高电平有效，输入数据寄存器的锁存信号由ILE、$\overline{CS}$、$\overline{WR1}$的逻辑组合产生。当ILE为高电平、$\overline{CS}$为低电平、$\overline{WR1}$输入负脉冲时，输入数据寄存器的锁存信号产生正脉冲。当输入数据寄存器的锁存信号为高电平时，输入线的状态变化，输入数据寄存器的锁存信号的负跳变将输入在数据线上的信息送入输入锁存器。

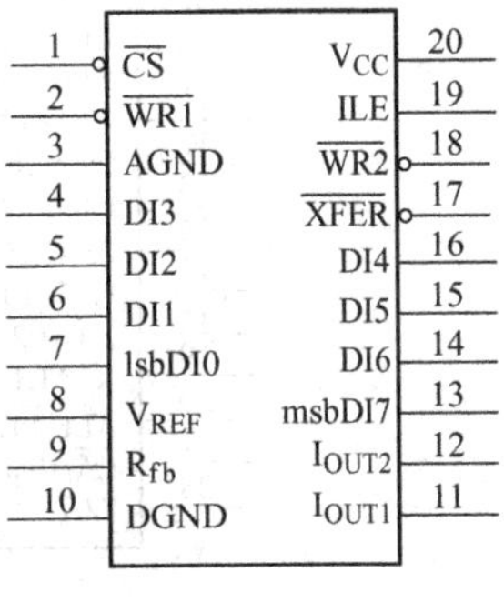

图9-1　DAC0832的引脚

3）$\overline{WR1}$：写信号1，低电平有效。当$\overline{WR1}$、$\overline{CS}$、ILE均有效时，可将数据写入8位输入数据寄存器。

4）$\overline{WR2}$：写信号2，低电平有效。当$\overline{WR2}$有效时，在$\overline{XFER}$传送控制信号的作用下，可将锁存在输入数据寄存器的8位数据送到

DAC 寄存器。

5）$\overline{XFER}$：数据传送信号，低电平有效。当$\overline{WR2}$和$\overline{XFER}$均有效时，则 DAC 寄存器的锁存信号产生正脉冲，当 DAC 寄存器的锁存信号为高电平时，DAC 寄存器的输出和输入数据寄存器的状态一致，DAC 寄存器的锁存信号负跳变，将输入数据寄存器的内容送入 DAC 寄存器。

6）V_{REF}：基准电源输入端，它与 DAC 内的 R-2R 梯形网络相接，V_{REF}可在 ±10V 范围内调节。

7）DI0 ~ DI7：8 位数字量输入端，DI7 为最高位，DI0 为最低位。

8）I_{OUT1}：DAC 的电流输出 1，当 DAC 寄存器各位为 1 时，输出电流为最大。当 DAC 寄存器各位为 0 时，输出电流为 0。

9）I_{OUT2}：DAC 的电流输出 2，它使 $I_{OUT1}+I_{OUT2}$ 恒为一常数。一般在单极性输出时 I_{OUT2} 接地，在双极性输出时接运放。

10）R_{fb}：反馈电阻。在 DAC0832 芯片内有一个反馈电阻，可用作外部运放的分路反馈电阻。

11）V_{CC}为电源输入线；DGND 为数字地；AGND 为模拟信号地。

9.1.4 DAC0832 和 MCS-51 单片机的接口

DAC0832 可工作在单、双缓冲器方式。单缓冲器方式，即输入数据寄存器的信号和 DAC 寄存器的信号同时控制，使一个数据直接写入 DAC 寄存器，这种方式适用于只有一路模拟量输出或几路模拟量不需要同步输出的系统。双缓冲器方式，即输入数据寄存器的信号和 DAC 寄存器的信号分开控制，这种方式适用于几个模拟量需同时输出的系统。下面分别讨论上述两种方式时的接口方法。

1. 单缓冲器方式

图 9-2 为单缓冲器方式的一路模拟量输出系统。

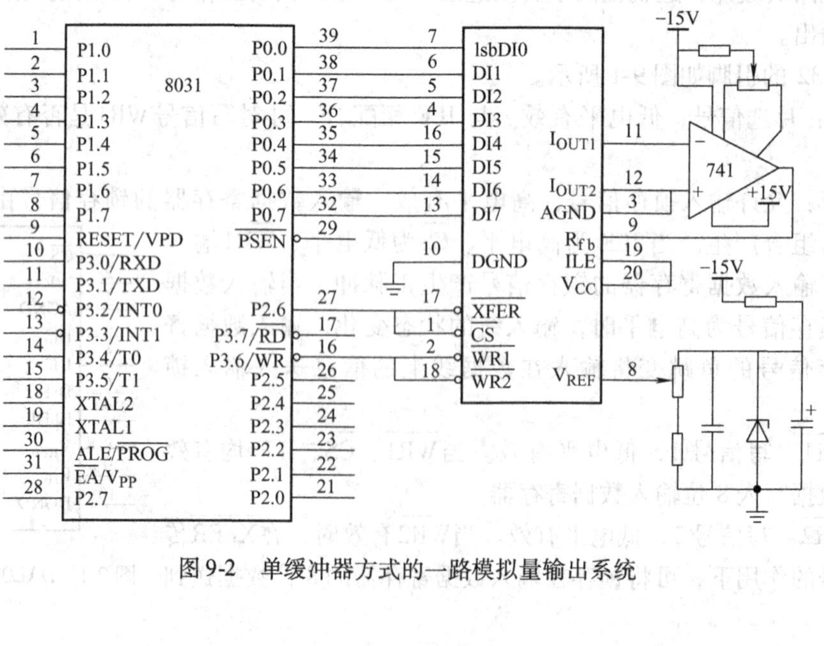

图 9-2 单缓冲器方式的一路模拟量输出系统

在图9-2中，ILE接+5V，I_{OUT2}接地，I_{OUT1}输出电流经运放器741输出一个单极性电压，范围为0~5V。片选信号$\overline{CS}$和传送信号$\overline{XFER}$都连到P2.6，输入数据寄存器和DAC寄存器地址都可选为0xBFFF，写选通输入线$\overline{WR1}$、$\overline{WR2}$都和8031单片机的写信号$\overline{WR}$连接，单片机对DAC0832执行一次写操作，则把一个数据直接写入DAC寄存器，DAC 0832的模拟量随之变化。

DAC0832作为了8031单片机的一个并行输出口，若假设无关地址线为1，那么其地址为0xBFFF。如果把一个8位数据data写入0xBFFF，也就实现了一次D-A转换，输出一个与#data对应的模拟量。

```
#define ADDR_DAC0832 XBYTE[0XBFFF]   //P2.6 =0,定义 DAC0832 芯片的地址
ADDR_DAC0832 = data;                 //写入 DAC0832,进行一次转换输出
```

在实际应用时，在许多场合要用双极性电压波形，这时只要将I_{OUT2}接地改为接入一个运放，其接口逻辑图如图9-3所示。

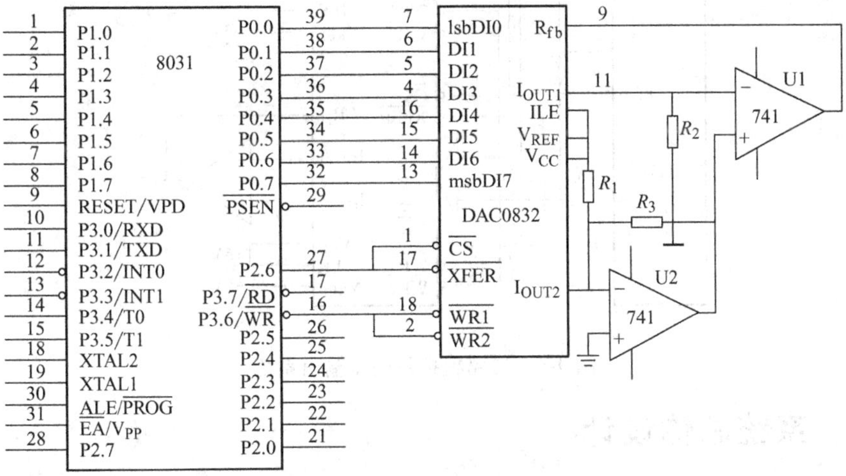

图9-3 双极性输出

2. 双缓冲器工作方式

DAC0832可工作于双缓冲器方式，输入数据寄存器的锁存信号和DAC寄存器的锁存信号分开控制，这种方式适用于几个模拟量需同时输出的系统，每一路模拟量输出需要一个DAC0832，构成多个DAC0832同步输出的系统。图9-4为二路模拟量同步输出系统。在图9-4中，1号DAC0832输入数据寄存器地址为0xDFFF，2号DAC0832输入数据寄存器地址为0xBFFF，1号DAC0832和2号DAC0832的DAC寄存器地址为0x7FFF。

8031单片机执行下面程序，实现将两个8位数字量#data1和#data2同时转换为模拟量的功能。

```
#include <reg51.h>
#include <absacc.h>
unsigned char data1,data2;
int xdata *ad_int;
main()
```

```
{
    ad_int = 0xdfff;          //指向 0832(1)的输入寄存器
    * ad_int = data1;         //data1→0832(1)输入寄存器
    ad_int = 0xbfff;          //指向 0832(2)的输入寄存器
    * ad_int = data2;         //data2→0832(2)输入寄存器
    ad_int = 0x7fff;          //指向两个 0832 的 DAC 寄存器
    * ad_int = 0;             //启动转换
}
```

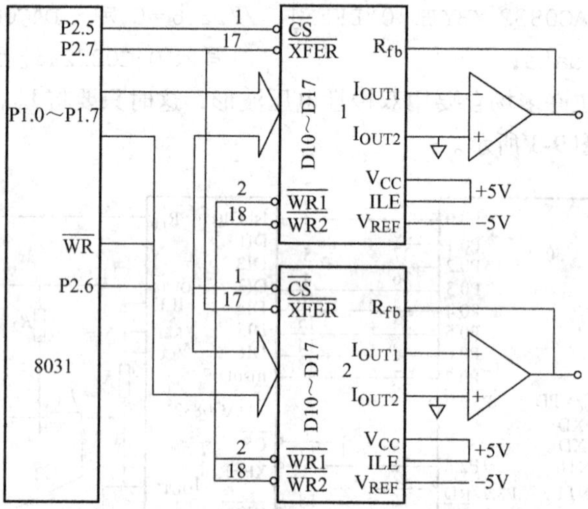

图 9-4 二路模拟量同步输出系统

任务 2 系统总体设计

本系统功能由硬件和软件两大部分协调完成。

系统硬件采用模块化设计，以单片机控制器为核心，与 LCD 显示电路、键盘电路、D-A 转换电路等组成信号发生器控制系统。

主要包括单片机主控模块、LCD 显示模块、键盘输入模块、D-A 模块等。其中单片机主控模块主要完成外围硬件控制以及运算功能；LCD 显示模块完成字符、数字的显示功能；键盘电路主要实现 DAC 值的加减；D-A 模块由 D-A 芯片和放大电路组成，DAC 转换的模拟电压值从“DA 输出端口”输出，可用万用表测量。信号发生器系统硬件组成框图如图 9-5 所示。

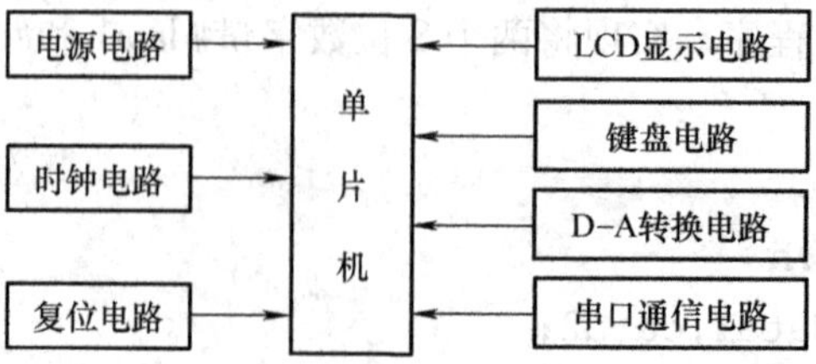

图 9-5 信号发生器系统的硬件组成框图

系统软件采用模块化设计方法。信号发生器系统的应用程序主要由主函数、定时器0中断服务函数、D-A转换函数、计算D-A转换值函数、按键扫描函数、串行口中断服务函数、LCD显示函数、LCD显示D-A转换值函数等组成，其软件结构框图如图9-6所示。

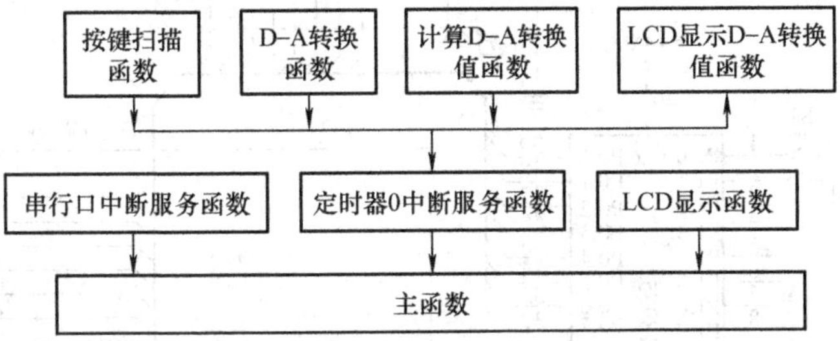

图9-6　信号发生器系统软件结构框图

任务3　系统硬件设计

9.3.1　主控模块设计

本项目采用ATMEL公司生产的AT89S52单片机，主控模块的具体设计参见项目1。

9.3.2　LCD显示模块设计

LCD显示模块选用LCD 1602字符型模块，具体设计请参见项目6。

9.3.3　键盘输入模块设计

键盘输入使用独立式按键S_1、S_2，具体设计请参见项目3。

9.3.4　串行口通信电路模块设计

串行口通信电路模块的具体设计请参见项目7。

9.3.5　D-A转换模块设计

D-A模块由D-A芯片和放大电路组成，通过按键S_1（连接P1.0）、S_2（连接P1.1）实现DAC值的加减，范围在0～255之间，并且在LCD1602上显示出来。DAC转换的模拟电压值从“DA输出端口”（即LF393的第1引脚）输出，可用万用表测量。在本项目中，选用DAC0832芯片来完成数-模转换过程，该芯片的详细介绍请参考本项目的“相关知识”部分。DAC0832是电流输出型D-A转换芯片，因此，后面接有集成运放LF393来完成电流到电压的转换。其中的数字信号的输入从“D0～D7”端口输入，控制DAC0832工作的控制信号由“WR-CS”端口输入，模拟量的输出从“DA输出端口”（即LF393的第1引脚）输出，由于LF393工作在双电源条件下，因此要给LF393加入±12V电压，而+12V、-12V电源由MAX232产生。D-A模块与单片机的接口电路如图9-7所示。

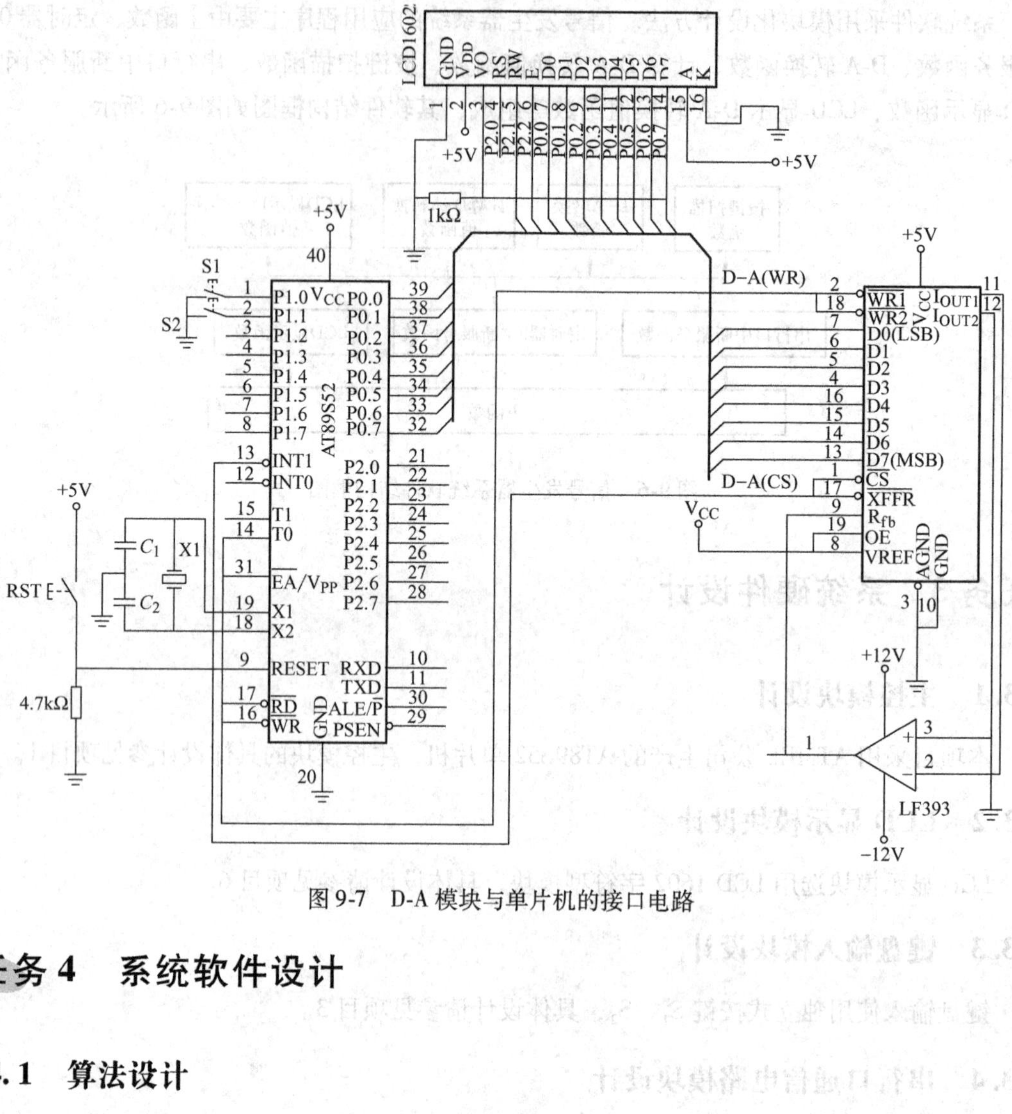

图 9-7 D-A 模块与单片机的接口电路

任务 4 系统软件设计

9.4.1 算法设计

由 PC 发送到单片机串行口的值作为数字量初始值，通过按键 S_1、S_2 实现 DAC 值的加减，按键 S_1 实现数字量初始值加 1，按键 S_2 实现数字量初始值减 1，使数字量在 20 ~ 200 的范围内变化，从而模拟数字信号的输入。

根据 D-A 转换芯片 DAC0832 的工作时序，20ms 进行一次 D-A 转换，可以利用定时器 0 定时，基本定时时间为 5ms，控制软计数器的累计次数为 4 次，20ms（4 × 5ms）后定时到时，产生定时器 0 中断，在定时器 0 中断服务函数中调用 DAC0832 采样转换函数进行 D-A 采样转换，然后调用计算 D-A 转换值函数把 D-A 转换值转换成相应的 ASCII 码，最后通过 LCD 显示 D-A 转换值函数把 DAC 转换的模拟电压值（0 ~ 5V）显示在液晶 LCD1602 上，并从"DA 输出端口"（即 LF393 的第 1 引脚）输出 DAC 转换的模拟电压，可用万用表测量。

9.4.2 数据结构设计

信号发生器系统的数据结构设计如表 9-1 所示。

表9-1 信号发生器控制系统数据结构设计

符号	存储单元	含义	备注
P0	P0	LCD1602 数据线 D7 ~ D0	
RS	P2.0	LCD 1602 数据/命令选择信号	P2.0 =0，为命令信号 P2.0 =1，为数据信号
RW	P2.1	LCD1602 读/写选择信号	P2.1 =0，为写数据信号 P2.1 =1，为读数据信号
E	P2.2	LCD1602 使能信号	
DAC_ CS	P3.3	D-A 芯片 DAC0832 片选信号	
DAC_ WR	P3.4	D-A 芯片 DAC0832 写信号	
ch	ch	LCD1602 写命令入口参数或写数据入口参数	
dabl	dabl	D-A 当前值	
ledbai	ledbai	模拟量输出值百位显示值	
ledshi	ledshi	模拟量输出值十位显示值	
ledge	ledge	模拟量输出值个位显示值	
keytime	keytime	定时软计数器	
myflag	myflag	定义一个可位寻址的内部数据存储单元（bdata）	
keybit	myflag^0	按键标志位	keybit =0，无键按下 keybit =1，有键按下
recokbit	myflag^1	串行口成功接收数据标志位	recokbit =1，接收到数据 recokbit =0，未接收到数据

9.4.3 程序设计

1. 主函数设计

主函数主要完成硬件初始化、数据初始化、函数调用等功能。

1）初始化。首先调用 LCD 初始化函数，并进行数据初始化：按键标志位 keybit 和串行口成功接收数据标志位 recokbit 为0，当前 D-A 值 dabl 为20，软计数器 keytime 为4。然后设置 LCD 的 DDRAM 地址为0x00，并在 LCD 上显示字符数据“DAC:”。

2）定时初值计算。定时器 0 定时时间为 5ms，系统所用的石英晶体振荡频率为 11.0592MHz，因此，1 个机器周期 =1/石英晶体振荡频率 ×12，即为 12/11.0592μs，定时器工作方式设置为工作方式1，计算初值如下：

$$X = 2^{16} - t \times f_{OSC}/12 = 65536 - 5 \times 10^{-3} \times 11.0592 \times 10^{6}/12 = 60928 = 0xEE00$$

所以：TH0 =0xEE，TL0 =0x00。

3）定时器与串行口设置。设置寄存器 SCON 的 SM0、SM1 位，定义串行口工作方式，设置 SCON =0x50。选择定时器1 作为波特率发生器，设定定时器1 的工作方式为工作方式2。设置波特率参数为 9600bit/s，TH1 =0xFD，TL1 =0xFD。允许串行口接收数据，定义 REN =1。

启动定时器1 工作，定义 TR1 =1。设定定时器0 的工作方式为工作方式1；启动定时器0，即 TR0 =1。开放总中断、串行口中断和定时器0 中断。因此，设置 TMOD =0x21，IE =0x92。

4）等待中断。CPU 等待串行口中断或定时器0 中断的到来。单片机串行口从 PC 接收到数据后，串行口接收中断标志位 RI 置1，进入串行口中断服务函数。定时器0 启动计时后，当定时器0定时5ms后，进入定时器0中断服务函数。

主函数流程图如图9-8所示。

2. 定时器0中断服务函数设计

当定时器0定时5ms后，进入定时器0中断服务函数。

首先重装定时器0初值，即TH0=0xEE，TL0=0x00。每定时5ms一次，软计数器keytime值减1。

然后判断软计数器keytime值是否为0：①若keytime值不为0，表明20ms（20ms采样一次）计时未到，这时中断服务函数返回主函数，继续计时。②若keytime值为0，表明20ms（20ms采样一次）计时已到，重置软计数器keytime初值为4，为下次定时做准备。设置按键输入口P1口的值为0xDF，调用按键扫描函数。接着调用D-A转换函数进行D-A转换，得到D-A转换值dabl，然后调用计算D-A转换值函数计算dabl相应的ASCII码，再调用LCD显示D-A转换值函数把数字量输入值D-A进行转换后的模拟量显示在液晶LCD1602上。

最后，T0中断函数返回主函数，进行下一次D-A转换。

定时器0中断服务函数流程图如图9-9所示。

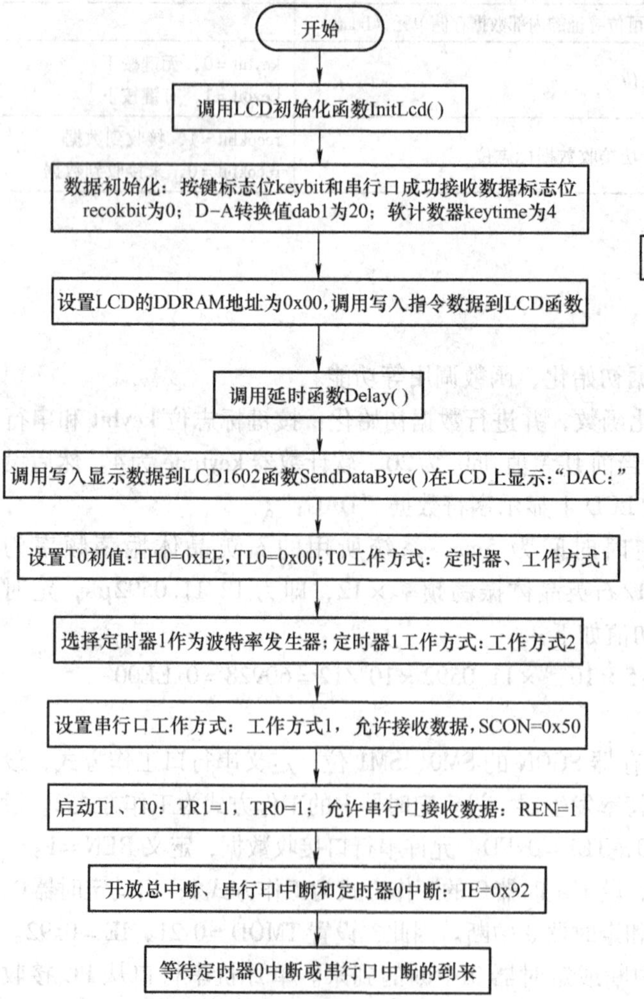

图9-8 主函数流程图

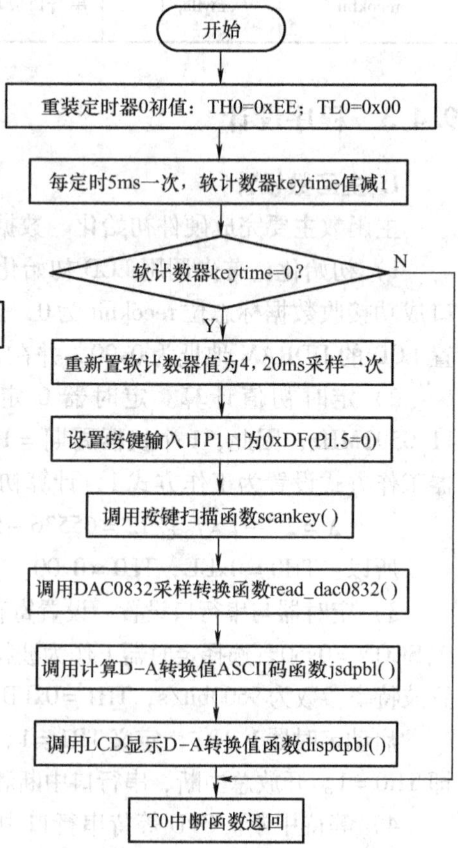

图9-9 定时器0中断服务函数流程图

3. DAC0832 采样转换函数设计

根据D-A转换芯片DAC0832的工作时序，片选信号$\overline{CS}$低电平有效。把芯片DAC0832的片选信号$\overline{CS}$置低电平，选中该芯片。

把数字量D-A转换值dabl送给P0口，准备送入芯片DAC0832进行D-A转换处理。

芯片DAC0832写信号$\overline{WR}$置低电平后再过两个时钟周期至高电平，产生一个上升沿信号，进行数据D-A转换处理。

模拟量dabl从I_{OUT1}、I_{OUT2}引脚输出送到运算放大器进行处理，最后从“DA输出端口”输出，可用万用表测量到输出电压。

数据转换完毕，把芯片DAC0832片选信号$\overline{CS}$置高电平，最后函数返回。

D-A转换函数流程图如图9-10所示。

4. 计算D-A转换值ASCII码函数设计

要把D-A转换值dabl显示在LCD上，需要把它转换为相应的ASCII码。

首先计算D-A转换值百位数ASCII码：将D-A转换值dabl除以100得到的商与0x30（因为字符数字0~9与其相应的ASCII码相差0x30）相与。

然后计算D-A转换值十位数ASCII码：将D-A转换值dabl除以100得到的余数再除以10，得到的商与0x30（因为字符数字0~9与其相应的ASCII码相差0x30）相与。

再计算D-A转换值个位数ASCII码：将D-A转换值dabl除以10得到的余数与0x30（因为字符数字0~9与其相应的ASCII码相差0x30）相与。

最后，函数返回。

计算D-A转换值ASCII码函数流程图如图9-11所示。

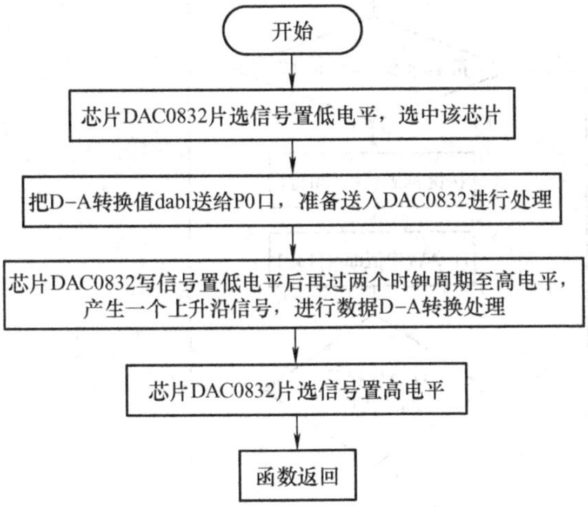

图9-10　D-A转换函数流程图

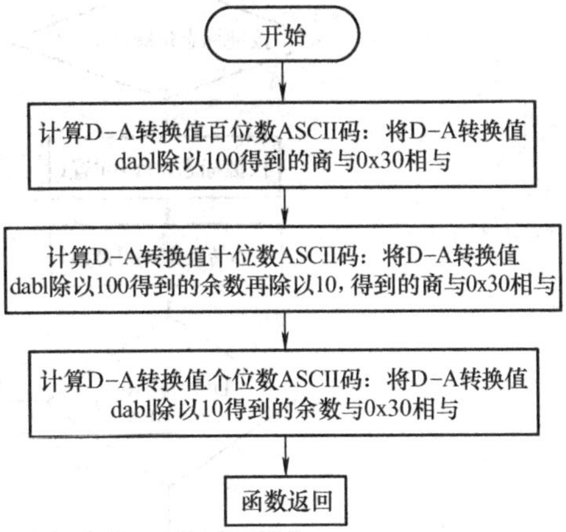

图9-11　计算D-A转换值ASCII码函数流程图

5. 按键扫描函数设计

通过按键S_1、S_2实现D-A转换值dabl的加减。程序通过P1.0、P1.1的值来判断是否有键按下。

首先把P1口所有引脚置为高电平，即P1=0xFF，准备从P1口读取数据。

接着判断 S_1 键（+键）是否按下：①若 P1.0=0，表明 S_1 键（+键）按下，再根据按键标志位 keybit 值判断是否为上次按下键。若按键标志位 keybit=0，表明本次有键按下，把按键标志位 keybit 置 1，使 D-A 转换值 dabl 加 1，判断 D-A 转换值 dabl 是否大于 200，若 D-A 转换值 dabl 大于 200，重置 D-A 转换值 dabl 为 20。若按键标志位 keybit=1，表明本次无键按下，把 P1 口所有引脚置为高电平，准备从 P1 口读取数据。②若 P1.0=1，表明 S_1 键（+键）未按下。

然后判断 S_2 键（-键）是否按下：若 P1.1=0，表明 S_2 键（-键）按下，再根据按键标志位 keybit 值判断是否为上次按下键。若按键标志位 keybit=0，表明本次有键按下，把按键标志位 keybit 置 1，使 D-A 转换值 dabl 减 1，判断 D-A 转换值 dabl 是否小于 20，若 D-A 转换值 dabl 小于 20，重置 D-A 转换值 dabl 为 200。若按键标志位 keybit=1，表明本次无键按下，把 P1 口所有引脚置为高电平，准备从 P1 口读取数据。

当 S_1 键（+键 P1.0）、S_2 键（-键 P1.1）均未按下时，把按键标志位 keybit 置 0，把 P1 口所有引脚置为高电平，准备从 P1 口读取数据，等待下一次按键。

按键扫描函数流程图如图 9-12 所示。

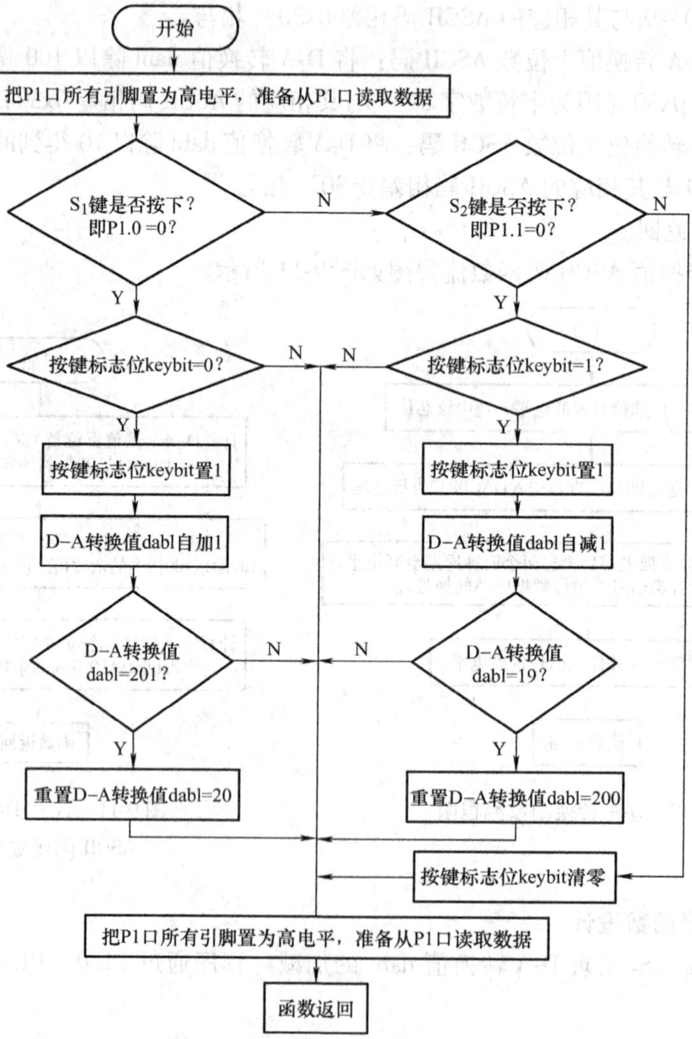

图 9-12 按键扫描函数流程图

6. 串行口中断服务函数设计

当 CPU 检测到串行口接收中断标志位 RI 为 1 时，进入串行口接收数据中断服务函数，开始从 PC 串行口接收数据。把串行口中断标志位 RI 复位置 0，把串行口接收缓冲器 SBUF 中的数据送给 D-A 转换值变量 dabl 作为 D-A 转换的初始值，同时设置串行口成功接收数据标志位 recokbit 为 1，表明串行口成功接收数据，最后串行口中断函数返回。

串口中断服务函数流程图如图 9-13 所示。

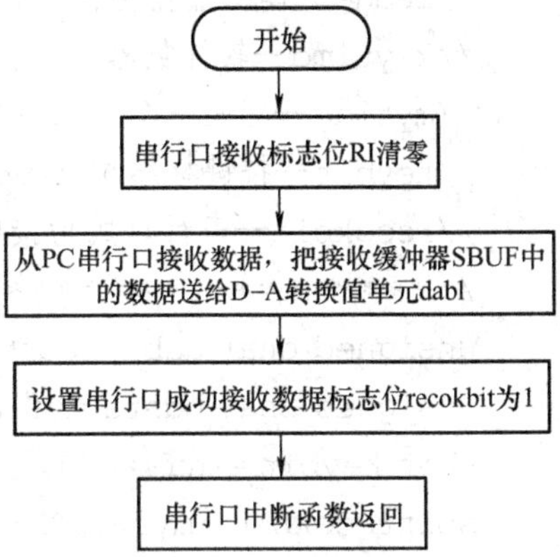

图 9-13　串行口中断服务函数流程图

7. LCD 显示函数设计

LCD 显示函数模块包括 LCD 初始化函数、写入指令数据到 LCD 函数、写入显示数据到 LCD 函数、LCD 显示 D-A 转换值函数、延时函数等模块，详细设计请参见项目 6。

9.4.4　C 语言源程序

```
//**************************************************************
//项目名称:设计信号发生器系统
//功能描述:串行口发送一个要输出的电压 KK(0x00～0xFF),
//数-模转换输出一个当前串行口发出的电压;输出的电压为 V=5×KK/255。
//其中 KK 为串行口接收到的二进制数
//**************************************************************
#include <reg51.h>              //包含“51 寄存器定义”头文件

//**************************************************************
//LCD1602 信号接口定义
//**************************************************************
sbit E=P2^2;                    //LCD 使能信号
sbit RW=P2^1;                   //读/写选择信号 R/W:0 为写入数据;1 为读出数据
sbit RS=P2^0;                   //数据/命令选择信号 R/S:0 为指令;1 为数据

//**************************************************************
//功能:D-A 芯片 DAC0832 芯片接口定义
//**************************************************************
sbit DAC_CS=P3^3                //D-A 芯片 DAC0832 的片选信号
sbit DAC_WR=P3^4                //D-A 芯片 DAC0832 的写信号

//**************************************************************
//定义变量:
//dabl—当前 D-A 转换值(00～255),从串行口接收
```

```
//ledbai—模拟量输出值百位显示值
//ledshi—模拟量输出值十位显示值
//ledge—模拟量输出值个位显示值
//keytime—软计数器
//myflag—定义一个可位寻址的内部数据存储单元(bdata)
//keybit—按键标志位 keybit
//recokbit—串行口成功接收数据标志位
//*****************************************************
unsigned char dabl,ledbai,ledshi,ledge,keytime;
unsigned char bdata myflag;          //定义可位寻址的内部数据存储单元
sbit keybit = myflag^0;              //按键标志位 keybit
sbitrecokbit = myflag^1;             //串行口成功接收数据标志位

//*****************************************************
//功能:函数声明
//*****************************************************
void time0(void);                    //定时器 0 中断服务函数
void rs232(void);                    //串行口中断服务函数 rs232()
void read_dac0832(void);             //DAC0832 采样转换函数
void Delay(unsigned int t);          //延时函数
void InitLcd(void);                  //LCD 初始化函数
void SendCommandByte(unsigned char ch);   //写指令数据到 LCD1602 函数
void SendDataByte(unsigned char ch);      //写显示数据到 LCD1602 函数
void scankey(void);              //按键扫描函数 scankey()
void jsdpbl(void);               //计算 D-A 转换值 ASCII 码函数 jsdpbl()
void dispdpbl(void);             //LCD 显示 D-A 转换值函数 dispdpbl()

//*****************************************************
//函数名称:main()
//函数功能:主函数
//*****************************************************
void main(void)                  //主函数入口地址
{
    InitLcd();                   //调用 LCD 初始化函数 InitLcd()
    myflag = 0x00;               //初始化 keybit 和 recokbit 为 0
    dabl = 20;                   //初始化当前 D-A 转换值 dabl 为 20
    keytime = 4;                 //初始化软计数器值为 4,20ms 扫描一次按键
    SendCommandByte(0x80);       //设置 LCD 的 DDRAM 地址为 0x00
    Delay(2);                    //调用延时函数
```

```
    SendDataByte('D');           //调用写入显示数据到 LCD1602 函数
    SendDataByte('A');           //调用写入显示数据到 LCD1602 函数
    SendDataByte('C');           //调用写入显示数据到 LCD1602 函数
    SendDataByte(':');           //调用写入显示数据到 LCD1602 函数
    TH0 =0xEE;                   //定时器 0 定时 5ms 初值设置:TH0 =0xEE
    TL0 =0x00;                   //定时器 0 定时 5ms 初值设置:TL0 =0x00
                                 //定时器 0 工作方式设置:定时器、工作方式 1
                                 //定时器 1 作为波特率发生器,工作方式为 2
    TMOD =0x21;
    TH1 =0xFD;                   //串行通信波特率为 9600bit/s 时,T1 初值:TH1
                                 // =0xFD
    TL1 =0xFD;                   //串行通信波特率为 9600bit/s 时,T1 初值:TL1
                                 // =0xFD
    SCON =0x50;                  //设置串行口工作方式:串行口方式 1,允许接收数据
    TR1 =1;                      //启动定时器 1
    REN =1;                      //允许串行口接收数据
    TR0 =1;                      //启动定时器 0
    IE =0x92;                    //开放总中断、串行口中断和定时器 0 中断
    while(1)                     //等待串行口中断或定时器 0 中断的到来
    { }
}

//*************************************************************
//函数名称:rs232()
//功能:串行口中断服务
//*************************************************************
void rs232(void) interrupt 4  //串行口中断函数 rs232()
{
    RI =0;                       //把串行口接收中断标志位 RI 复位置 0
    dabl = SBUF;                 //把单片机从 PC 串行口接收的数据 SBUF 送给 D-A
                                 //转换值 dabl
    recokbit =1;                 //串行口成功接收数据标志位 recokbit 置 1
}

//*************************************************************
//函数名称:time0()
//功能:定时器 0 中断服务
//*************************************************************
void time0(void) interrupt 1  //定时器 0 中断服务函数
```

```
{
    TH0 =0xEE;                  //重新设置定时器 0 初值:TH0 =0xEE
    TL0 =0x00;                  //重新设置定时器 0 初值:TL0 =0x00
    keytime - -;                //每定时 5ms 一次,软计数器 keytime 值减 1
                                //判断 20ms 定时时间是否到达,如到达,开始 D-A 采样
    if(keytime = =0)
    {
        keytime =4;             //重新置软计数器值为 4,20ms 采样一次
        P1 =0xDF;               //设置按键输入口 P1 =0xDF(P1.5 =0)
        scankey();              //调用按键扫描函数 scankey()
        read_dac0832();         //调用 DAC0832 采样转换函数 read_dac0832()
        jsdpbl();               //调用计算 D-A 转换值 ASCII 码函数 jsdpbl()
        dispdpbl();             //调用 LCD 显示 D-A 转换值函数 dispdpbl()
    }
}

//****************************************************************
//函数名称:scankey()
//功能:按键扫描
//****************************************************************
void scankey(void)
{
    P1 =0xFF;                   //把 P1 口所有引脚置为高电平,准备从 P1 口读取
                                //数据
                                //情况 1:S1 键(+键 P1.0)按下
    if(P1.0 = =0)               //判断 S1 键(+键 P1.0)是否按下
    {
        if(keybit = =0)         //根据按键标志位 keybit 判断是否为上次按下键
        {
                                //若 keybit =0,表明本次有键按下,并把 keybit
                                //置 1
            keybit =1;
            dabl + +;           //D-A 转换值 dabl 自加 1
            if(dabl = =201)     //判断 D-A 转换值 dabl 是否大于 200
            {dabl =20;}         //D-A 转换值 dabl 大于 200,重置 D-A 转换值 dabl
                                //为 20
        }
    }
                                //情况 2:S2 键(-键 P1.1)按下
```

```
    else if(P1.1 = =0)          //判断 S2 键( -键 P1.1)是否按下
    {
        if(keybit = =0)         //根据按键标志位 keybit 判断是否为上次按下键
        {
                                //若 keybit =0,表明本次有键按下,并把 keybit
                                //置 1
            keybit =1;
            dabl - -;           //D-A 转换值 dabl 自减 1
            if(dabl = =19)      //判断 D-A 转换值 dabl 是否小于 20
                                //D-A 转换值 dabl 小于 20,则重置 D-A 转换值
                                //dabl 为 200
            {dabl =200;}
        }
    }

    //情况 3:S1 键( +键 P1.0)、S2 键( -键 P1.1)均未按下
    //S1、S2 键均未按下,把 keybit 置 0,等待下一次按键
    else  { keybit =0;}

    P1 =0xff; //把 P1 口所有引脚置为高电平,准备从 P1 口读取数据
}

//*****************************************************************
//函数名称:read_dac0832()
//功能:D-A 采样转换
//*****************************************************************
void read_dac0832(void)         //DAC0832 采样转换函数
{
    DAC_CS =0;                  //片选信号 DAC_CS 置低电平(低电平有效)
    //把当前 DA 值 dabl 送给 P0, 准备送入 DAC0832 进行 D-A 处理
    P0 =dabl;
    DAC_WR =0;                  //芯片 DAC0832 写信号 DAC_WR 置低电平
    Delay(1);                   //延时
    DAC_WR =1;                  //写信号 DAC_WR 置高电平,产生一个上升沿信号
    DAC_CS =1;                  //片选信号 DAC_CS 置高电平(高电平无效)
}

//*****************************************************************
//函数名称:InitLcd()
```

```
//功能:LCD1602 初始化
//*********************************************************
void InitLcd()
{
    SendCommandByte(0x30);  //显示模式设置(不测试忙信号)
    SendCommandByte(0x30);  //显示模式设置(不测试忙信号)
    SendCommandByte(0x30);  //显示模式设置(不测试忙信号)
    //设置工作方式:8 位数据口,2 行显示,5×7 点阵
    SendCommandByte(0x38);
    SendCommandByte(0x08);  //设置显示状态:显示关
    SendCommandByte(0x01);  //清屏
    //设置输入方式:数据读/写后 AC 自增 1,画面不动
    SendCommandByte(0x06);
    SendCommandByte(0x0C);  //设置显示状态:显示开
}

//*********************************************************
//函数名称:SendCommandByte()
//功能:写入指令数据到 LCD1602
//*********************************************************
void SendCommandByte(unsigned char ch)
{
    RS=0;
    RW=0;
    P0=ch;
    E=1;
    Delay(1);
    E=0;
    Delay(100);                    //delay 40μs
}

//*********************************************************
//函数名称:SendDataByte()
//功能:写入显示数据到 LCD1602
//*********************************************************
void SendDataByte(unsigned char ch)
{
    RS=1;
    RW=0;
```

```
    P0 = ch;
    E = 1;
    Delay(1);
    E = 0;
    Delay(100);                   //delay 40μs
}

//***********************************************************
//函数名称:Delay()
//功能:延时 40μs
//***********************************************************
void Delay(unsigned int t)    //delay 40μs
{for(;t! =0;t - -);}

//***********************************************************
//函数名称:jsdpbl()
//功能:计算 D-A 转换值 ASCII 码
//***********************************************************
voidjsdpbl(void)
{
    //计算 D-A 转换值百位,并与 0x30 相与,得到百位的 ASCII 码
    ledbai = (dabl/100) |0x30;
    //计算 D-A 转换值十位,并与 0x30 相与,得到十位的 ASCII 码
    ledshi = ((dabl% 100)/10) |0x30;
    //计算 D-A 转换值个位,并与 0x30 相与,得到个位的 ASCII 码
    ledge = (dabl% 10) |0x30;
}

//***********************************************************
//函数名称:dispdpbl()
//功能:LCD 显示 D-A 转换值
//***********************************************************
void dispdpbl(void)             //LCD 显示 D-A 转换值函数
{
    SendCommandByte(0x85);    //设置 LCD 的 DDRAM 地址为 0x05
    SendDataByte(ledbai);     //LCD 显示 D-A 转换值百位
    SendDataByte(ledshi);     //LCD 显示 D-A 转换值十位
    SendDataByte(ledge);      //LCD 显示 D-A 转换值个位
}
```

9.4.5 汇编语言源程序

```
;****************************************************************
;项目名称:设计信号发生器系统
;功能描述:串行口发送一个要输出的电压 KK(00H~FFH),
;数-模转换输出一个当前串行口发出的电压;输出的电压为 V=5×KK/255。
;其中 KK 为串行口接收到的二进制数
;****************************************************************

;****************************************************************
;功能:LCD1602 与单片机信号接口定义
;****************************************************************
E          BIT        P2.2        ;LCD 使能信号
RW         BIT        P2.1        ;读/写选择信号 R/W:0 为写入数据;1 为读出数据
RS         BIT        P2.0        ;数据/命令选择信号 R/S:0 为指令;1 为数据
LCDPORT    EQU        P0          ;LCD1602 数据线 D7~D0
CMD_BYTE   EQU        2EH         ;写指令数据入口参数
DAT_BYTE   EQU        2FH         ;写显示数据入口参数

;****************************************************************
;功能:DAC0832 的引脚定义
;****************************************************************
DAC_WR     BIT        P3.4        ;D-A 芯片 DAC0832 的写信号
DAC_CS     BIT        P3.3        ;D-A 芯片 DAC0832 的片选信号

;****************************************************************
;功能:变量定义
;****************************************************************
DABL       EQU        30H         ;当前 D-A 转换值(00~255),从串行口接收
LEDBAI     EQU        31H         ;显示的百位
LEDSHI     EQU        32H         ;显示的十位
LEDGE      EQU        33H         ;显示的个位
KEYTIME    EQU        34H         ;软计数器

KEYBIT     BIT        00H         ;按键标志位
RECOKBIT   BIT        01H         ;串行口成功接收数据标志位

ORG        0000H
AJMP       MAIN
```

```
;**********************************************************
;功能:定时器 0 中断服务入口地址
;**********************************************************
ORG      000BH    ;T0 中断服务入口地址
AJMP     TIME0_1  ;跳转到 T0 中断服务子程序 TIME0_1

;**********************************************************
;功能:串行口接收数据中断服务子程序 RS232
;**********************************************************
         ORG      0023H          ;串行口中断服务子程序入口地址 0023H
RS232:   CLR      RI
         MOV      A,SBUF         ;单片机从 PC 串行口接收数据
         MOV      DABL, A        ;PC 串行口发送的数据送给 D-A 转换值
         SETB     RECOKBIT       ;设置串行口成功接收数据标志位 RECOKBIT 为 1
         RETI                    ;串行口接收数据中断服务子程序返回

;**********************************************************
;功能:主程序
;**********************************************************
        ORG     0030H
MAIN:   CLR     KEYBIT              ;初始化按键标志位 KEYBIT 为 0
        CLR     RECOKBIT            ;初始化串行口成功接收数据标志位 RECOKBIT 为 0
        MOV     DABL,#20            ;初始化 D-A 转换值 DABL 为 20
        MOV     KEYTIME, #04H       ;软计数器 KEYTIME 为 4
        LCALL   INITLCD             ;调用 LCD 初始化子程序
        MOV     CMD_BYTE, #80H      ;设置 DDRAM 的地址
        LCALL   WRITE_CMD           ;调用写入指令数据到 LCD1602 子程序
        LCALL   DELAY0              ;调用延时子程序

        MOV     DAT_BYTE, #"D"
        LCALL   WRITE_DAT           ;调用写入显示数据到 LCD1602 子程序
        MOV     DAT_BYTE,#"A"
        LCALL   WRITE_DAT           ;调用写入显示数据到 LCD1602 子程序
        MOV     DAT_BYTE,#"C"
        LCALL   WRITE_DAT           ;调用写入显示数据到 LCD1602 子程序
        MOV     DAT_BYTE,#":"
        LCALL   WRITE_DAT           ;调用写入显示数据到 LCD1602 子程序

        MOV     TH0,#0EEH           ;定时器 0,定时 5ms,D-A 转换时间
```

```
        MOV     TL0,#00H
        MOV     TMOD,#21H
        MOV     TH1,#0FDH             ;T1 为波特率发生器,波特率 9600bit/s
        MOV     TL1,#0FDH
        MOV     SCON,#50H             ;设置串行口工作方式
        SETB    TR1                   ;启动定时器 1
        SETB    REN                   ;允许串行口接收数据
        SETB    TR0                   ;启动定时器 0
        MOV     IE,#92H               ;开放总中断、定时器 0 中断、串行口中断
        SJMP    $                     ;等待串行口中断、定时器 0 中断

;*****************************************************
;功能:定时器 T0 中断服务子程序 TIME0_1
;*****************************************************
        ORG     0100H
TIME0_1:MOV     TH0,#0EEH
        MOV     TL0,#00H
        DJNZ    KEYTIME,TIME0_RE
        MOV     KEYTIME,  #04H
        MOV     P1,#0DFH
        LCALL   KEYSCAN
        LCALL   DAC0832               ;调用 D-A 转换子程序 DAC0832
        LCALL   JSDPBL                ;调用计算 D-A 转换值 ASCII 码子程序
        LCALL   DISPDPBL              ;调用 LCD 显示 D-A 转换值子程序
TIME0_RE: RETI                        ;中断子程序返回

;*****************************************************
;功能:按键扫描子程序 KEYSCAN
;*****************************************************
KEYSCAN:    MOV     P1,#0FFH
NEXT_UP:    JB      P1.0,NEXT_DN      ; + 键
            JB      KEYBIT,  SCAN_RE
            SETB    KEYBIT
            INC     DABL
            MOV     A,  DABL
            CJNE    A,#201, SCAN_RE   ;若 DABL 大于 200 返回 20
            MOV     DABL,#20
            AJMP    SCAN_RE
NEXT_DN:    JB      P1.1, NEXT_NC     ; - 键
```

```
            JB          KEYBIT, SCAN_RE
            SETB        KEYBIT
            DEC         DABL
            MOV         A, DABL
            CJNE        A,#19,SCAN_RE        ;若 DABL 小于 20 返回 200
            MOV         DABL,#200
            AJMP        SCAN_RE
NEXT_NC:    CLR         KEYBIT               ;清标志用于等待下一次按键
SCAN_RE:    MOV P1,#0FFH
            RET                              ;子程序返回

;*******************************************************
;功能:DAC0832 采样转换子程序 DAC0832
;*******************************************************
DAC0832:    CLR         DAC_CS
            MOV         A,DABL
            MOV         P0,A
            CLR         DAC_WR
            NOP
            NOP
            SETB        DAC_WR
            SETB        DAC_CS
            RET                              ;子程序返回

;*******************************************************
;功能:LCD1602 要用到的一些子程序
;*******************************************************
;*******************************************************
;功能:写入指令数据到 LCD1602 子程序 WRITE_CMD(入口参数 CMD_BYTE)
;*******************************************************
WRITE_CMD:  CLR         RS
            CLR         RW
            MOV         A,CMD_BYTE
            MOV         LCDPORT,A
            SETB        E
            NOP
            NOP
            CLR         E
```

```
            LCALL     DELAY0
            RET                                ;写入指令数据到 LCD1602 子程序返回

;***********************************************************************
;功能:写入显示数据到 LCD1602 子程序 WRITE_DAT(入口参数 DAT_BYTE)
;***********************************************************************
WRITE_DAT:  SETB      RS
            CLR       RW
            MOV       A,DAT_BYTE
            MOV       LCDPORT,A
            SETB      E
            NOP
            NOP
            CLR       E
            LCALL     DELAY0
            RET                                ;子程序返回

;***********************************************************************
;功能:LCD 初始化子程序 INITLCD
;***********************************************************************
INITLCD:    MOV     CMD_BYTE,#30H
            LCALL   WRITE_CMD              ;调用写入指令数据到 LCD1602 子程序
            MOV     CMD_BYTE,#30H
            LCALL   WRITE_CMD              ;调用写入指令数据到 LCD1602 子程序
            MOV     CMD_BYTE,#30H
            LCALL   WRITE_CMD              ;调用写入指令数据到 LCD1602 子程序
            MOV     CMD_BYTE,#38H          ;设定工作方式
            LCALL   WRITE_CMD              ;调用写入指令数据到 LCD1602 子程序
            MOV     CMD_BYTE,#0CH          ;显示状态设置
            LCALL   WRITE_CMD              ;调用写入指令数据到 LCD1602 子程序
            MOV     CMD_BYTE, #01H         ;清屏
            LCALL   WRITE_CMD              ;调用写入指令数据到 LCD1602 子程序
            MOV     CMD_BYTE, #06H         ;输入方式设置
            LCALL   WRITE_CMD              ;调用写入指令数据到 LCD1602 子程序
            RET                            ;LCD 初始化子程序返回

;***********************************************************************
;功能:延时子程序
```

```
;*****************************************************
DELAY0:   MOV    R5,#0A0H
DELAY1:   NOP
          DJNZ   R5,DELAY1
          RET                         ;子程序返回

;*****************************************************
;功能:计算 D-A 转换值 ASCII 码子程序 JSDPBL
;*****************************************************
JSDPBL:   MOV    A,DABL               ;取得 A-D 转换值 DABL
          MOV    B,#64H               ;除以 100,得到百位
          DIV    AB
          ORL    A,#30H               ;加 30H,变换成相应的 ASCII
          MOV    LEDBAI,A             ;送到 LCD 显示
          MOV    A,B
          MOV    B,#0AH               ;除以 10,得到十位
          DIV    AB
          ORL    A,#30H               ;加 30H,变换成相应的 ASCII
          MOV    LEDSHI,A             ;送到 LCD 显示
          MOV    A,B                  ;余数为个位
          ORL    A,#30H               ;加 30H,变换成相应的 ASCII
          MOV    LEDGE,A              ;送到 LCD 显示
          RET                         ;计算 D-A 转换值子程序返回

;*****************************************************
;功能:LCD 显示 D-A 转换值子程序 DISPDPBL
;*****************************************************
DISPDPBL: MOV    CMD_BYTE,#85H        ;设置 LCD 的 DDRAM 的地址为 05H
          LCALL  WRITE_CMD            ;调用写入指令数据到 LCD1602 函数
          MOV    DAT_BYTE,LEDBAI      ;D-A 转换值百位显示
          LCALL  WRITE_DAT            ;调用写入显示数据到 LCD1602 子程序
          MOV    DAT_BYTE,LEDSHI      ;D-A 转换值十位显示
          LCALL  WRITE_DAT            ;调用写入显示数据到 LCD1602 子程序
          MOV    DAT_BYTE,LEDGE       ;D-A 转换值个位显示
          LCALL  WRITE_DAT            ;调用写入显示数据到 LCD1602 子程序
          RET                         ;LCD 显示 D-A 转换值子程序返回
          END                         ;程序结束
```

任务 5 系统仿真调试

系统仿真调试过程参见项目 1。

任务 6 能力扩展

1. D-A 转换

【**控制要求**】利用 D-A 输出功能，通过输入不同的数据方式，可产生各种波形的输出脉冲。通过 S_2 键选择输出波形的类型，S_3 键启动，S_4 键停止。

使用 LCD1602 显示菜单及程序运行过程。使用 DL10（LED）来显示输出脉冲，也可通过示波器进行测试和观察。

2. DAC0832 转换输出可调电压驱动白炽灯发光

【**控制要求**】使用两个按键（一个加计数按键，一个减计数按键）使单片机输出一个可调的数字量，经 DAC0832 转换后输出一个可调电压，驱动白炽灯发光。

任务 7 项目考核

项目考核内容如表 9-2 所示。

表 9-2 项目考核表

考核项目	考核内容	技术要求	得分
总体设计	①任务分析 ②方案设计 ③软件和硬件功能划分	①任务明确（5 分） ②方案设计合理、有新意（10 分） ③软件和硬件功能划分合理（5 分）	
硬件设计	①片内器件分配 ②电路原理图设计 ③电路板制作	①片内器件分配正确、合理（5 分） ②电路原理图设计正确（10 分） ③电路板制作：布线正确、整齐、合理（5 分）	
软件设计	①算法和数据结构设计 ②流程图设计 ③编程	①算法和数据结构设计正确、合理（5 分） ②流程图设计正确、简明（5 分） ③编程正确、有新意（10 分）	
系统仿真与调试	①调试顺序 ②错误排除 ③调试结果	①调试顺序正确（5 分） ②能熟练排除错误（10 分） ③调试后运行正确（5 分）	
实训报告	①书写 ②内容 ③图形绘制 ④结果分析	①书写规范整齐（5 分） ②内容翔实具体（5 分） ③图形绘制正确、完整、全面（5 分） ④能正确分析实验结果（5 分）	
合计			

项目10

设计步进电动机控制系统

教学目标

1. 终极目标

制作一个基于单片机的步进电动机控制系统。

2. 促成目标

1）了解步进电动机的分类和结构。

2）了解步进电动机的工作原理及特性。

3）了解步进电动机的驱动方式。

4）掌握步进电动机与单片机的接口方法。

5）掌握单片机控制步进电动机的程序设计方法。

工作任务单

制作一个基于单片机的步进电动机控制系统。

采用单双八拍工作方式，控制步进电动机正（顺时针）、反（逆时针）方向转动。步进电动机正转360°（一圈），反转180°（半圈），如此循环。

任务1　相关知识

步进电动机是纯粹的数字控制电动机。步进电动机是将电脉冲信号转变为角位移或线位移的开环控制元件。在非超载的情况下，电动机的转速、停止的位置只取决于脉冲信号的频率和脉冲数，而不受负载变化的影响，当步进驱动器接收到一个脉冲信号，它就驱动步进电动机按设定的方向转动一个固定的角度，称为“步距角”，它的旋转是以固定的角度一步一步运行的。可以通过控制脉冲个数来控制角位移量，从而达到准确定位的目的；同时可以通过控制脉冲频率来控制电动机转动的速度和加速度，从而达到调速的目的。

步进电动机是一种感应电动机，它的工作原理是利用电子电路，将直流电变成分时供电的、多相时序控制电流，用这种电流为步进电动机供电，步进电动机才能正常工作，驱动器就是为步进电动机分时供电的、多相时序控制器。

虽然步进电动机已被广泛地应用，但步进电动机并不能像普通的直流电动机、交流电动机在常规下使用。它必须由双环形脉冲信号、功率驱动电路等组成控制系统方可使用。因此用好步进电动机确非易事，它涉及机械、电机、电子及计算机等许多专业知识。

步进电动机作为执行元件，是机电一体化的关键产品之一，广泛应用在各种自动化控制系统中。随着微电子和计算机技术的发展，步进电动机的需求量与日俱增，在国民经济各领域都有应用。

步进电动机是一种将电脉冲转化为角位移的执行机构。通俗一点讲：当步进驱动器接收到一个脉冲信号，它就驱动步进电动机按设定的方向转动一个固定的角度（即步进角）。可以通过控制脉冲个数来控制角位移量，从而达到准确定位的目的；同时可以通过控制脉冲频率来控制电动机转动的速度和加速度，从而达到调速的目的。因此步进电动机非常适合于单片机控制。

10.1.1 步进电动机的分类和结构

1. 步进电动机的分类

步进电动机的分类方式很多，常见的分类方式有按产生力矩的原理、按输出力矩的大小以及按定子和转子的数量进行分类等。根据不同的分类方式，可将步进电动机分为多种类型，如表 10-1 所示。

表 10-1 步进电动机的分类

分类方式	具体类型
按力矩产生原理	①反应式：转子无绕组，由被励磁的定子绕组产生反应力矩实现步进运行 ②励磁式：定、转子均有励磁绕组（或转子用永久磁钢），由电磁力矩实现步进运行
按输出力矩大小	①伺服式：输出力矩在百分之几至十分之几（N·m），只能驱动较小的负载，要与液压扭矩放大器配合使用，才能驱动机床工作台等较大的负载 ②功率式：输出力矩 50N·m 在以上，可以直接驱动机床工作台等较大的负载
按定子数	①单定子式；②双定子式；③三定子式；④多定子式
按各相绕组分布	①径向分布式：电动机各相按圆周依次排列 ②轴向分布式：电动机各相按轴向依次排列

其中，反应式步进电动机是我国目前使用最广泛的一种，具有速度快的特点。

2. 步进电动机的结构

（1）常见步进电动机外形结构 常见步进电动机的外形结构如图 10-1 所示。

图 10-1 常见步进电动机的外形结构图

（2）步进电动机内部结构 步进电动机内部结构及其示意图分别如图 10-2 和图 10-3 所示。

图10-2　步进电动机内部结构图

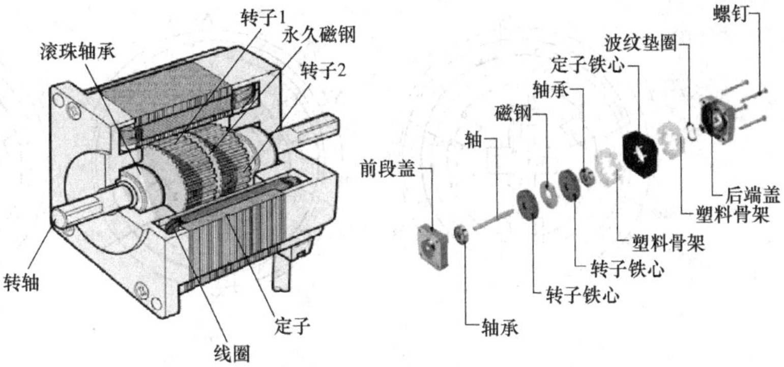

图10-3　步进电动机内部结构示意图

步进电动机由定子和转子两大部分组成。定子由硅钢片叠成，有一定数量的磁极和绕组，转子用软磁性材料做成凸极结构。

10.1.2　步进电动机的原理

1. 三相反应式步进电动机的结构

步进电动机在结构上分为定子和转子两部分。其定子、转子用硅钢片或其他软磁性材料制成，定子上有6个磁极，每个磁极上绕有励磁绕组，相对的两个磁极组成一相，分成U、V、W三相。转子上有4个均匀分布的齿，无绕组，它是由带齿的铁心做成的，其工作原理如图10-4所示。

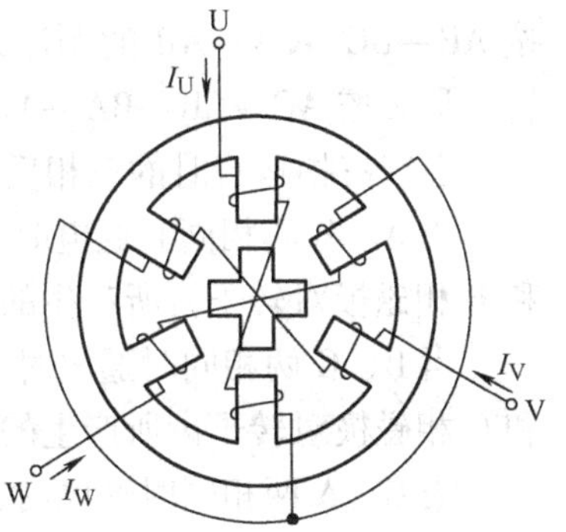

图10-4　三相反应式步进电动机的结构

2. 三相反应式步进电动机的工作原理

三相反应式步进电动机有三种运行方式：三相单三拍运行，三相双三拍运行，三相单、双六拍运行。“三相”是指步进电动机的相数；“单”是指每次只给一相绕组通电；“双”则是每次同时给两相绕组通电；定子绕组每改变一次通电方式，就称为一拍；“三拍”是指经过三次切换控制绕组的通电状态为一个循环。

（1）三相单三拍工作方式　三相单三拍式步进电动机的工作原理如图10-5所示。它的定子上有六个极（A、B、C、X、Y、Z），每个极上都装有控制绕组，相对的两极组成一相。转子由四个均匀分布的齿组成，其上是没有绕组的。当A相控制绕组通电时，因磁通要沿着磁阻最小的路径闭合，将使转子齿1、3和定子磁极A-X对齐，如图10-5a所示。

当A相断电，B相控制绕组通电时，转子将在空间逆时针转过30°，即步距角θ_s = 30°。转子齿2、4与定子磁极B-Y对齐，如图10-5b所示。

如再使B相断电，C相控制绕组通电，转子又在空间逆时针转过θ_s=30°，使转子齿1、3和定子磁极C-Z对齐，如图10-5c所示。

如此循环往复，按A→B→C→A顺序通电，电动机便按一定的方向转动。电动机的转速取决于控制绕组与电源接通或断开的变化频率。

若按A→C→B→A的顺序通电，则电动机反向转动。

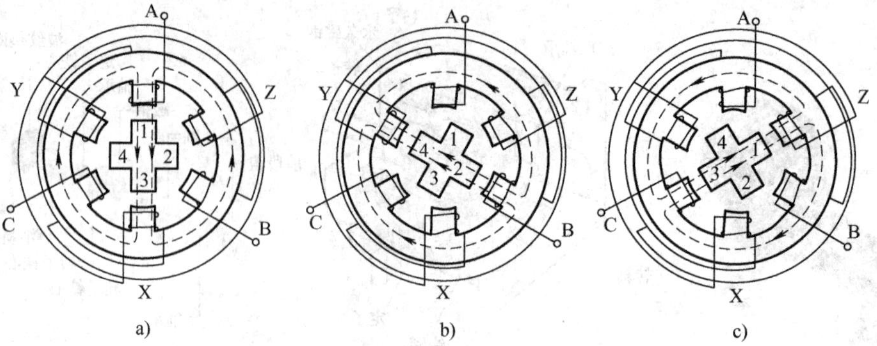

图 10-5 三相单三拍式步进电动机的工作原理

控制绕组与电源的接通或断开，通常由电子逻辑线路或微处理器来控制完成。

所以在三相单三拍通电运行方式中，步进电动机的步距角为 $\theta_s=30°$。

（2）三相双三拍工作方式 在实际使用中，单三拍通电运行方式由于在切换时一相控制绕组断电后而另一相控制绕组才开始通电，这种情况容易造成失步。此外，由单一控制绕组通电吸引转子，也容易使转子在平衡位置附近产生振荡，故运行的稳定性较差，所以很少采用。三相双三拍运行方式的每个通电状态都有两相控制绕组同时通电，通电状态切换时总有一相绕组不断电，不会产生振荡，所以通常将单三拍改为“双三拍”通电运行方式，即按 AB→BC→CA→AB 的顺序通电，即每拍都有两个绕组同时通电，假设此时电动机为正转，那么按 AC→CB→BA→AC 的通电顺序运行时电动机则反转。

在双三拍运行时的三相反应式电动机的转子位置如图 10-6 所示。

当 A、B 两相同时通电时，转子齿的位置同时受到两个定子磁极的作用，只有 A 相磁极和 B 相磁极对转子齿所产生的磁拉力相等时转子才平衡，如图 10-6a 所示。

当 B、C 两相同时通电时，转子齿的位置同时受到两个定子磁极的作用，只有 B 相磁极和 C 相磁极对转子齿所产生的磁拉力相等时转子才平衡，如图 10-6b 所示。

当 C、A 两相同时通电时，原理相同，如图 10-6c 所示。

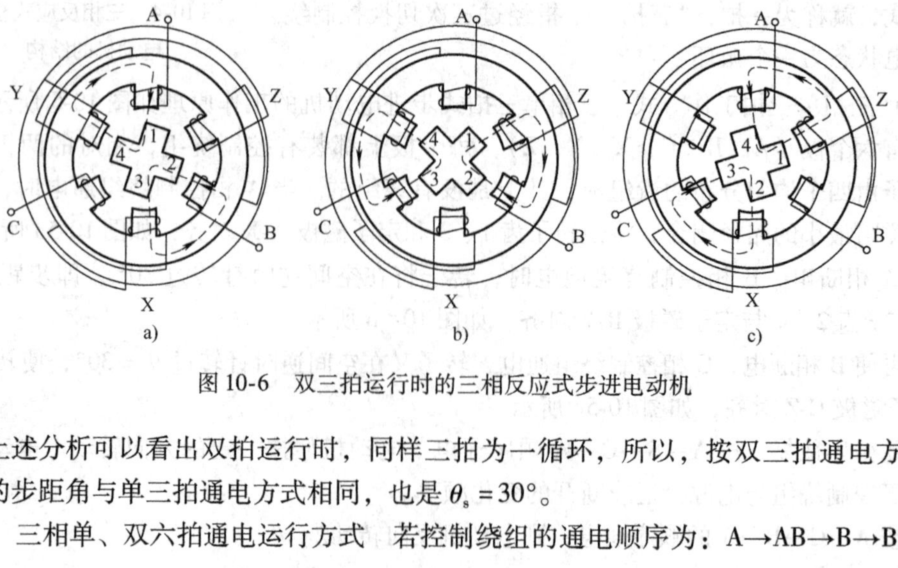

图 10-6 双三拍运行时的三相反应式步进电动机

从上述分析可以看出双拍运行时，同样三拍为一循环，所以，按双三拍通电方式运行时，它的步距角与单三拍通电方式相同，也是 $\theta_s=30°$。

（3）三相单、双六拍通电运行方式 若控制绕组的通电顺序为：A→AB→B→BC→C→

CA→A，或是A→AC→C→CB→B→BA→A，则称步进电动机工作在三相单、双六拍通电方式。即先A相绕组通电；之后A、B相绕组同时通电；然后断开A相控制绕组，由B相控制绕组单独通电；再使B、C相控制绕组同时通电，依此进行。在这种通电方式时，定子三相控制绕组需经过六次切换通电状态才能完成一个循环，故称“六拍”。在通电时，有时是单个控制绕组通电，有时又为两个控制绕组同时通电，因此称为“单、双六拍”。

在这种通电方式时，步距角也有所不同，如图10-7所示。

当A相控制绕组通电时和单三拍运行的情况相同，转子齿1、3和定子磁极A-X对齐，如图10-7a所示。

当A、B相控制绕组同时通电时，转子齿2、4在定子磁极B-Y的吸引下使转子沿逆时针方向转动，直至转子齿1、3和定子磁极A-X之间的作用力与转子齿2、4和定子磁极B-Y之间的作用力相平衡为止，如图10-7b所示。A、B两相同时通电时和双拍运行方式相同。

当断开A相控制绕组而由B相控制绕组通电时，转子将继续沿逆时针方向转过一个角度使转子齿2、4和定子磁极B-Y对齐，如图10-7c所示。在这种通电方式下，$\theta_s = 30°/2 = 15°$。

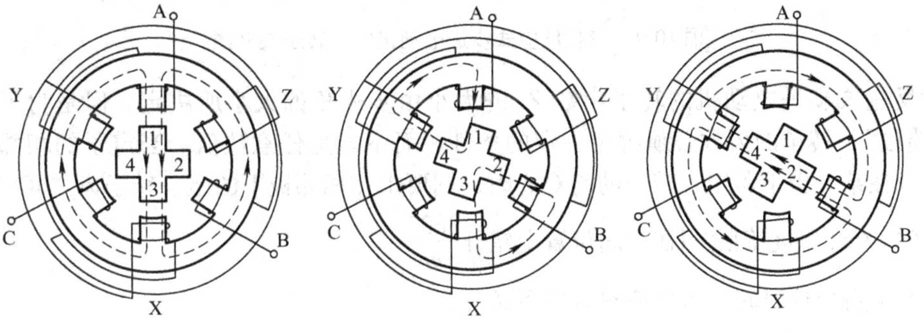

图10-7　单、双六拍运行时的三相反应式步进电动机

若继续按BC→C→CA→A的顺序通电，步进电动机就按逆时针方向连续转动。

如通电顺序变为A→AC→C→CB→B→BA→A时，电动机将按顺时针方向转动。

因此，即使同一台步进电动机，若通电运行方式不同，其步距角也不相同。所以一般步进电动机会给出两个步距角，例如3°/1.5°、1.5°/0.75°等。

三相六拍控制方式比三相三拍控制方式步距角小一半，因而精度更高，且转换过程中始终保证有一个绕组通电，工作稳定，因此这种方式被大量采用。

3. 小步距角三相反应式步进电动机的工作原理

反应式步进电动机结构虽然简单，但是步距角较大，往往满足不了系统的精度要求，如使用在数控机床中就会影响到加工工件的精度。所以，在实际中常采用图10-8中所示的一种小步距角的三相反应式步进电动机。

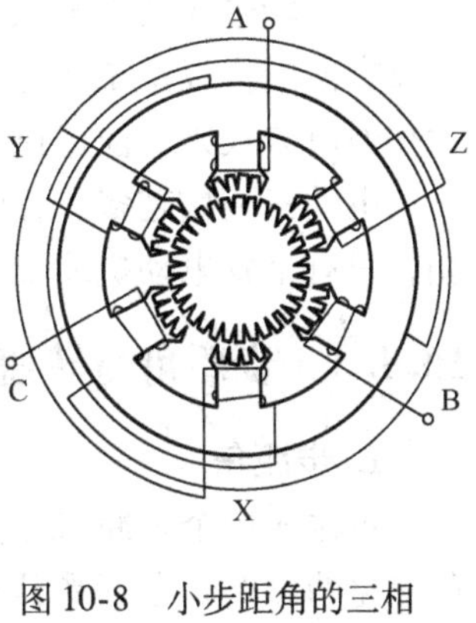

图10-8　小步距角的三相反应式步进电动机

图10-8所示的三相反应式步进电动机，它的定子上有6个极，上面装有控制绕组组成A、B、C三相，转子上均匀分布40个齿，定子每个极面上也各有5个齿，定、转子的齿宽和齿距都相同。

当 A 相控制绕组通电时，电动机中产生沿 A 极轴线方向的磁场，因磁通总是沿磁阻最小的路径闭合，转子受到磁阻转矩的作用而转动，直至转子齿和定子 A 极面上的齿对齐为止。因转子上共有 40 个齿，每个齿的齿距为 360°/40 = 9°，而每个定子磁极的距为 360°/6 = 60°，所以每一个极距所占的齿距数不是整数。从图 10-9 给出的三相反应式步进电动机定、转子展开图中可以看出，当 A 极面下的定、转子齿对齐时，Y 极、Z 极极面下的齿就分别和转子齿相错三分之一的转子齿距，即 $3°\left(\frac{60°}{5}-9°\right)$。

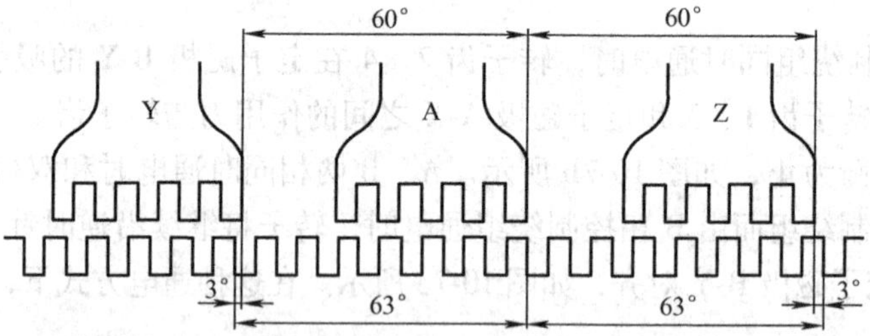

图 10-9　三相反应式步进电动机定、转子展开图

设反应式步进电动机的转子齿数 Z_r 的大小由步距角的大小所决定。但是为了能实现“自动错位”，转子的齿数必须满足一定的条件，而不能是任意数值。当定子的相邻极为相邻相时，在某一极下若定、转子的齿对齐时，则要求在相邻极下的定、转子齿之间应错开转子齿距的 1/m，即它们之间在空间位置上错开 $\frac{360°}{m}\cdot Z_r$。

由此可得出这时转子齿数应符合以下条件：

$$\frac{Z_r}{2p} = K \pm \frac{1}{m} \tag{10-1}$$

式中，Z_r 为转子齿数；$2p$ 为反应式步进电动机的定子极数；m 为电动机的相数；K 为正整数。

从图 10-8 中可以看到，若断开 A 相控制绕组而由 B 相控制绕组通电，这时电动机中产生沿 B 极轴线方向的磁场。同理，在磁阻转矩的作用下，转子按顺时针方向转过 3°使定子 B 极面下的定子齿和转子齿对齐，相应定子 A 极和 C 极面下的齿又分别和转子齿相错三分之一的转子齿距。依此，当控制绕组按 A→B→C→A 顺序循环通电，转子就沿顺时针方向以每一拍转过 3°的方式转动。若改变通电顺序，即按 A→C→B→A 顺序循环通电，转子便沿反方向同样以每拍转过 3°的方式转动。此时为单三拍通电方式运行。若采用三相单、双六拍通电方式则与前述道理一样，只是步距角将要减小一半即 1.5°。

电动机相数越多，相应电源就越复杂，造价也越高。所以，步进电动机一般最多做到六相，只有个别电动机才做成更多相数的。

10.1.3　步距角与转速计算

1. 步距角

每输入一个脉冲信号，步进电动机所转过的角度称为步距角，步距角不受电压波动和负载变化的影响，也不受温度、振动等环境因素的干扰。

步距角的大小由转子的齿数 Z_r、运行相数 m 所决定，它们之间的关系可表示为齿距角：
$$\theta_t = \frac{360°}{Z_r}$$

步距角：
$$\theta_s = \frac{360°}{mZ_rC}$$

式中，C 是控制系数，是拍数与相数的比例系数，也称为通电状态系数。

采用 m 相 m 拍通电运行方式时，$C=1$；采用 m 相 $2m$ 拍通电运行方式时，$C=2$。

2. 步进电动机的转速

步进电动机的步距角 θ_s 的大小是由转子的齿数 Z_r、控制绕组的相数 m 和通电方式所决定。它们之间关系为

$$\theta_s = \frac{360°}{mZ_rC} \tag{10-2}$$

如步进电动机通电脉冲的频率为 f，由于转子经过 Z_rC 个脉冲旋转一周，则步进电动机的转速为

$$n = \frac{60f}{mZ_rC} \tag{10-3}$$

式中，f 的单位是 Hz；n 的单位是 r/min。

步进电动机除了做成三相外，也可以做成二相、四相、五相、六相或更多的相数。由式（10-2）可知，电动机的相数和转子齿数越多，则步距角就越小。常见的步距角有 3°/1.5°、1.5°/0.75°等。所以在一定脉冲频率下，运行拍数和齿数越多，步距角越小，则转速越低。

10.1.4　步进电动机的单片机控制

步进电动机的驱动电路根据控制信号工作。在步进电动机的单片机控制中，控制信号由单片机产生。其基本控制作用如下：

1）控制换相顺序。步进电动机的通电换相顺序严格按照步进电动机的工作方式进行。通常我们把通电换相这一过程称为脉冲分配。例如，三相步进电动机的单三拍工作方式，其各相通电的顺序为 A→B→C，通电控制脉冲必须严格按照这一顺序分别控制 A、B、C 相的通电和断电。

2）控制步进电动机的转向。通过前面介绍的步进电动机的原理可知，如果按给定的工作方式正序通电换相，步进电动机就正转；如果按反序通电换相，则电动机就反转。例如，四相步进电动机工作在单四拍方式，通电换相的正序是 A→B→C→D，电动机就正转；如果按反序 A→D→C→B，则电动机就反转。

3）控制步进电动机的速度。如果给步进电动机发一个控制脉冲，它就转一步，再发一个脉冲，它就会再转一步。两个脉冲的间隔时间越短，步进电动机就转得越快。因此，脉冲的频率决定了步进电动机的转速。调整单片机发出脉冲的频率，就可以对步进电动机进行调速。

下面介绍如何用单片机实现上述控制。

1. 编写驱动程序

随着电子技术的发展，利用微处理器对步进电动机进行控制在实际中已得到广泛应用。

使用微处理器对步进电动机进行控制时，控制方法可分为串行控制和并行控制两类。目前对步进电动机控制的微处理器种类很多，例如 MS-51 系列、MSP430 系列、DSP 系列和驱动卡系列等，但其控制原理基本相同，本节主要以 89C51 单片机为例进行分析。

（1）并行控制　在并行控制中，不需要专用的脉冲分配器，其功能可以由89C51单片机用纯软件的方法实现或用软件和硬件结合的方法实现，如图10-10所示，单片机通过并行口，直接发出多相脉冲波信号，再通过功率放大后，送入步进电动机的各相绕组。这样就不再需要脉冲分配器了，但这种并行控制方式占用单片机硬件资源较多。

1）纯软件方法。在这种方法中，脉冲分配器的功能全部由软件来完成。以图10-10为例，其中89C51单片机的P1.0～P1.3四个引脚作为并行口输出，依次循环输出驱动四相反应式步进电动机所需的八个状态为：A→AB→B→BC→C→CD→D→DA→A…，即单、双八拍通电运行方式。

图10-10　用纯软件代替脉冲分配器原理框图

采用这种纯软件方法，需要在单片机的程序存储器中开辟一个存储空间以存放这八种状态，形成一张状态表。控制系统的应用程序按照电动机正、反转的要求，顺序将状态表的内容取出来送至89C51的P1口。现假定从程序存储器的地址0x0F00处开始，用8字节存储四相八拍正转工作状态表；从程序存储器的地址0x0FFA处开始，用8字节存储四相八拍反转工作状态表。再假定功率驱动接口设计成反相放大，P1口线为低电平时绕组通电，高电平时绕组断电，则存放状态表的ROM区有关单元的内容如表10-2所示。

表10-2　四相单、双拍运行状态表

地　址	存储内容		通电状态	方　向
	二　进　制	十六进制		
0x0F00	11111110	0x0FE	A	正转
0x0F01	11111100	0x0FC	AB	
0x0F02	11111101	0x0FD	B	
0x0F03	11111001	0x0F9	BC	
0x0F04	11111011	0x0FB	C	
0x0F05	11110011	0x0F3	CD	
0x0F06	11110111	0x0F7	D	
0x0F07	11110110	0x0F6	DA	
0x0FFA	11110110	0x0F6	DA	反转
0x0FFB	11110111	0x0F7	D	
0x0FFC	11110011	0x0F3	CD	
0x0FFD	11111011	0x0FB	C	
0x0FFE	11111001	0x0F9	BC	
0x0FFF	11111101	0x0FD	B	
0x1000	11111100	0x0FC	AB	
0x1001	11111110	0x0FE	A	

于是对电动机的控制可变成顺序查表以及写P1口的软件处理过程。若设定count作为状态计数器，按每拍加1进行操作；对于八拍运行，从0开始，最大计数值为7。步进电动机正转子函数如下：

```
unsigned char code FFW[8] = {0xfe,0xfc,0xfd,0xf9,0xfb,0xf3,0xf7,0xf6};
void motor_ffw(int count)          //正转函数
{
    for(count = 0;count < 8;count + +)
        P1 = FFW[count];           //取数据送输出口
}
```

反转程序与正转程序的差别，仅仅在于指针应指向反转状态表的表首地址0x0FFA。反转函数如下：

```
unsigned char code REV[8] = {0xf6,0xf7,0xf3,0xfb,0xf9,0xfd,0xfc,0xfe};
void motor_rev(int count)          //反转函数
{
    for(count = 0;count < 8;count + +)
        P1 = REV[count];           //取数据送输出口
}
```

当然，若对地址为0x0F07～0x0F00的状态表，每次逆向查表，同样可以实现反转。

用纯软件方法代替脉冲分配器是比较灵活的。例如要求用89C51的P1口输出A、B、C、D四相脉冲，以控制四相混合式步进电动机，则可采用更简单的方法：假定P1口线为低电平时绕组通电，并用P1口的P1.1、P1.3、P1.5、P1.7分别驱动A、B、C、D四相功率接口，则四相单、双八拍的工作状态如表10-3所示。

表10-3　四相单、双八拍运行状态表

控制字	通电状态		A		B		C		D
	P1口	P1.0	P1.0	P1.2	P1.3	P1.4	P1.5	P1.6	P1.7
F8H	A	0	0	0	1	1	1	1	1
F1H	AB	1	0	0	0	1	1	1	1
E3H	B	1	1	0	0	0	1	1	1
C7H	BC	1	1	1	0	0	0	1	1
8FH	C	1	1	1	1	0	0	0	1
1FH	CD	1	1	1	1	1	0	0	0
3EH	D	0	1	1	1	1	1	0	0
7CH	DA	0	0	1	1	1	1	1	0

观察表10-3后不难发现，要使步进电动机走步，只要对P1口的字节内容进行循环移位就可以了。设数据左移时电动机正转，则数据右移时电动机反转。

2）软、硬件结合的方法。软、硬件结合的方法可比纯软件方法减少计算机工作时间的占用。图10-11是一台四相步进电动机软、硬件结合法控制系统的示意图。

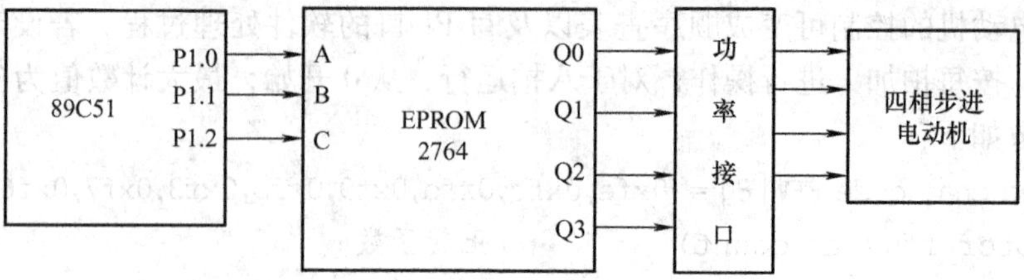

图 10-11 软、硬件结合法控制系统的示意图

以 89C51 的 P1 口作为信号的输出口，P1.3～P1.7 空置不用，其值可为任意，仅以 P1.0～P1.2 三条线接到 EPROM2764 的低三位地址线上，可选通 EPROM2764 的 8 个地址单元，对应 8 种状态。EPROM2764 的低四位数据输出线作为步进电动机 A、B、C、D 各相的控制线，硬件设计成低电平时绕组通电。在本系统中 EPROM2764 作为一种解码器使用，通过其输入/输出关系可以使系统设计得更便于微机控制。

因为只有 P1.0～P1.2 上的数据对步进电动机的通电状态有影响，于是 EPROM 的输入地址和输出数据可采用如表 10-4 的对应关系（输出线低电平时，绕组通电）。

表 10-4 输入/输出状态表

输　入			通电状态	输　出			
P1.2	P1.1	P1.0		Q3（D 相）	Q2（C 相）	Q1（B 相）	Q0（A 相）
0	0	0	A	1	1	1	0
0	0	1	AB	1	1	0	0
0	1	0	B	1	1	0	1
0	1	1	BC	1	0	0	1
1	0	0	C	1	0	1	1
1	0	1	CD	0	0	1	1
1	1	0	D	0	1	1	1
1	1	1	DA	0	1	1	0

这样，只要把 89C51 中的某一寄存器认定为可逆计数器，每次对它进行加 1 或减 1 操作，然后送 P1 口即可。脉冲分配器的功能由软、硬件分担，减少 CPU 的负担。

（2）串行控制　利用 89C51 单片机对步进电动机进行串行控制的系统组成框图如图 10-12 所示，89C51 单片机与步进电动机的功率接口之间只要两条控制线：一条用以发送走步脉冲信号（CP），另一条用以发送控制旋转方向的电平信号。此时的单片机相当于前面所讲的变频信号源。同并行控制方式相比，串行控制占用单片机硬件资源较少，编程也更为简单，但需要外加脉冲分配器，增加了系统成本。

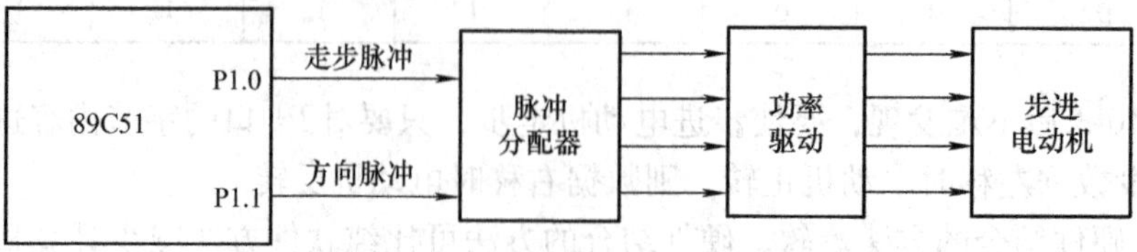

图 10-12 单片机串行控制的系统组成框图

1）单片机串行控制方式的硬件。89C51单片机通过串行控制来驱动步进电动机，中间需要脉冲分配器。脉冲分配器除可由门电路和双稳态触发器组成的逻辑电路外，还可以使用专用芯片。在单片机或其他微处理器的控制中，还可把EPROM和可逆计数器组合起来，构成通用型脉冲分配器，如图10-13所示。

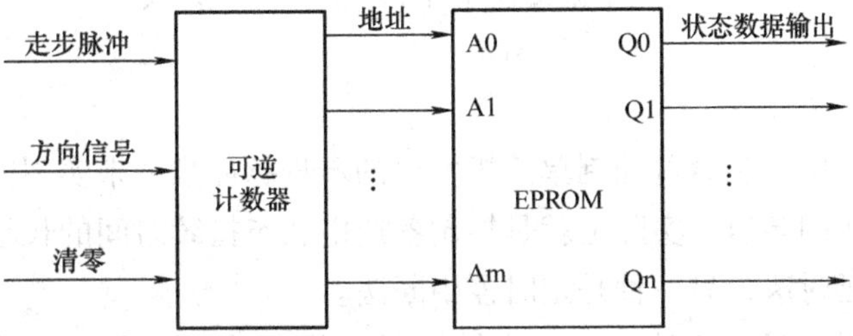

图10-13　通用型脉冲分配器

其工作原理是：设计一个二进制可逆计数器，使其计数长度（即循环计数值）等于步进电动机运行的拍数（或拍数的整数倍）。计数器的输出端接到EPROM的几条低位地址线上，并使EPROM总处于读出状态。这样，计数器每一个输出状态都对应EPROM的一个地址。该EPROM地址单元中的内容就将确定EPROM数据输出端各条线上的电平状态。只要根据要求设计好计数器的计数长度，并按要求固化在EPROM中，就能完成所要求的脉冲分配器的输入/输出逻辑关系。还可以考虑改变EPROM的高位地址线的电平以区分出几个不同的地址区域（页面），并在不同的页面中设定不同的逻辑关系，从而实现诸如单拍，双拍和单、双拍等各种运行方式的脉冲分配功能。

2）单片机串行控制的软件。在图10-13所示的串行控制中，利用89C51单片机的P1.1输出方向信号控制步进电动机的正反转，P1.0输出走步脉冲。走步脉冲的产生方法很简单，使单片机从P1.0产生一个脉宽合适的方波信号即可。

设P1.1低电平时为正转驱动，脉冲分配器在走步触发脉冲发生正跳变时改变输出状态，则正转一步的驱动函数如下：

```
void motor_ffw()
{
    P1.1 =0;            //发出正转电平信号
    P1.0 =0;            //输出低电平,为脉冲的正跳变准备条件
    delay();            //延时
    P1.0 =1;            //输出高电平,产生脉冲正跳变
}
```

调用该函数一次，产生一个脉冲，电动机将正转一步。只要按一定的时间间隔调用这个函数，就可以使电动机按一定的转速连续转动。

若要步进电动机反方向旋转，只要将P1.1置位1即可，其余程序与正转程序相同，具体函数如下：

```
void motor_rev()
```

```
{
    P1.1 =1;               //发出反转电平信号
    P1.0 =0;               //输出低电平,为脉冲的正跳变准备条件
    delay();               //延时
    P1.0 =1;               //输出高电平,产生脉冲正跳变
}
```

2. 转速控制

步进电动机的速度控制通过控制单片机发出的步进脉冲频率来实现。

控制步进电动机的转速，实际上就是控制各通电状态持续时间的长短。这可以采取两种方法：一种是软件延时法，另一种是定时器中断法。

（1）软件延时法　这种方法是在每次转换通电状态后，调用一个延时函数，待延时结束后，再次执行该换相函数。如此反复，就可使步进电动机按某一确定的转速运转。

软件延时法的优点是：改变循环数值或调用不同的延时函数就可实现不同的速度控制，编程简单，且占用硬件资源较少。但它的缺点是占用 CPU 时间太多，因此通常只在简单的控制过程中采用。

（2）定时器中断法　由于软件延时法占用 CPU 的时间太多，所以在复杂的控制系统中一般采用定时器延时法。即给定时器加载适当的定时初值。经过一定的时间，定时器溢出，产生中断信号，暂停主程序的执行，转而执行定时器中断服务程序，产生延时。若将步进电动机换相程序放在定时器中断服务程序之中，则定时器每中断一次，电动机就换相一次，通过改变定时器的初值可实现对电动机的速度控制。因为电动机的换相是在中断服务程序中完成的，所以对 CPU 时间的占用较少，可使 CPU 有时间从事其他工作。

3. 位置控制

步进电动机的位置控制，指的是控制步进电动机带动执行机构从一个位置精确地运行到另一个位置。步进电动机的位置控制是步进电动机的一大优点，它可以不用借助位置传感器而只需简单的开环控制就能达到足够的位置精度，因此应用很广。

步进电动机的位置控制需要两个参数：

第一个是步进电动机控制的执行机构当前的位置参数，称为绝对位置。绝对位置是有极限的，其极限是执行机构运动的范围，超越了这个极限就应报警。

第二个是从当前位置移动到目标位置的距离，可以用折算的方式将这个距离折算成步进电动机的步数。这个参数是外界通过键盘或可调电位器旋钮输入的，所以折算的工作应该在键盘程序或 A-D 转换程序中完成。

对步进电动机位置控制的一般做法是：步进电动机每走一步，步数减 1，如果没有失步存在，当执行机构达到目标位置时，步数正好减到 0。因此，用步数等于 0 来判断是否移动到目标位置，作为步进电动机停止运行的信号。

绝对位置参数可作为人机对话的显示参数，或作为其他控制目的的重要参数，因此也必须要给出。它与步进电动机的转向有关，当步进电动机正转时，步进电动机每走一步，绝对位置加 1；当步进电动机反转时，绝对位置随每次步进减 1。

任务2　系统总体设计

本系统功能由硬件和软件两大部分协调完成。

系统硬件采用模块化设计，以单片机控制器为核心，与步进电动机驱动电路、步进电动机等组成步进电动机控制系统，主要包括主控模块、步进电动机驱动模块等。其中单片机控制器主要完成外围硬件控制及运算功能，步进电动机驱动模块完成驱动步进电动机功能。步进电动机控制系统硬件组成框图如图10-14所示。

系统软件采用模块化设计方法。步进电动机控制系统的应用程序主要由主函数、步进电动机正转函数、步进电动机反转函数、延时函数等模块组成，其软件结构框图如图10-15所示。

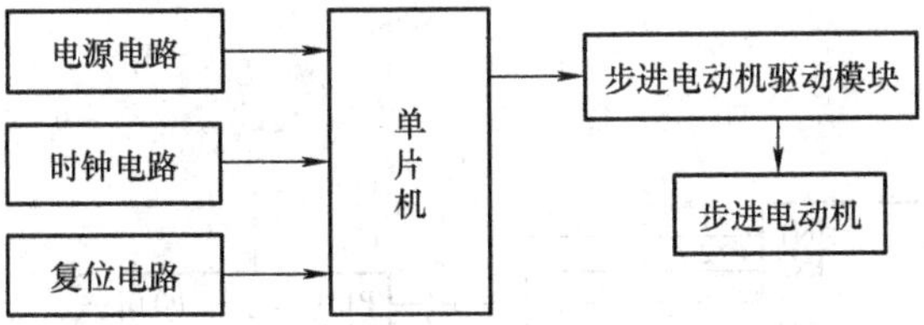

图10-14　步进电动机控制系统硬件组成框图

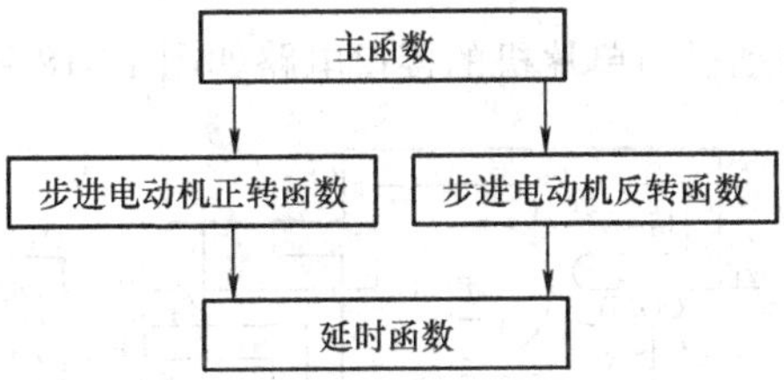

图10-15　步进电动机控制系统软件结构框图

任务3　系统硬件设计

10.3.1　主控模块设计

本项目采用ATMEL公司生产的AT89S52单片机，主控模块的具体设计参见项目1。

10.3.2　步进电动机驱动模块设计

选用2相6线式步进电动机，步距角为7.5°，包含两组带中间抽头的线圈，A-COM1-C为一组，B-COM2-D为一组，共有六条线。步进电动机内部电路如图10-16所示。

选用ULN2003A芯片驱动步进电动机。ULN2003A是一个非门电路，包含7个单元（7个硅NPN型达林顿管组成的驱动芯片），每个单元的单独驱动电流最大可达350mA。第9脚可以悬空。比如第1脚输入，第16脚输出，负载接在V_{CC}与第16脚之间，可不用第9脚。ULN2003A的内部电路图如图10-17所示。

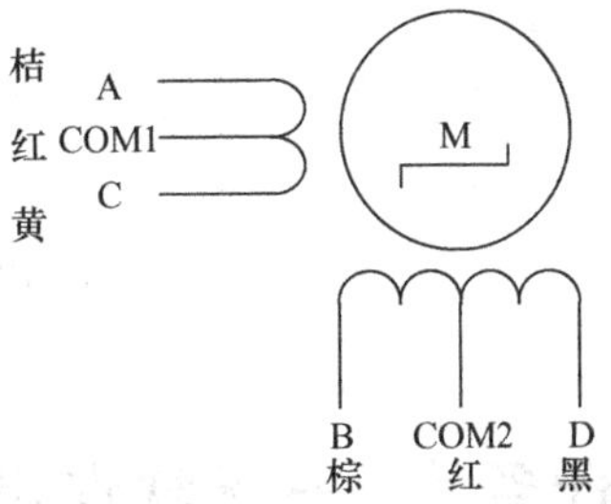

图10-16　步进电动机内部电路图

单片机的P1.0～P1.3输出的脉冲信号送到ULN2003A的IN1～IN4输入端，经过ULN2003A放大和倒相后的输出脉冲信号通过驱动步进电动机的相应操作。ULN2003A的COM端和步进电机的COM1、COM2连接到V_{CC}(+5V)。

当单片机的P1.0输出高电平时，ULN2003A的IN1输入端则为高电平，经过ULN2003A放大和倒相后在OUT1输出端输出低电平，使步进电动机的A相得电旋转一个步距角。步进

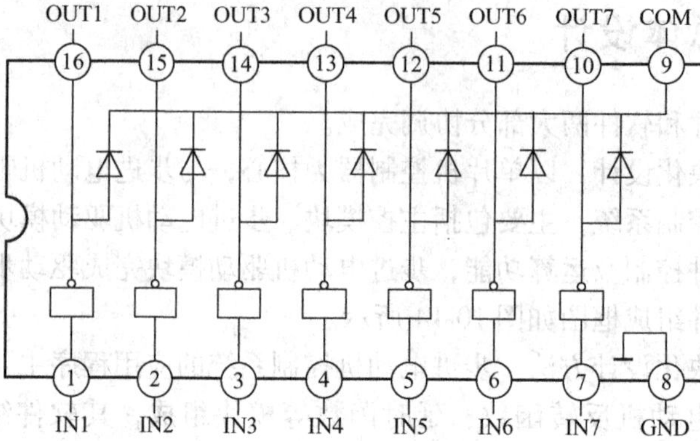

图 10-17 ULN2003A 的内部电路图

电动机与单片机的接口电路如图 10-18 所示。

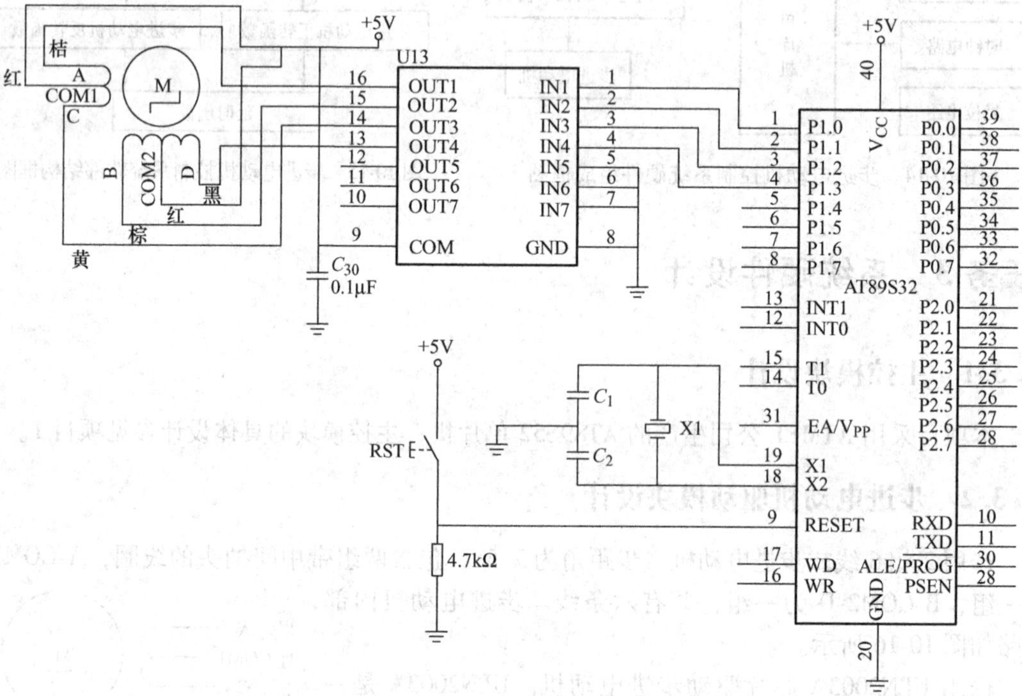

图 10-18 步进电动机与单片机的接口电路原理图

任务 4 系统软件设计

10.4.1 算法设计

由图 10-18 可知，当单片机的 P1.0 输出高电平时，ULN2003A 的 IN1 输入端则为高电平，经过 ULN2003A 放大和倒相后在 OUT1 输出端输出低电平，而 ULN2003A 的 COM 端和步进电动机的 COM1、COM2 连接到 V_{CC}（+5V）为高电平，则使步进电动机的 A 相得电旋转一个步距角。

以此类推……，可得到步进电动机按照单、双八拍工作方式（A-AB-B-BC-C-CD-D-DA）正转运行状态如表10-5所示。

表10-5 步进电动机单、双八拍正转运行状态表

控制字	通电状态					D	C	B	A
	P1口	P1.7	P1.6	P1.5	P1.4	P1.3	P1.2	P1.1	P1.0
0xf1	A	1	1	1	1	0	0	0	1
0xf3	AB	1	1	1	1	0	0	1	1
0xf2	B	1	1	1	1	0	0	1	0
0xf6	BC	1	1	1	1	0	1	1	0
0xf4	C	1	1	1	1	0	1	0	0
0xfc	CD	1	1	1	1	1	1	0	0
0xf8	D	1	1	1	1	1	0	0	0
0xf9	DA	1	1	1	1	1	0	0	1

同理，可得步进电动机按照单、双八拍工作方式（DA-D-CD-C-BC-B-AB-A）反转运行状态如表10-6所示。

表10-6 步进电动机单、双八拍反转运行状态表

控制字	通电状态					D	C	B	A
	P1口	P1.7	P1.6	P1.5	P1.4	P1.3	P1.2	P1.1	P1.0
0xf9	DA	1	1	1	1	1	0	0	1
0xf8	D	1	1	1	1	1	0	0	0
0xfc	CD	1	1	1	1	1	1	0	0
0xf4	C	1	1	1	1	0	1	0	0
0xf6	BC	1	1	1	1	0	1	1	0
0xf2	B	1	1	1	1	0	0	1	0
0xf3	AB	1	1	1	1	0	0	1	1
0xf1	A	1	1	1	1	0	0	0	1

10.4.2 数据结构设计

步进电动机控制系统的数据结构设计如表10-7所示。

表10-7 步进电动机控制系统数据结构设计

符号	存储单元	含义	备注
FFW [ ]	FFW [ ]	步进电动机正转控制状态表	
REV [ ]	REV [ ]	步进电动机反转控制状态表	
i	i	取数次数	
j	j	循环变量	
n	n	步进电动机转动角度数	

10.4.3 程序设计

1. 主函数设计

主函数主要完成硬件初始化、数据初始化及函数调用等功能。

1）初始化。首先进行系统初始化，设置端口 P1 = 0xf0、P0 = 0xff、P2 = 0xff。

2）步进电动机正反转控制。调用步进电动机正转函数 motor_ffw( )，使步进电动机正转 360°，再调用延时函数 delayms( )，延时 1000ms，步进电动机换向。

调用步进电动机反转函数 motor_rev( )，使步进电动机反转 180°，再调用延时函数 delayms( )，延时 1000ms，步进电动机换向。

最后使程序跳转，使步进电动机正转、延时、反转、延时，循环执行。

主函数流程图如图 10-19 所示。

2. 步进电动机正、反转函数设计

步进电动机正、反转函数流程图如图 10-20 所示。

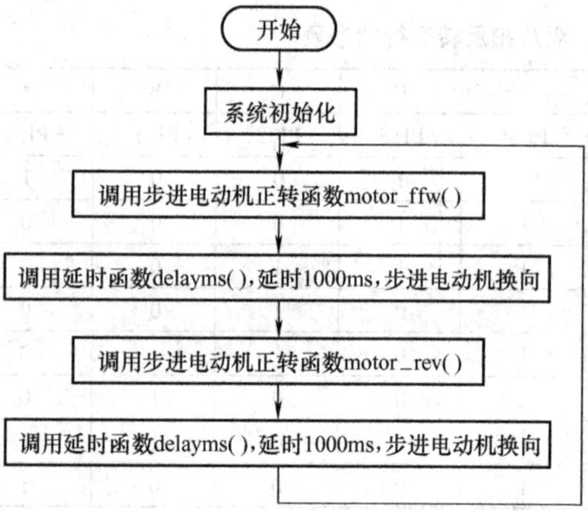

图 10-19 主函数流程图

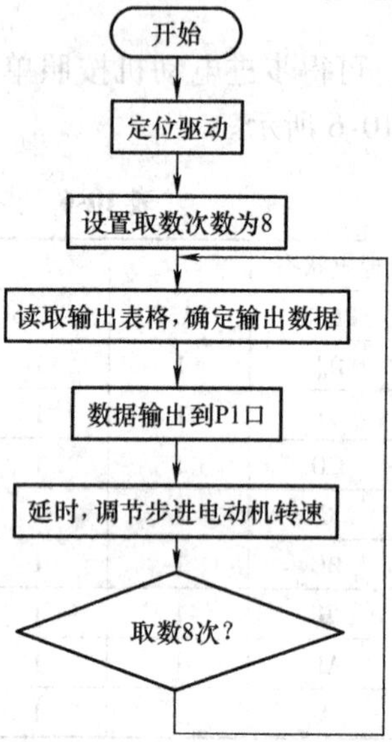

图 10-20 步进电动机正、反转函数流程图

3. 延时函数设计

延时函数设计请参考项目 1，这里不再赘述。

10.4.4 C 语言源程序

```
//************************************************************
//项目名称:设计步进电动机控制系统
//功能描述:步进电动机步进角为 7.5°。
//单、双八拍工作方式:A-AB-B-BC-C-CD-D-DA(即一个脉冲,转 3.75°)
//************************************************************
#include <reg52.h>              //51 芯片引脚定义头文件
```

```
#include <intrins.h>          //内部包含延时函数_nop_();

//步进电动机正转表
unsigned char code FFW[8] = {0xf1,0xf3,0xf2,0xf6,0xf4,0xfc,0xf8,0xf9};
//步进电动机反转表
unsigned char code REV[8] = {0xf9,0xf8,0xfc,0xf4,0xf6,0xf2,0xf3,0xf1};

charcode reserve[3]_at_0x3b;  //保留 0x3b 开始的 3 字节

//****************************************************************
//函数名称:delayms()
//函数功能:延时 t;11.0592MHz 时钟,延时约 1ms
//****************************************************************
void delayms(unsigned int t)
{
    unsigned char k;
    while(t--)
    {for(k=0;k<114;k++);}
}

//****************************************************************
//函数名称:步进电动机正转函数 motor_ffw()
//函数功能:步进电动机正转 n×30°
//****************************************************************
void motor_ffw(unsigned int n)
{
    unsigned char i;
    unsigned int j;
    for(j=0;j<n;j++)          //正转 n×30°
    {
        for(i=0;i<8;i++)  //一个周期转 30°
        {
            P1 = FFW[i];      //取数据
            delayms(8);       //调节转速
        }
    }
    P1 = 0xf0;                //使步进电动机掉电,停止转动
}

//****************************************************************
```

```
//函数名称:步进电动机反转函数 motor_rev()
//函数功能:步进电动机反转 n×30°
//*********************************************************
void motor_rev(unsigned int n)
{
    unsigned char i;
    unsigned int j;
    for(j=0;j<n;j++)          //反转 n×30°
    {
        for(i=0;i<8;i++)  //一个周期反转 30°
        {
            P1=REV[i];        //取数据
            delayms(8);       //调节转速
        }
    }
    P1=0xf0;                  //使步进电动机掉电,停止转动
}

//*********************************************************
//函数名称:main()
//函数功能:主函数
//*********************************************************
void main(void)
{
    P1=0xf0;                  //端口初始化
    P0=0xff;
    P2=0xff;
    while(1)
    {
        motor_ffw(12);        //步进电动机正转 30×12=360°
        delayms(1000);  //延时 1000ms,步进电动机换向
        motor_rev(6);   //步进电动机反转 30×6=180°
        delayms(1000);  //延时 1000ms,步进电动机换向
    }
}
```

10.4.5 汇编语言源程序

```
;*********************************************************
;项目名称:设计步进电动机控制系统
;功能描述:步进电动机步进角为 7.5°。
```

```
;单、双八拍工作方式:A-AB-B-BC-C-CD-D-DA(即一个脉冲,转3.75°)
;*********************************************************
    ORG     0000H
    AJMP     MAIN
    ORG      0050H

;*********************************************************
;主程序
;*********************************************************
MIAN:       MOV       P0,#0FFH          ;端口初始化
            MOV       P2,#0FFH
            MOV       P1,#0FFH
LOOP:       MOV       R3,#12            ;正转360°,30×12=360°
FFW:        ACALL     MOTOR_F
            DJNZ      R3,FFW
            MOV       P1,#0F0H          ;使步进电动机掉电
            ACALL     DELAY1            ;延时2s
            MOV       R3,#6             ;反转180°,30×6=180°
REV:        ACALL     MOTOR_R
            DJNZ      R3,REV
            MOV       P1,#0F0H          ;使步进电动机掉电
            ACALL     DELAY1            ;延时2s

            AJMP      LOOP

;*********************************************************
;步进电动机正转30°子程序
;1个脉冲转3.75°,8个脉冲转30°
;*********************************************************
MOTOR_F:    MOV       R0,#00H
FFW1:       MOV       A,R0
            MOV       DPTR,#TABLE_F
            MOVC      A,@A+DPTR
            MOV       P1,A
            ACALL     DELAY
            INC       R0
            CJNE      R0,#08H,FFW1
            RET
```

```
;*************************************************************
;步进电动机反转 30°子程序
;1 个脉冲转 3.75°,8 个脉冲转 30°
;*************************************************************
MOTOR_R: MOV      R0,#00H
FFW1:    MOV      A,R0
         MOV      DPTR,#TABLE_R
         MOVC     A,@ A + DPTR
         MOV      P1,A
         ACALL    DELAY
         INC      R0
         CJNE     R0,#08H,REV1
         RET

;*************************************************************
;延时子程序(步进电动机转速控制)
;*************************************************************
DELAY:   MOV      R7,#14
DEL1:    MOV      R6,#230
DEL2:    DJNZ     R6,DEL2
         DJNZ     R7,DEL1
         RET

;*************************************************************
;2s 延时子程序
;*************************************************************
DELAY1:  MOV      R5,#20
DEL3:    MOV      R7,#200
DEL4:    MOV      R6,#230
         DJNZ     R6, $
         DJNZ     R7,DEL4
         DJNZ     R5,DEL3
         RET

;*************************************************************
;单、双八拍工作方式编码
;*************************************************************
TABLE_F:DB 0F1H,0F3H,0F2H,0F6H,0F4H,0FCH,0F8H,0F9H   ;正转表
```

```
    DB 00H              ;正转结束
TABLE_R:DB 0F9H,0F8H,0FCH,0F4H,0F6H,0F2H,0F3H,0F1H   ;反转表
    DB 00H              ;反转结束
END
```

任务5 系统仿真调试

系统仿真调试过程参见项目1。

任务6 能力扩展

1. 步进电动机加减速运行控制

【控制要求】步进电动机三种运行状态控制：步进电动机起动时，转速由慢到快逐渐加速，发光二极管 VL_1 点亮；步进电动机匀速运行，发光二极管 VL_2 点亮；步进电动机由快到慢逐渐减速，发光二极管 VL_3 点亮；S键起动步进电动机运行。

2. 键控步进电动机加减速运行控制

【控制要求】键控步进电动机加减速运行：按下 S_1 键，转速逐步减速，到达最低速时发光二极管 VL_1 点亮；按下 S_2 键，转速逐步加速，到达最高速时发光二极管 VL_2 点亮。

3. 红外遥控步进电动机

【控制要求】使用红外遥控器对步进电动机的转动方向和速度进行控制，LCD1602液晶显示红外遥控器键值编码。

遥控器的5个有效按键：UP键按下步进电动机反转，显示“> > > >”；DOWN键按下步进电动机反转，显示“< < < <”；S键按下步进电动机停止，显示“STOP”；+键用于减少延时时间，步进电动机加速；-键用于增加延时时间，步进电动机减速。

注意：步进电动机转动时请先按S停止后，再切换转动方向。

任务7 项目考核

项目考核内容如表10-8所示。

表10-8 项目考核表

考核项目	考核内容	技术要求	得分
总体设计	①任务分析 ②方案设计 ③软件和硬件功能划分	①任务明确（5分） ②方案设计合理、有新意（10分） ③软件和硬件功能划分合理（5分）	
硬件设计	①片内器件分配 ②电路原理图设计 ③电路板制作	①片内器件分配正确、合理（5分） ②电路原理图设计正确（10分） ③电路板制作：布线正确、整齐、合理（5分）	

（续）

考核项目	考核内容	技术要求	得　分
软件设计	①算法和数据结构设计 ②流程图设计 ③编程	①算法和数据结构设计正确、合理（5分） ②流程图设计正确、简明（5分） ③编程正确、有新意（10分）	
系统仿真与调试	①调试顺序 ②错误排除 ③调试结果	①调试顺序正确（5分） ②能熟练排除错误（10分） ③调试后运行正确（5分）	
实训报告	①书写 ②内容 ③图形绘制 ④结果分析	①书写规范整齐（5分） ②内容翔实具体（5分） ③图形绘制正确、完整、全面（5分） ④能正确分析实验结果（5分）	
合　计			

附 录

附录 A　标准 ASCII 码字符集

附表 A-1　ASCII 码

高3位 低4位	000 (0x0)	001 (0x1)	010 (0x2)	011 (0x3)	100 (0x4)	101 (0x5)	110 (0x6)	111 (0x7)
0000 (0x0)	NUL	DLE	SP	0	@	P	、	p
0001 (0x1)	SOH	DC1	!	1	A	Q	a	q
0010 (0x2)	STX	DC2	“	2	B	R	b	r
0011 (0x3)	ETX	DC3	#	3	C	S	c	s
0100 (0x4)	EOT	DC4	$	4	D	T	d	t
0101 (0x5)	ENQ	NAK	%	5	E	U	e	u
0110 (0x6)	ACK	SYN	&	6	F	V	f	v
0111 (0x7)	BEL	ETB	‘	7	G	W	g	w
1000 (0x8)	BS	CAN	(	8	H	X	h	x
1001 (0x9)	HT	EM	)	9	I	Y	i	y
1010 (0xA)	LF	SUB	*	:	J	Z	j	z
1011 (0xB)	VT	ESC	+	;	K	[	k	{
1100 (0xC)	FF	FS	,	<	L	\	l	|
1101 (0xD)	CR	GS	-	=	M	]	m	}
1110 (0xE)	SO	RS	.	>	N	^	n	~
1111 (0xF)	SI	US	/	?	O	_	o	DEL

附表 A-2　ASCII 码表部分字符含义

NUL	空	ETB	信息组传送结束	DC1	设备控制 1
SOH	标题开始	CAN	作废	DC2	设备控制 2
STX	正文开始	EM	纸尽	DC3	设备控制 3
ETX	正文结束	SUB	减	DC4	设备控制 4
EOT	传输结束	ESC	换码	NAK	否定
ENQ	询问	VT	垂直制表	FS	文字分隔符

（续）

ACK	承认	FF	走纸控制	GS	组分隔符
BEL	报警	CR	回车	RS	记录分隔符
BS	退格	SO	移位输出	US	单元分隔符
HT	横向列表	SI	移位输入	DEL	作废
LF	换行	SP	空格		
SYN	空转同步	DLE	数据链换码		

附录B　C语言常用库函数

1. 数学函数

调用数学函数时，要求在源文件中包含以下命令行：

```
#include <math.h>
```

附表 B-1　数学函数

函数原型说明	功　能	返 回 值	说　明
int abs (int x)	求整数 x 的绝对值	计算结果	
double fabs (double x)	求双精度实数 x 的绝对值	计算结果	
double acos (double x)	计算 $\cos^{-1}$ (x) 的值	计算结果	x 在 -1 ~ 1 范围内
double asin (double x)	计算 $\sin^{-1}$ (x) 的值	计算结果	x 在 -1 ~ 1 范围内
double atan (double x)	计算 $\tan^{-1}$ (x) 的值	计算结果	
double atan2 (double x)	计算 $\tan^{-1}$ (x/y) 的值	计算结果	
double cos (double x)	计算 cos (x) 的值	计算结果	x 的单位为弧度
double cosh (double x)	计算双曲余弦 cosh (x) 的值	计算结果	
double exp (double x)	求 e^x 的值	计算结果	
double fabs (double x)	求双精度实数 x 的绝对值	计算结果	
double floor (double x)	求不大于双精度实数 x 的最大整数		
double fmod (double x, double y)	求 x/y 整除后的双精度余数		
double frexp (double val, int *exp)	把双精度 val 分解尾数和以 2 为底的指数 n，即 val = x × 2^n，n 存放在 exp 所指的变量中	返回位数 x 0.5≤x<1	
double log (double x)	求 lnx	计算结果	x>0
double log10 (double x)	求 $\log_{10}x$	计算结果	x>0
double modf (double val, double *ip)	把双精度 val 分解成整数部分和小数部分，整数部分存放在 ip 所指的变量中	返回小数部分	
double pow (double x, double y)	计算 x^y 的值	计算结果	

（续）

函数原型说明	功　　能	返 回 值	说　　明
double sin（double x）	计算 sin（x）的值	计算结果	x 单位为弧度
double sinh（double x）	计算 x 的双曲正弦函数 sinh（x）的值	计算结果	
double sqrt（double x）	计算 x 的开方	计算结果	x≥0
double tan（double x）	计算 tan（x）	计算结果	
double tanh（double x）	计算 x 的双曲正切函数 tanh（x）的值	计算结果	

2. 字符函数

调用字符函数时，要求在源文件中包含以下命令行：

```
#include <ctype.h>
```

附表 B-2　字符函数

函数原型说明	功　　能	返 回 值
int isalnum（int ch）	检查 ch 是否为字母或数字	是，返回 1；否则返回 0
int isalpha（int ch）	检查 ch 是否为字母	是，返回 1；否则返回 0
int iscntrl（int ch）	检查 ch 是否为控制字符	是，返回 1；否则返回 0
int isdigit（int ch）	检查 ch 是否为数字	是，返回 1；否则返回 0
int isgraph（int ch）	检查 ch 是否为 ASCII 码值在 ox21 ~ ox7e 的可打印字符（即不包含空格字符）	是，返回 1；否则返回 0
int islower（int ch）	检查 ch 是否为小写字母	是，返回 1；否则返回 0
int isprint（int ch）	检查 ch 是否为包含空格符在内的可打印字符	是，返回 1；否则返回 0
int ispunct（int ch）	检查 ch 是否为除了空格、字母、数字之外的可打印字符	是，返回 1；否则返回 0
int isspace（int ch）	检查 ch 是否为空格、制表或换行符	是，返回 1；否则返回 0
int isupper（int ch）	检查 ch 是否为大写字母	是，返回 1；否则返回 0
int isxdigit（int ch）	检查 ch 是否为十六进制数	是，返回 1；否则返回 0
int tolower（int ch）	把 ch 中的字母转换成小写字母	返回对应的小写字母
int toupper（int ch）	把 ch 中的字母转换成大写字母	返回对应的大写字母

3. 字符串函数

调用字符串函数时，要求在源文件中包含以下命令行：

```
#include <string.h>
```

附表 B-3　字符串函数

函数原型说明	功　　能	返 回 值
char * strcat（char * s1，char * s2）	把字符串 s2 接到 s1 后面	s1 所指地址
char * strchr（char * s，int ch）	在 s 所指字符串中，找出第一次出现字符 ch 的位置	返回找到的字符的地址，找不到返回 NULL

（续）

函数原型说明	功　能	返 回 值
int strcmp（char ＊s1，char ＊s2）	对s1和s2所指字符串进行比较	s1 < s2，返回负数 s1 = s2，返回0 s1 > s2，返回正数
char ＊strcpy（char ＊s1，char ＊s2）	把s2指向的串复制到s1指向的空间	s1所指地址
unsigned strlen（char ＊s）	求字符串s的长度	返回串中字符（不计最后的‘\0’）个数
char ＊strstr（char ＊s1，char ＊s2）	在s1所指字符串中，找出字符串s2第一次出现的位置	返回找到的字符串的地址，找不到返回NULL

4. 输入/输出函数

调用输入/输出函数时，要求在源文件中包含以下命令行：

```
#include <stdio.h>
#include <conio.h>
```

附表B-4　输入/输出函数

函数原型说明	功　能	返 回 值
void clearer（FILE ＊fp）	清除与文件指针fp有关的所有出错信息	无
int fclose（FILE ＊fp）	关闭fp所指的文件，释放文件缓冲区	出错返回非0，否则返回0
int feof（FILE ＊fp）	检查文件是否结束	遇文件结束返回非0，否则返回0
int fgetc（FILE ＊fp）	从fp所指的文件中取得下一个字符	出错返回EOF，否则返回所读字符
char ＊fgets（char ＊buf，int n，FILE ＊fp）	从fp所指的文件中读取一个长度为n-1的字符串，将其存入buf所指存储区	返回buf所指地址，若遇文件结束或出错返回NULL
FILE ＊fopen（char ＊filename，char ＊mode）	以mode指定的方式打开名为filename的文件	成功，返回文件指针（文件信息区的起始地址），否则返回NULL
int fprintf（FILE ＊fp，char ＊format，args，…）	把args，…的值以format指定的格式输出到fp指定的文件中	实际输出的字符数
int fputc（char ch，FILE ＊fp）	把ch中字符输出到fp指定的文件中	成功返回该字符，否则返回EOF
int fputs（char ＊str，FILE ＊fp）	把str所指字符串输出到fp所指文件	成功返回非负整数，否则返回-1（EOF）
int fread（char ＊pt，unsigned size，unsigned n，FILE ＊fp）	从fp所指文件中读取长度size为n个数据项存到pt所指文件	读取的数据项个数
int fscanf（FILE ＊fp，char ＊format，args，…）	从fp所指的文件中按format指定的格式把输入数据存入到args，…所指的内存中	已输入的数据个数，遇文件结束或出错返回0
int fseek（FILE ＊fp，long offer，int base）	移动fp所指文件的位置指针	成功返回当前位置，否则返回非0
long ftell（FILE ＊fp）	求出fp所指文件当前的读/写位置	读/写位置，出错返回 -1
int fwrite（char ＊pt，unsigned size，unsigned n，FILE ＊fp）	把pt所指向的n＊size字节输入到fp所指文件	输出的数据项个数

（续）

函数原型说明	功 能	返 回 值
int getc (FILE * fp)	从 fp 所指文件中读取一个字符	返回所读字符，若出错或文件结束返回 EOF
int getchar (void)	从标准输入设备读取下一个字符	返回所读字符，若出错或文件结束返回-1
char * gets (char * s)	从标准设备读取一行字符串放入 s 所指存储区，用‘\0’替换读入的换行符	返回 s，若出错则返回 NULL
int printf (char * format, args, …)	把 args, …的值以 format 指定的格式输出到标准输出设备	输出字符的个数
int putchar (char ch)	把 ch 输出到标准输出设备	返回输出的字符，若出错则返回 EOF
int puts (char * str)	把 str 所指字符串输出到标准设备，将‘\0’转成回车换行符	返回换行符，若出错，返回 EOF
int rename (char * oldname, char * newname)	把 oldname 所指文件名改为 newname 所指文件名	成功返回 0，若出错则返回 -1
void rewind (FILE * fp)	将文件位置指针置于文件开头	无
int scanf (char * format, args, …)	从标准输入设备按 format 指定的格式把输入数据存入到 args, …所指的内存中	已输入的数据的个数

5. 动态分配函数和随机函数

调用动态分配函数和随机函数时，要求在源文件中分别包含以下命令行：

```
#include <stdlib.h>
#include <malloc.h>
```

附表 B-5 动态分配函数和随机函数

函数原型说明	功 能	返 回 值
void * calloc (unsigned n, unsigned size)	分配 n 个数据项的内存空间，每个数据项的大小为 size 字节	分配内存单元的起始地址；如不成功，返回 0
void * free (void * p)	释放 p 所指的内存区	无
void * malloc (unsigned size)	分配 size 字节的存储空间	分配内存空间的地址；如不成功，返回 0
void * realloc (void * p, unsigned size)	把 p 所指内存区的大小改为 size 字节	新分配内存空间的地址；如不成功，返回 0
int rand (void)	产生 0 ~ 32 767 的随机整数	返回一个随机整数
void exit (int state)	程序终止执行，返回调用过程，state 为 0 正常终止，非 0 非正常终止	无

附录 C C 语言运算符的优先级与结合性

附表 C-1 C 语言运算符的优先级与结合性

优先级	运算符	含义	运算对象个数	结合方向
1	() [] -> .	圆括号运算符 下标运算符 指向结构体成员运算符 结构体成员运算符	双目运算符	自左至右
2	! ~ ++、-- +、- (类型) * & sizeof	逻辑非运算符 按位取反运算符 自增、自减运算符 正、负运算符 类型转换运算符 指针运算符 取地址运算符 求类型长度运算符	单目运算符	自右至左
3	*、/、%	乘法、除法、求余运算符	双目运算符	自左至右
4	+、-	加法、减法运算符	双目运算符	自左至右
5	<<、>>	左移、右移运算符	双目运算符	自左至右
6	<、<=、>、>=	关系运算符	双目运算符	自左至右
7	==、!=	关系运算符	双目运算符	自左至右
8	&	按位与运算符	双目运算符	自左至右
9	^	按位异或运算符	双目运算符	自左至右
10	|	按位或运算符	双目运算符	自左至右
11	&&	逻辑与运算符	双目运算符	自左至右
12	||	逻辑或运算符	双目运算符	自左至右
13	?:	条件运算符	三目运算符	自右至左
14	=、+=、-=、 *=、/=、%=、 >>=、<<=、 &=、^=、|=	赋值运算符	双目运算符	自右至左
15	,	逗号运算符（顺序求值）		自左至右

附录 D 特殊功能寄存器

特殊功能寄存器（SFR）也称为专用寄存器，主要用于管理片内和片外的功能部件。MCS-51 系列单片机主要有 21 个特殊功能寄存器，它们离散地分布在内部 RAM 的 0x80 ~ 0xFF 地址中，这些寄存器的功能已做了专门的规定，用户不能修改其结构。附表 D-1 所示为特殊功能寄存器地址表。

附表 D-1　特殊功能寄存器地址表

标识符号	寄存器名称	字节地址	是否可以位寻址
B	B 寄存器	0xF0	√
ACC	累加器	0xE0	√
PSW	程序状态字寄存器	0xD0	√
IP	中断优先级控制寄存器	0xB8	√
P3	P3 口寄存器	0xB0	√
IE	中断允许控制寄存器	0xA8	√
P2	P2 口寄存器	0xA0	√
SBUF	串行数据缓冲寄存器	0x99	
SCON	串行口控制寄存器	0x98	√
P1	P1 口寄存器	0x90	√
TH1	定时器 1 高 8 位	0x8D	
TH0	定时器 0 高 8 位	0x8C	
TL1	定时器 1 低 8 位	0x8B	
TL0	定时器 0 低 8 位	0x8A	
TMOD	定时器工作方式寄存器	0x89	
TCON	定时器控制寄存器	0x88	√
PCON	电源控制及波特率选择寄存器	0x87	
DPTR	数据指针（16 位）含 DPH 和 DPL	0x83，0x82	
SP	堆栈指针	0x81	
P0	P0 口寄存器	0x80	√

附录 E　Easy 51pro v2.0 的使用

1. 软件启动

Easy 51pro v2.0 是专门用于下载单片机应用程序到单片机系统的单片机烧写软件。

双击 Easy 51pro v2.0.exe 文件，启动单片机烧写软件 Easy 51pro v2.0。软件启动之后进入的界面如附图 E-1 所示。

2. 联机检测

通过串行口线连接 PC 串行口与单片机串行口，系统上电，单击“检测器件”按钮，如果系统显示“编程器：就绪”，说明 PC 已和单片机实验板连接成功，如附图 E-1 所示；否则请重新检查串行口连接线和电源连线。

3. 通信设置

单击“设置”按钮，对通信方式进行设置，出现如附图 E-2 所示的界面。

在这里可以进行通信端口的设置，可供选择的 4 个串行通信口为 COM1、COM2、COM3、COM4，根据计算机的硬件特点来决定，默认情况下为 COM1，即串行通信口 1。

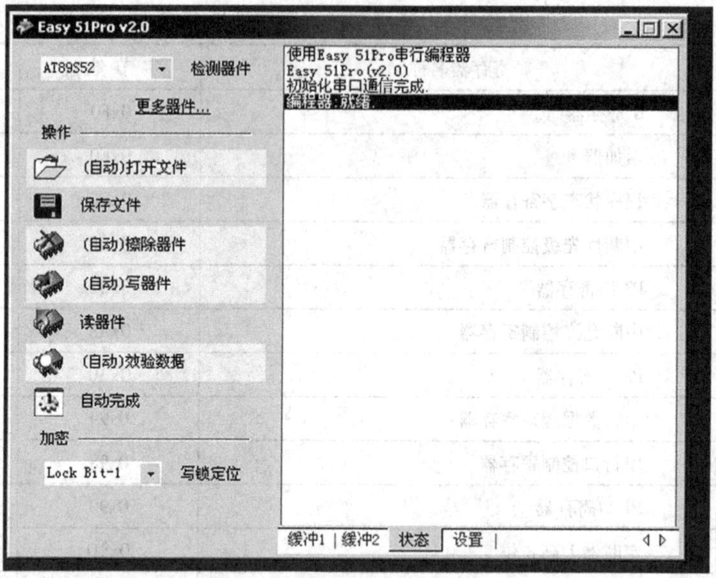

附图 E-1 单片机烧写软件 Easy 51pro v2.0 的启动界面

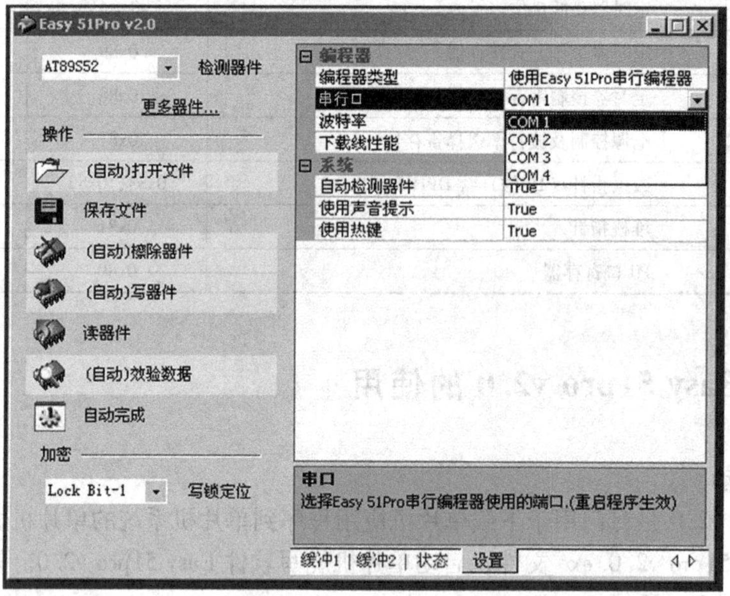

附图 E-2 通信方式设置

4. 程序下载

1）擦除：把单片机的内容擦除干净，即单片机内部 ROM 的内容全为 0xFF。

2）写器件：把缓冲 1 区中的程序代码下载到单片机的内部 ROM 中。**注意：**在编程之前，要对单片机芯片进行擦除操作。

3）读器件：从单片机内部 ROM 中读取内容到代码缓冲区 2 中。

4）校验数据：经过编程之后，对下载到单片机内部 ROM 中的内容与代码区的内容相比较，若程序下载过程中完全正确，则提示校验正确，否则提示出现错误，需要重新下载程序到 ROM 中。

5）自动：提供了内部 ROM 从擦除到编程，最后到校验这三个过程。

6）打开文件：把经过 Keil μVision2 软件转化成 HEX 格式的文件装入代码缓冲区 1 中，当单击“装载”按钮时，出现如附图 E-3 所示的对话框。

在这里选择以 HEX 为扩展名的文件，选中它并单击“打开”按钮，即把程序代码装入到代码缓冲区 1 中。装载之后如附图 E-4 所示。

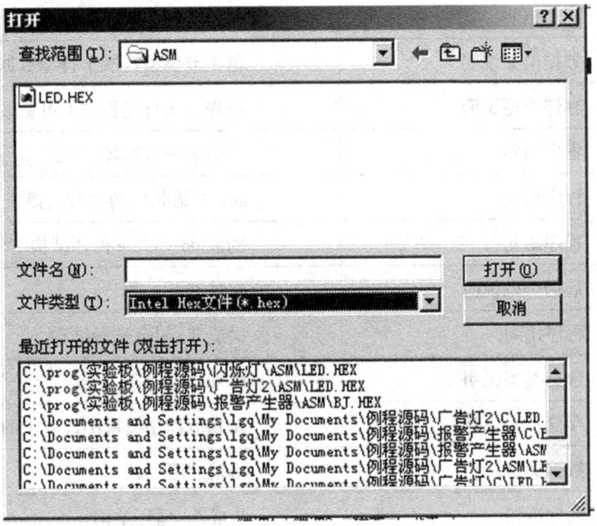

附图 E-3　装载文件对话框

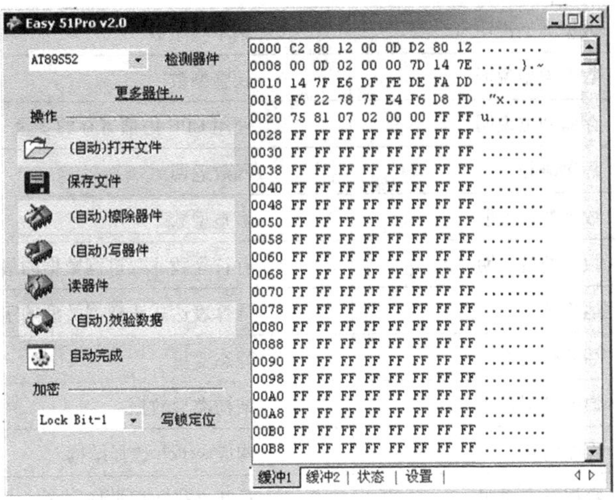

附图 E-4　程序代码装入到代码缓冲区示意图

这时就可以把代码缓冲区 1 中的代码通过 ISP 方式下载到单片机中。

在进行程序调试的时候，我们一般通过 Keil μVision2 软件把编译好的程序转化成 HEX 格式文件，通过上面的方法，装载程序之后，单击“自动”按钮，程序就下载到单片机内部 ROM 芯片中。

附录 F C51 中的关键字

附表 F-1 ANSIC 标准关键字

关键字	用途	说明
auto	存储种类说明	用以说明局部变量，默认值为此
break	程序语句	退出最内层循环
case	程序语句	switch 语句中的选择项
char	数据类型说明	单字节整型数或字符型数据
const	存储类型说明	在程序执行过程中不可更改的常量值
continue	程序语句	转向下一次循环
default	程序语句	switch 语句中的失败选择项
do	程序语句	构成 do…while 循环结构
double	数据类型说明	双精度浮点数
else	程序语句	构成 if…else 选择结构
enum	数据类型说明	枚举
extern	存储种类说明	在其他程序模块中说明了的全局变量
float	数据类型说明	单精度浮点数
for	程序语句	构成 for 循环结构
goto	程序语句	构成 goto 转移结构
if	程序语句	构成 if…else 选择结构
int	数据类型说明	基本整型数
long	数据类型说明	长整型数
register	存储种类说明	使用 CPU 内部寄存的变量
return	程序语句	函数返回
short	数据类型说明	短整型数
signed	数据类型说明	有符号数，二进制数据的最高位为符号位
sizeof	运算符	计算表达式或数据类型的字节数
static	存储种类说明	静态变量
struct	数据类型说明	结构类型数据
swicth	程序语句	构成 switch 选择结构
typedef	数据类型说明	重新进行数据类型定义
union	数据类型说明	联合类型数据
unsigned	数据类型说明	无符号数数据
void	数据类型说明	无类型数据
volatile	数据类型说明	该变量在程序执行中可被隐含地改变
while	程序语句	构成 while 和 do…while 循环结构

附表 F-2　C51 编译器的扩展关键字

关 键 字	用　途	说　明
bit	位标量声明	声明一个位标量或位类型的函数
sbit	位标量声明	声明一个可位寻址变量
sfr	特殊功能寄存器声明	声明一个特殊功能寄存器
sfr16	特殊功能寄存器声明	声明一个 16 位的特殊功能寄存器
data	存储器类型说明	直接寻址的内部数据存储器
bdata	存储器类型说明	可位寻址的内部数据存储器
idata	存储器类型说明	间接寻址的内部数据存储器
pdata	存储器类型说明	分页寻址的外部数据存储器
xdata	存储器类型说明	外部数据存储器
code	存储器类型说明	程序存储器
interrupt	中断函数说明	定义一个中断函数
reentrant	再入函数说明	定义一个再入函数
using	寄存器组定义	定义芯片的工作寄存器

参 考 文 献

[1] 李庭贵. 单片机应用技术及项目化训练 [M]. 成都：西南交通大学出版社，2009.
[2] 李庭贵. 单片机实训教程 [M]. 合肥：合肥工业大学出版社，2012.
[3] 李全利. 单片机原理及应用技术 [M]. 北京：高等教育出版社，2004.
[4] 李秀忠. 单片机应用技术 [M]. 北京：人民邮电出版社，2007.
[5] 徐玮，沈建良. 单片机快速入门 [M]. 北京：北京航空航天大学出版社，2008.
[6] 李法春. C51 单片机应用设计与技能训练 [M]. 北京：电子工业出版社，2011.
[7] 杜洋. 爱上单片机 [M]. 2 版. 北京：人民邮电出版社，2011.
[8] 姚晓平. 单片机应用技术项目化教程 [M]. 北京：电子工业出版社，2012.
[9] 李萍，田红彬. 单片机应用技术项目教程 [M]. 北京：人民邮电出版社，2012.
[10] 陈海松. 单片机应用技能项目化教程 [M]. 北京：电子工业出版社，2012.
[11] 葛金印，商联红. 单片机控制项目训练教程 [M]. 北京：高等教育出版社，2010.
[12] 杨打生，宋伟. 单片机 C51 技术应用 [M]. 北京：北京理工大学出版社，2011.
[13] 李小遐. C 语言程序设计与实训教程 [M]. 北京：北京理工大学出版社，2008.
[14] 王晓明. 电动机的单片机控制 [M]. 3 版. 北京：北京航空航天大学出版社，2011.
[15] 翟雄翔，葛金印. 常用电机控制及调速技术 [M]. 北京：北京理工大学出版社，2012.